KB176764

보이지 않는 위협

보이지 않는 위협

66가지 이야기로 풀어낸 사이버 보안의 전장

초판 1쇄 발행 2023년 8월 15일
초판 2쇄 발행 2023년 9월 11일

지은이 김홍선 / **펴낸이** 김태헌
펴낸곳 한빛미디어(주) / **주소** 서울시 서대문구 연희로2길 62 한빛미디어(주) IT출판2부
전화 02-325-5544 / **팩스** 02-336-7124
등록 1999년 6월 24일 제25100-2017-000058호 / **ISBN** 979-11-6921-131-4 03500

총괄 송경석 / **책임편집** 홍성신 / **기획 · 편집** 이윤지 / **교정** 박세영
디자인 최연희 / **전산편집** 다인
영업 김형진, 장경환, 조유미 / **마케팅** 박상용, 한종진, 이행은, 김선아, 고광일, 성화정, 김한솔 / **제작** 박성우, 김정우

이 책에 대한 의견이나 오탈자 및 잘못된 내용에 대한 수정 정보는 한빛미디어(주)의 홈페이지나 아래 이메일로 알려주십시오. 잘못된 책은 구입하신 서점에서 교환해 드립니다. 책값은 뒤표지에 표시되어 있습니다.

한빛미디어 홈페이지 www.hanbit.co.kr / 이메일 ask@hanbit.co.kr

66가지 이야기로
풀어낸
사이버 보안의
전장

김홍선 지음

보이지 않는 위협

한빛미디어 Hanbit Media, Inc.

추천의 글

저자는 엔지니어로 시작해 국내 최대 정보 보안 기업인 안랩의 경영진을 거쳐 이제는 보수적인 산업 중 하나로 알려진 은행에서 디지털 혁신과 보안을 책임지는 리더로 오랜 기간 도전과 성공의 발자취를 남겨오고 있다.

이 책은 자칫 어렵고도 전문적으로 느껴질 수 있는 보안에 대한 혜안을 그간의 저자 경험담과 엮어 흥미롭게 전한다. 동시에 금융과 IT 분야에서 보안이라는 긴장의 끈을 항시 움켜쥐고 산전수전을 겪으며 느낀 고군분투기를 담은 저자의 일대기이기도 하다.

신동엽, BTS, 봉준호와 같은 셀럽의 이야기부터 다이어트 습관까지, 우리에게 친숙한 사례로 보안에 대한 저자의 고민을 얘기하는 부분은 나를 포함한 누구나 쉽게 공감하고 끄덕이게 되는 내용이다.

우리 속담 중 "핑계 없는 무덤이 없다"라는 말처럼 보안 사고에는 그럴 만한 온갖 이유가 있기 마련이다. 그러나 단언컨대 현재와 같은 디지털 금융 시대에 보안은 변명도 핑계도 용납될 수 없는 막중한 역할과 책임을 지고 있다.

이 책은 디지털 금융 시대에 누구나 공감할 수 있는 평범한 얘기로 보안에 대한 시각을 요즘말로 '알잘딱깔센(알아서 잘 딱 깔끔하고 센스 있게)'하게 풀어내고 있다. 저자가 이 책에 꾹꾹 눌러 담은 보안에 대한 진심 어린 열정이 전체 금융 산업에 퍼져 안전한 디지털 금융이 되길 바라며, 저자의 건승을 기원한다.

김철웅_금융보안원 원장

평생을 보안과 함께한 저자가 그간 직접 경험한 것을 토대로 우리 정부와 국민에게 드리는 제언서다. 이 책은 단순히 기술을 설명하거나 뜬구름 잡는 얘기는 하지 않는다. 저자가 재직 중인 은행에서 9년간 매월 초, 전 직원에게 배포했던 'CISO 메시지'를 바탕으로 쓰인 책이다. 보안을 모르는 은행 임직원들을 위해 평이한 언어로 설명했던 글인 만큼 술술 읽힌다. 그러나 다루는 내용은 방대하고 묵직해서 사이버 보안에 입문하려는 사람이나 C레벨 임원진 그리고 보안 분야에 종사하고 있는 사람들에게도 필독서로 추천할 만하다. 끝으로 이 책을 먼저 읽어볼 수 있는 기회를 주신 김홍선 박사님께 감사의 말씀을 드린다.

김승주_고려대학교 정보보호대학원 교수, 대통령 직속 국방혁신위원회 위원

김홍선 부행장은 사이버 보안 전문가에서 은행 CISO가 된 전무후무한 인물이다. 영국계 금융 회사는 리스크 관리가 까다롭기로 정평이 나 있는데 그는 글로벌 표준과 한국 실정을 고려해 사이버 리스크 관리 체계를 성공적으로 구축해냈다. 김홍선 부행장은 평생을 사이버 보안에 헌신하며 디지털 혁신과 사이버 보안을 꾸준히 접목해왔다. SC제일은행 임직원에게 보안에 대한 눈을 뜨게 해준 그의 노력이 이제 책으로 나오게 되어 아주 기쁘다. 그의 지식과 경험은 금융권은 물론 이

나라의 귀한 자산이다. 생생한 현장 경험과 사려 깊은 고민을 스토리텔링 형식으로 전개한 이 책이 금융권뿐만 아니라 정부, 기업, 국방 등 전 분야의 리더에게 큰 도움이 될 것이라 확신한다.

박종복_SC제일은행 은행장

이 책은 저자가 실리콘밸리와 한국을 넘나들며 사이버 보안 전문가로 다양하고 폭넓은 경험을 쌓아온 결과물이다. 그의 글로벌한 경험과 인문학적 통찰을 사회 현상, 트렌드, 시사 이슈와 버무려 사이버 보안의 구조와 중요성에 대해 알기 쉽게 설명한다. 사이버 보안의 렌즈를 통해 전 세계의 정치, 사회 이슈가 어떻게 돌아가는지를 이해하고자 하는 독자에게 적극 추천한다.

임정욱_중소벤처기업부 창업벤처혁신실장

2009년 안랩 대표이사로 재직 중인 저자를 처음 만났다. 당시 국제해킹방어대회 우승을 한 덕분에 격려차 식사 자리에 초대받았다. 그때 저자에게 느꼈던 보안에 관한 열정이 책을 접하며 다시금 떠오른다. 이 난해한 분야를 쉽게 설명하고 설득하는 일은 그때나 지금이나 모든 보안인의 과제일 것이다. 이 책에는 우리나라 사이버 보안을 위한 제언이 담겨 있다. 모든 사람이 보안에 대해 쉽고 재미있게 접할 수 있도록 만들어준 저자에게 감사의 인사를 드린다.

박찬암_스틸리언 대표

프롤로그

/

오래 전 미국에 사는 지인이 요청해 워싱턴 DC의 한 단체를 방문했다. 그 단체는 일종의 싱크탱크think tank로, 사이버 정책을 모토로 내세우고 있었다. 사이버 보안은 기술적 색채가 강한 분야인데 정치, 금융, 외교, 안보에서 잔뼈가 굵은 분들이 두루 참여해 눈길을 끌었다.

당시 대한민국에서는 북한발 디도스DDoS 공격(분산 서비스 거부 공격)이 발생하면서 긴장감이 고조됐고 CNN 등 세계 유수의 언론이 이를 보도했다. 때마침 단체가 주관한 행사에 모인 참석자들은 일선 현장에서 대처했던 한국의 보안 기업 CEO에게 큰 관심을 보였다. 발표와 질의응답을 끝내고 그 단체가 발간한 여러 권의 연구 보고서를 보게 됐는데 지정학적 외교 안보 시각에서 사이버 보안을 집중 조명하고 있었다. 신선하면서도 '이렇게까지 거창하게 볼 필요가 있을까?'라는 생각이 들 정도로 생소하게 느껴졌다.

그러나 이후에 10여 년간 세상을 놀라게 하는 사건이 일어날 때면 그들이 보여준 예지력이 떠오르곤 했다. 이란의 핵무기 개발을 지연시킨 사이버 공격, 이에 대한 복수의 일환으로 보이는 사우디아라비아 국영 석유 회사 아람코의 컴퓨터 파괴, 미국 대통령 선거에서 일어난 해킹과 가짜뉴스 유포, 북한을 영화 소재로 만든 소니 픽처스에 대한 사이버 보복, '역사상 최대 부의 이동'이라고 불리는 미국의 핵심 기술 도난, 우크라이나 국민을 추위와 공포에 떨게 한 난방과 전력 차단 등 근래에 발생한 충격적인 사건만 해도 차고 넘친다.

이처럼 정치 안보적 요인과 밀접한 관련이 있는 굵직한 보안 사고가 세계 곳곳에서 일어났고 전 세계인의 안전과 인권을 위협했다. 한국에서는 사이버 보안이라면 으레 기술적 측면을 떠올린 시기에 지구 반대편에서는 이미 국가 차원에서 사이버 전략에 대한 연구를 하고 있었던 것이다.

외교 안보만의 문제이겠는가? 오늘날 사이버 공간에서 전개되는 각종 위협은 우리 사회와 개인의 삶에 지대한 영향을 끼치고 있다. 금품 갈취, 사생활 침해, 기밀 자료 탈취, 보이스피싱 등 사이버 범죄 피해 사례가 급증하고 있다. 디지털 기술이 우리 삶을 더욱 편리하고 윤택하게 했지만 언제 닥칠지 모르는 사이버 피해에 불안이 가중되고 있다.

사이버 보안의 영향력

본래 사이버 보안은 계정 관리, 인증, 권한 통제 등 컴퓨터 시스템의 기본 기능에서 시작했고 기술자의 영역이었다. 그런데 컴퓨터와 인터넷이 대중화되면서 상황이 바뀌었다. 기업은 인터넷으로 빗장을 열고 개방과 공유를 기치로 내걸었으며 온라인 거래와 비대면 서비스가 급격하게 늘어났다. 비즈니스의 전반적인 업무가 디지털 기술에 기반해 돌아가는 시대가 되면서 사이버 보안은 기술 문제를 넘어서 이제는 경영 리스크가 됐다.

한편 사이버 공격의 주체가 국제적 범죄 조직 혹은 국가에서 직간접적으로 지원하는state-sponsored 형태로 발전하면서 공격이 더 대담해지고 스케일이 달라졌다. 개인정보 탈취나 디도스 공격에 그치지 않고 더 나아가 랜섬웨어를 이용한 협박, 전력이나 송유관과 같은 기간 시설의 장애 유발, 사회관계망서비스(SNS)를 동원한 사회 혼란, 하이브리드 전쟁, 공급망 파괴, 국제 송금 위조, 암호화폐 탈취 등 민간과 공공, 국방과 금융의 영역을 가리지 않고 공격 범위가 확대됐다. 사이버 공격으로 벌어들인 검은 돈은 핵무기를 만드는 데나 범죄 용도로 사용되면서 악의 생태계를 키우고 있다. 사이버 보안은 민주 질서를 뒤흔들고 국제 정세에 영향을 주는 중대한 과제로 등장했고 국가적 화두로 떠올랐다. 이러한 시각은 미국 외교 안보 전문지 포린어페어스와 워싱턴포스트, 뉴욕타임스 등 주요 외신의 기조를 이룬다.

우리나라의 정치, 정부, 언론의 오피니언 리더들을 만나보면 한결같이 사이버 보안이 중요하다고 얘기한다. 그런 인식을 갖고 있는 것은 그나마 다행이다. 그런데 아무도 사이버 보안을 자신의 당면 문제라고 생각하진 않는다. 기술자의 영역이라는 생각에 머물러 있기 때문이다. 내 문제가 아니니 직접 들여다볼 필요가 없고 제대로 보지 않으니 문제의 본질을 모른다. 그러니 '보안이 중요하다'는 원론적인 구호만 외칠 뿐이다.

악마는 디테일에 있다. 사이버 보안을 향한 막연한 근심은 도움이 안 된다. 구체적이고 실질적이어야 한다. 우리를 공격하는 이는 누구이며 그들이 원하는 것은 무엇인가? 내 눈앞까지 다가온 위협의 실체는 무엇인가? 우리의 방어 역량은 어느 정도인가? 범죄 세력을 섬멸하기 위해 어떤 외교적 협조가 필요한가? 사이버 공격은 과연 진짜인가? 언론이나 보안 전문가들이 괜히 과장하는 것은 아닌가?

이런 근본적인 질문을 던지면서 실체에 접근해야 한다. 사이버 위협은 막연한 공포의 대상도 아니고 범접하지 못하는 해킹 기술만의 문제도 아니다. 우리가 처한 냉엄한 현실이다. 인류는 디지털 문명을 선택했다. 인터넷을 끊고 살 수 없다면 디지털 세상의 질서를 제대로 세워나가야 한다. 우리는 지금 역사적인 분수령을 맞이하고 있다.

디지털 시대의 숙명

인류 역사는 속고 속이고 빼앗고 빼앗기는 싸움을 거치며 발전했다. 범죄, 사기, 절도, 전쟁은 고대 신화부터 최신 영화까지 이야기의 단골 소재다. 그만큼 인간 삶에 깊숙이 들어와 있다. 그래서 크고 작은 공동체에는 다양한 사회 유지 시스템이 존재한다. 법과 규범에 기반해 질서를 유지하고 국방과 치안 시스템이 국민의 안전을 보호하며 국가 간에는 신뢰의 프로토콜이 형성되어 있다.

범죄와 위협은 절대로 없어지지 않는다. 환경 변화에 맞추어 끊임없이 진화할 뿐이다. 디지털 시대에는 온갖 악행이 사이버 공간으로 옮겨와 활개 치고 있다. 기계는 알고리즘에 의해 의도와 다르게 작동하는 특성이 있기 때문에 악의를 갖고 기술을 사용한다면 누군가 피해를 입는다.

무신불립無信不立. 『논어』에 나오는 말로 신뢰가 없으면 설 수 없다는 뜻이다. 신뢰는 공동체의 생존과 직결되는 필수 요소다. 위조 화폐가 뿌려지고 암거래가 기승을 부린다면 사회의 혼란은 불 보듯 뻔하다. 디지털 인프라를 신뢰할 수 없다면 그 위에 형성된 경제 체계와 사회 활동이 바로 작동하겠는가? 내가 거래하는 상대방이 사기꾼이거나 내가 수집한 자료가 날조된 정보였다면? 누군가 메시지를 훔쳐보고 소중한 자료가 순식간에 삭제된다면? 사이버 공간의 안전과 질서 유지는 사회 구성원 간 신뢰와 직결된다.

사이버 범죄는 은밀하게 우리 사회를 뒤흔들고 있다. 거대한 네트워크로 연결된 디지털 사회는 빠른 속도로 변화하는 진행형이라 명문화된 법 규정과 정책으로는 쫓아가기에도 벅차다. 적어도 사회 구성원이 그 방향성만이라도 공감하고 인식하는 자세가 필요하다.

기술은 인간과 한 몸처럼 움직이는 수준에 이르렀기에 기술만의 문제로 치부해서는 안 된다. 사이버 위협은 기계와 연관된 인간의 일거수일투족에 관여되어 있다. 맨 밑단에 있는 하드웨어부터 기계를 살아 움직이게 하는 소프트웨어, 그로부터 창출되는 비즈니스, 역동적으로 생성되는 데이터, 극히 사적 영역에 이르기까지 우리 주변과 밀접하게 관련돼 있다.

이를테면 보이스피싱은 스마트폰에 악성코드를 심어 통신 채널을 장악하는 데서 시작한다. 장악된 스마트폰으로 아무리 경찰에 신고해봐야 범죄자들의 손아귀에 놀아날 뿐 수사기관이나 금융감독원을 사칭한 수법에 속을 수밖에 없다. 범죄자들은 당황한 피해자를 심리적으로 압박해 온라인 송금을 유도한 후 조직책을 동원해 현금화한다. 이외에도 공갈 협박으로 수집한 동영상을 사이버 공간에서 판매한 N번방 사건 등 각종 사건이 사이버 세상과 현실을 오가며 일어난다.

해킹과 결합돼 유포되는 가짜뉴스와 댓글 조작은 민주주의 체제를 흔들기도 한다. 사이버 범죄에 의한 피해자가 속출하고 사이버 문제가 기업 간 공정한 경쟁을 방해하며 국가 안보를 위협한다. 현실과 사이버 공간을 누비며 자행한 행위는 인간에게 큰 피해를 주며 사회 안전과 신뢰를 뒤흔들고 있다.

왜 책을 쓰게 됐는가?

나에게 사이버 보안은 인생 그 자체다. 그 여정은 반도체, 컴퓨터, 정보통신, 인터넷, 스마트폰, SNS, 클라우드, 인공지능(AI) 등 기술 패러다임이 디지털 세상을 만든 역사와 함께 해왔다. 수많은 혁신 기술이 탄생해 실현되는 모습을 지켜봤고 스타트업과 벤처기업에서 지내며 새로운 비즈니스 시장을 개척했다. 또한 국내 최대 보안 기업에서 온갖 사이버 공격을 막아보았고 100년 넘은 영국계 은행에서 보수적인 리스크 관리 체계를 터득했다. 냉·온탕이라는 양극단을 체험한 셈이다. 사이버 보안은 기업 경영과 사회 활동의 기반이 되는 과정에 깊이 관련돼 있다.

한 분야에 오래 몸담고 있으면 사회가 돌아가는 모습을 그 관점에서 보게 된다. 나는 책을 읽거나 영화를 보거나 이야기를 나눌 때면 보안이라는 관점에서 해석하고 그 가운데서 깨달음을 얻는다. 일종의 직업병이다. 보안이 머릿속에 가득 차 있고 동료와 선후배에게 끊임없이 배운다. 화제가 되는 새로운 이슈에서 흥미로운 점을 찾아 고민하는 게 일상이다. 이 책에서 에피소드를 곁들여 설명하는 방식은 그러한 습관에 기인한다.

평생 보안과 함께했기 때문인지 세상이 디지털 혁명에 흥분할 때 나는 걱정 어린 시선으로 바라본다. 디지털 기술이 생활과 업무에 적용되는 모습을 줄곧 지켜보는 동시에 그로 인해 발생하는 사이버 위협을 일선에서 방어하며 살아왔다. 그러다 보니 디지털 기술이 적용되는 모든 영역에서 본능적으로 리스크를 떠올린다.

사실 나는 누구보다도 기술 혁신을 신봉한다. 그래서 엔지니어가 됐고 기업가의 길을 걸었다. 세상을 뒤흔드는 파괴적 혁신은 내 마음을 들뜨게 한다. 새로운 사업 아이디어를 들으면 귀를 쫑긋 세우게 되고 내가 만든 제품과 서비스를 고객이 사용하는 모습을 볼 때면 희열을 느낀다. 나는 경직된 절차나 통제보다 자유로운 사고와 개방적인 환경을 좋아한다. 그런데 혁신과 도전을 우려와 의심의 눈초리로 바라보게 되었으니 참으로 아이러니다.

젊은 시절부터 사이버 보안에 묻혀 지냈는데 어느덧 은퇴를 앞두고 있다. 시대적으로 중요하고 사명감이 필요하다는 점에서 사이버 보안을 선택한 것은 행운이었다. 그러나 사이버 보안이 중차대한 문제임에도 소홀히 다뤄지고 있으니 답답한 노릇이다.

보안 사고가 나면 시끄러울 뿐 정작 누가 무엇을 왜 노렸는지 차분히 분석하지 않는다. 세계 각국이 신기술과 경영 기법으로 방어 체제를 업그레이드하고 있는데 우리는 자화자찬을 늘어놓거나 비전문가 위주로 모여 막연히 걱정하는 판국이다. 2022년 말 북한의 무인기에 한국 영공이 뚫려 온 나라가 떠들썩했지만 정작 사이버 공간에 공격 코드가 은밀하게 침투할 수 있는 심각한 위기 상황임을 인식하는 사람은 많지 않았다.

자는 척하는 사람은 깨울 수 없다.

미국 원주민 나바호족의 속담이다. 차라리 자는 사람은 깨울 수 있다. 우리는 스스로 잘하고 있다면서 자족하는 건 아닐까? 문제에 대한 해결책을 안다고 착각하며 흉내만 내는 건 아닐까?

디지털화에 빠르게 진입한 한국 사회를 조용히 뿌리째 흔들 만한 위협은 내게만 보이는 것인가? 이런 고민과 그간의 경험을 후배와 한국 사회를 위해 나누는 게 도리라고 생각했다.

한국에는 창의력이 뛰어나고 실행력이 빠른 우수한 인력이 많다. 문제는 실상을 제대로 파악하지 않고 안이하게 대처하는 리더에게 있다. 오늘날 디지털 기술 없이는 사회가 돌아가지 않는다. 이런 환경에서 사이버 보안은 기술만의 문제가 아니라 경영, 안보, 사회 안정을 좌우하는 리스크다. 크고 작은 기업이나 정부기관에서 사이버 리스크의 책임은 CEO와 이사회 혹은 그 조직의 장에게 있다. 국가의 사이버 안보는 대통령의 구체적 계획과 의지에 달려 있다.

물론 사이버 보안은 기술 난이도가 높다. 리더가 복잡한 보안 기술을 모두 이해하는 건 힘들다. 우리가 리더에게 기대하는 바는 기업이든 국가이든 그 공동체를 둘러싼 환경과 생태계, 법적·재무적 책임을 돌아보고, 무엇을 지켜야 하는지 상세히 들여다보며 고객과 직원과 국민을 보호하는 데 구체적인 원칙을 천명하고, 필요한 인적·물적 자원을 적시에 제공하는 일이다. 이 과정에서 보안 전문가는 조력자로서 역할하지만 사이버 문제의 최종 책임자는 리더다.

들어가며

/

사이버 보안을 말하면 기술 용어가 난무해서 일반 사람이 이해하기 어렵다는 인식이 많다. 나와 같은 보안 전문가의 잘못이다. 이 책은 사이버 보안을 기술 중심으로 설명하지 않고 새로운 관점으로 접근한다. 디지털 혁명이 가져온 산업 변화와 사회 변화, 역동적인 국제 관계 속에서 사이버 보안의 의미와 위상을 조명한다. 아울러 시대적 변곡점에서 어떤 안목을 갖고 현재와 미래를 준비해야 하는지 생각해본다. 평생 현장에 있으면서 느낀, 특히 리더가 반드시 인식했으면 하는 사이버 보안의 문제를 강조하고자 한다.

1장은 대표적인 사이버 공격 사례를 지정학적 관계와 역사적 맥락에서 설명한다. 국가가 주도하는state-sponsored 사이버 공격은 대담한 스케일과 창의적 시나리오로 구성된다. 국제 금융의 허점을 노린 사이버 강도, 핵무기 개발 방해, 민주주의 시스템 위협 등 역사적 사건을 되돌아보며 그 의미에 대해 살펴본다. 물론 어느 국가나 단체도 자신이 사이버 공격을 했다고 순순히 인정하지 않는다. 여기에 소개된 사례는 분석 자료와 전문 서적을 근거로 정리했음을 밝혀둔다.

2장에서는 리더의 역할을 제시한다. 정부와 기업의 리더들은 사이버 문제를 자신의 목표로 인식해야 한다. 사이버 보안은 위험을 준비하고 위기에 대처하는 경영의 이슈이며, 최고책임자의 어젠다이다. 리더는 사이버 보안 관점에서 사람, 프로세스, IT 자원에 걸쳐 조직을 통제할 수 있어야 한다. 국가적으로는 사이버 보안이 영향을 끼치는 산업 생태계와 사회 안전, 외교 안보 측면에서 정확한 판단과 방향 설정이 필요하다.

3장은 사이버 위협의 근원을 짚어본다. 컴퓨터는 하드웨어와 네트워크, 저장 용량의 기하급수적인 성장 덕택에 대중화되었다. 이를 발판으로 소프트웨어와 인터넷 그리고 역동적인 신기술이 꽃을 피우면서 디지털 혁명이 활발하게 진행되고 있다. 사이버 위협은 관리 허점과 소프트웨어가 지닌 취약점을 파고든다. 컴퓨터와 데이터가 기하급수적으로 증가할수록 위협 포인트가 늘어나는 것은 당연하다. 사이버 위협이 발생하는 근본 원인을 정리해본다.

4장에서는 사이버 보안을 기존의 기술적 접근 방식에서 비즈니스와 리스크의 관점으로 재구성한다. 그 시작은 IT 자산을 정확하게 파악하는 것부터다. 각 IT 자산을 기밀성·무결성·가용성 기준에 따라 정량적으로 분석하고, 각종 위협 시나리오 분석을 더해서 비즈니스 영향도가 만들어진다. 보안 통제는 리스크를 줄이기 위한 방편이고 위협 모델threat model 프레임워크에 따라 방어 역량을 분석할 수 있다. 총체적인 사이버 리스크 관리 체계Risk Management Framework (RMF)를 통한 보안 거버넌스는 가시성과 대응력을 높여준다.

5장에서는 어떻게 건강한 빌드업을 할 수 있는 지에 대해 초점을 맞춘다. 사이버 보안이라고 하면 공격을 저지하는 것에만 초점을 맞춘다. 그러나 사이버 보안의 또 다른 축은 안전하고 탄탄한 환경을 만드는 것이다. 취약점을 줄이기 위해 소프트웨어 품질을 향상시키고 공급망을 보호하는 것이 기본이고, 계정 관리와 권한 통제Identity Access Management(IAM)는 모든 통제의 기초다. 네트워크 사회에서 협력업체는 사이버 위협의 공격 루트다. 마지막으로 비상 상황에서도 유연하게 대응할 수 있는 사이버 레질리언스가 사이버 보안의 최종 목표다.

6장은 한국이 세계적 흐름과 다른 점을 비교하고 앞으로의 방향을 모색해본다. 무엇보다 소프트웨어 인력과 생태계가 약한 것이 구조적인 문제다. 또한 사이버 보안을 리스크와 거버넌스로 보는 관점, 사고의 근본 원인을 규명하는 노력, 정부와 민간의 협력 체계, 정보보호 산업의 현황 등 한국의 현실을 냉정하게 살펴야 할 때다. 결국 인력의 문제가 가장 중요하며 기술력과 더불어 다양한 스펙트럼의 인재가 참여할 수 있도록 환경을 만들어야 한다.

7장에서는 사이버 리스크를 융합 마인드의 관점으로 조명한다. 물리적 공간과 사이버 공간, 공급자에서 소비자로 축의 이동, 혁신과 보안, 감시 사회와 프라이버시, 공격과 수비의 역할, 인문학과 기술, O2O 등 디지털 환경은 입체적으로 변화하고 있다. 다양한 비즈니스 환경에서 사이버 위협의 가능성을 미리 고민하고 예측하는 것이 중요하다. 우리의 삶의 공간에서 벌어지는 각양각색의 현상을 유연하게 보는 사고가 필요하다.

8장에서는 사이버 보안의 고유 특성을 소개한다. 사이버 보안이라면 으레 어려운 기술로 받아들이는 경향이 있지만 사실 사이버 보안의 개념과 프레임은 거의 바뀌지 않았다. 달라진 점은 IT 환경과 신종 공격 기법이다. 보안의 틀을 제대로 이해하고 있을 때 급변하는 환경과 그로 인해 발생하는 다양한 스펙트럼의 위협을 직시할 수 있다. 문제의 본질을 파헤치려면 해당 어젠다의 고유 특성을 정확히 알고 있어야 한다.

9장에서는 미래를 바라보며 사이버 보안이 어떤 영향을 끼치고 있는지 이런 저런 고민을 담아보았다. 사이버 위협은 인류가 극복해야 할 보이지 않는 위협이다. 전쟁은 어떻게 바뀌고 있으며 사이버 무기의 특성과 위험성은 무엇인가? 궁극적으로 인공지능과 같은 게임 체인저가 사이버 보안에 던지고 있는 이슈는 무엇인가? 앞으로 규제와 혁신은 어떻게 바라 보아야 하는가? 생태계 전반을 무너뜨릴 수 있는 시스테믹 리스크systemic risk에 대비해 총체적인 접근이 필요하다.

사람마다 걸어온 길이 다르고 자신의 경험에 비추어 세상을 바라본다. 이 책은 사이버 보안이라는 렌즈로 디지털 혁신 현장에서 평생 살아온 한 사람의 내러티브다. 이 책이 안전한 세상을 만드는 데 조금이나마 도움이 되기를 바란다.

일러두기

1. 저자주는 별표로 표기했으며 참고 문헌은 숫자로 표기해 책의 마지막 부분에 수록했다.
2. 본문에 언급한 단행본이 국내에 출간된 경우에는 국역본 제목으로 표기했고 출간되지 않은 경우 원서에 가깝게 번역하고 원제를 병기했다.
3. 단행본, 신문, 잡지는 『 』로 표기하고 하나의 글, 논문 등은 「 」로, 영화, 드라마는 〈 〉로 표기했다.
4. 본문에 내용을 설명하는 과정에서 예시로 든 영화의 줄거리나 스포일러가 포함될 수 있다.
5. 외국 인명, 기업명 등은 국립국어원 외래어 표기법을 따르되 몇몇 경우는 관용적으로 표현했다.

목차

3장 위협의 근원

4장 보안의 퍼스펙티브

5장 빌드업

목차

8장 보안의 특성

9장 미래를 위한 고민

1장

피해의 현장

/

우크라이나 전쟁의 비극_Hybrid Warfare

여기저기서 컴퓨터가 다운되더니 ATM(현금자동인출기)이 작동하지 않고 주유소에서 결제가 안 됩니다. 기차 예매와 같은 교통 시스템이 마비되고 식료품조차 살 수 없어요!

마치 영화 속 한 장면을 연상케 한다. 2017년 6월 27일 오후 우크라이나 독립기념일 전야에 일어난 역사적 사건이다. 훗날 '낫페트야NotPetya'로 명명된 파괴적 사이버 공격은 우크라이나를 암흑에 빠뜨렸다. 낫페트야 공격은 은행, 정부기관, 지하철, 주유소 등 일상생활이 어려울 정도로 치명적 영향을 끼쳤다. 이는 30년 전에 일어난 참사와 트라우마를 상기시켰다.

1986년 4월 26일 소련의 체르노빌 원자력 발전소에서 대량의 방사성 물질이 유출되는 사고가 발생했다. 이 사건은 노동자와 인근 주민 수십만 명이 방사능에 노출되는 역사상 가장 끔찍한 원전 사고로 기록됐다. 나중에 공장 관리자와 정치 지도자들의 무능으로 일어난 인재였다는 사실이 밝혀졌다. 그 후로 체르노빌은 참혹한 사고의 상징처럼 각인됐다. 그런데 낫페트야 사건은 고의로 제작된 악성코드가 원전 시스템을 기습적으로 침입해 발생했다. 원전 감독자가 전하는 당시 급박했던 상황을 들어보자.[1]

"불과 7분 만에 컴퓨터 2500여 대가 다운됐고 여기저기서 전화벨이 울렸어요. 가장 큰 문제는 방사선 수치를 모니터링하는 컴퓨터가 동작하지 않았다는 겁니다. 아무도 방사선 상태를 알 수 없었어요."

감독자는 급한 마음에 확성기를 들고 방사선 수치를 직접 눈으로 점검하라고 소리쳤다. 30여 년 전 체르노빌의 참사가 되풀이되면 안 된다는 절박한 마음이었을 것이다.

낫페트야로 인한 피해는 우크라이나에 국한되지 않았다. 세계 1위의 해운 기업 머스크Maersk, 세계적 제약 회사 머크Merck 등 현지 법인을 통해 전 세계로 퍼져 나갔다. 심지어 러시아 기업도 피해를 입었다. 만일 러시아 해커가 우크라이나를 공격하려고 벌인 일이라면 그 공격이 자국의 기업에 피해를 주는 부메랑이 되어 돌아온 셈이다.

우크라이나를 향한 사이버 공격은 2014년으로 거슬러 올라간다. 2014년 2월 친 러시아 성향의 빅토르 야누코비치 대통령이 오랜 반정부 시위로 퇴진했다. 우크라이나 혁명은 일견 성공한 것처럼 보였다. 그러나 곧바로 러시아가 반격을 시작했다. 크림반도에 군대를 투입했고 3월 21일 크림자치공화국을 강제 합병했다.

이후 우크라이나는 국가 안보를 위협받는 극도의 사이버 공격을 받았다.

악의적인 가짜뉴스를 만들어 여론을 조작했고 선거 시스템을 해킹했으며 선거 과정을 방해했다.[2] 더 나아가 우크라이나 국민이 공포를 피부로 느끼도록 국가 기반 시설을 파괴했다.

2015년 크리스마스를 앞둔 12월 23일 3시 30분, 우크라이나 서부 지역에 거주하는 주민 22만 5000여 명이 최대 6시간 가까이 정전 피해를 입었다. 그로부터 1년 뒤인 2016년 12월 17일에는 우크라이나 수도 키이우를 겨냥하는 사건이 발생했다. 파워 그리드를 조작할 목적으로 특별 제작된 악성코드에 'crash'라는 키워드가 수차례 삽입돼 있었고, 침투한 악성코드가 전력과 난방을 차단시켜 키이우 시민 300만 명이 추위와 공포에 떨어야 했다.

우크라이나에 대한 사이버 공격은 러시아 해커들의 소행이라는 견해가 지배적이다. 뉴욕타임스 사이버 보안 전문 기자 니콜 펄로스는 '러시아가 우크라이나를 자신들이 만든 해킹 도구와 속임수를 훈련하는 디지털 테스트 키친digital test kitchen으로 삼았다'고 한탄한다.[3]

2022년 1월 우크라이나를 놓고 러시아와 서방의 외교적 노력이 교착 상태에 빠지자 우크라이나 정부 웹사이트에 섬뜩한 메시지가 올라왔다.

> 우크라이나 국민이여! 컴퓨터 데이터는 모조리 파괴될 것이고 당신에 관한 모든 정보는 공개될 것이다. 두려워하고 최악을 기대하라Be afraid and expect the worst.[4]

우리나라에서는 고위 공직자를 임명하는 과정에 과거 행적이 일부만 공개되어도 시끄러운데 전 국민의 신상정보와 프라이버시가 만천하에 공개된다면 사회적 혼란과 심리적 공황은 극에 달하지 않겠는가?

결국 러시아는 무력 침공을 감행했다. 지능적 공격을 선보인 서막과 달리 러시아는 중세 시대에 자행된 방식과 마찬가지로 연일 우크라이나 영토를 침범하고 약탈하고 강압적으로 폭행했다. 우크라이나의 두뇌와 신경에 해당하는 디지털 인프라를 공격한 사건 역시 전쟁의 서곡으로 그치지 않았다. 전시 상황에서도 딥페이크 기술을 악용해 만든 가짜뉴스를 확산시키며 국민을 협박하고 선동해 혼란을 야기했다.[5] 우리는 신기술과 구시대적 행태가 결합된 하이브리드 전쟁을 목격하고 있다.

그런데 이상하지 않은가? 신기하게도 우크라이나 정부 시스템은 큰 차질 없이 운영되고 있다. 실제로 러시아는 우크라이나 정부 자료를 보관했던 데이터센터를 크루즈 미사일로 폭격했고 센터 밖 시스템까지 사이버 공격으로 무력화시켰다. 그로 인해 통신 시설이 파괴되고 지상 인터넷이 마비됐는데도 불구하고 어떻게 지속적으로 공공서비스를 제공하고 전시 상황 대응이 가능했던 것일까?

그 이유는 러시아가 침공하기 직전에 우크라이나 정부가 신속하게 정부 시스템에 보관한 중요 자료를 클라우드로 분산해 백업하고 이를 다른 유럽 국가로 이송해두었기 때문이다.[6] 러시아는 다른 나라의 시스템까지 공격할 수는 없었다.

우리는 우크라이나가 보여준 유연한 대응을 타산지석으로 삼아야 한다. 만일 정부나 민간기업이 이용하는 데이터센터가 테러를 당하거나 사이버 공격을 받으면 어떻게 될까?

막연히 우크라이나가 IT에 취약할 거라고 생각했다면 큰 오산이다. 우크라이나에는 영어로 소통이 가능하고 비용 대비 탁월한 역량을 가진 IT 인력이 많아 구글, 삼성, 보잉 등 글로벌 기업의 R&D센터가 설립되어 있다.[7]

우크라이나는 기술 혁신으로 전쟁을 극복하기 위해 애썼다. 우크라이나의 디아Diia라는 전자정부 모바일 앱은 시민이 생생한 현장 사진과 동영상을 올리도록 오픈소스 집합지성 시스템을 갖추었고 스페이스XSpaceX의 스타링크 위성과 연결할 수 있다. 구글 CEO를 역임한 에릭 슈미트는 우크라이나가 버티는 비결은 '혁신의 힘innovation power'이며 이것이 국제정치학의 힘이라고 주장한다.[8]

러시아의 우크라이나 침공처럼 국가 간 갈등이 전쟁으로 표출되는 비극이 이어지고 있다. 그런데 전시 상황에서도 정보통신 기술을 활용해 전 세계가 협력해서 대응하는 시대를 살고 있다. 우리는 두 가지 교훈을 얻을 수 있다. 먼저 디지털 혁신과 사이버 보안 역량으로 국민과 정부가 신뢰할 수 있는 플랫폼과 거버넌스 체계를 갖추어야 한다. 또한 혁신적이고 자주적인 방어 체제 위에 우방과의 유대solidarity를 바탕으로 협력의 전선을 갖추어야 한다. 하이브리드 전쟁은 네트워크의 힘에 의해 결정된다. 이제 사이버 공간은 엄연히 전쟁의 한 축이며 국가 안보를 위한 주춧돌이다.

최근 사이버 안보라는 주제가 부각되는 것은 이러한 시대적 흐름을 반영한다. 사이버 안보는 단순히 사이버 공간에서 저지력을 갖추는 데 그치지 않는다. 혼란기에는 온갖 선동과 거짓, 협박, 소통의 단절이 피해를 증폭시킨다. 어떤 상황에서도 국가의 시스템이 작동할 수 있어야 하며 국가는 국민이 신뢰할 수 있는 소통의 플랫폼을 갖추어야 한다.

사이버 공격, 루비콘 강을 건너다_Cyber-Physical

컴퓨터 바이러스가 처음 나왔을 때 미생물 바이러스와 혼동하는 사람들이 있었다. 기계는 인간과 엄연히 다른데 어떻게 몸 속 바이러스가 컴퓨터에 들어갈 수 있다는 말인가? 지금 생각하면 우스꽝스러운 얘기지만 컴퓨터를 전혀 사용해보지 않은 사람이라면 그렇게 생각할 수도 있다.

그러나 오늘날 이런 혼동을 하는 사람은 없다. 컴퓨터 바이러스나 악성코드는 컴퓨터에서 발생하며 그 피해도 컴퓨터에 한정된다. 악성코드 일종인 랜섬웨어에서 랜섬ransom은 인질의 몸값을 의미한다. 그런데 랜섬웨어가 인질로 삼는 대상은 하드디스크에 저장된 파일이지 사람 목숨이 아니다. 사이버 공격은 IT 시스템 안에 있는 데이터나 알고리즘에 관여할 뿐 물리적 공간에 영향을 미치지 않는다.

과연 기계 덩어리인 터미네이터가 인간을 죽이고 세상을 지배하는 날이 올까? 영화 속에서는 해커가 전투기를 떨어뜨리고 공장을 파괴하고 자동차를 원격 조종하던데 과연 0과 1의 디지털 신호로 작동하는 컴퓨터가 인간의 실생활에 직접적인 영향을 가할 수 있을까?

마침내 사이버 공간에서 동작하는 악성코드가 물리적 공간에 가공할 만한 타격을 가한 사건이 벌어졌다. 그것도 인류가 가장 경계하는 핵무기 개발 현장에서 말이다.

1979년 이란은 팔레비 왕을 쫓아내고 신정일치 체제의 이슬람 공화국을 수립했다. 과격해진 시위대는 테헤란에 있는 미국 대사관 직원 70여 명을 무려 444일 동안 억류했다. 팔레비 왕정을 지원한 미국에 대한 보복이었다. 그 후 이란과 미국의 적대적 관계는 평행선을 달렸다. 이란의 군사적 무장을 경계한 미국은 경제 제재와 외교적 압박의 고삐를 놓지 않았다.

그런데 미국을 경악하게 하는 사건이 발생했다. 이란이 은밀하게 핵무기를 개발하고 있었던 것이다. 이스라엘은 중동의 오랜 앙숙인 이란의 핵 보유를 용인할 수 없었기에 강력한 응징을 주장하고 나섰다.[9] 하지만 당시 미국의 상황은 녹록지 않았다. 엄청난 사상자를 내는 이라크 전쟁을 종결하지 못하고 있었고 9·11 테러범을 잡기 위해 들어간 아프가니스탄에서는 주범인 오사마 빈 라덴의 행방조차 찾지 못하고 있었다. 조지 부시 대통령에 대한 여론은 최악이었다.

이런 상황에서 이란을 물리적으로 공격할 경우 제3차 세계대전으로 치달을 가능성이 농후했다. 이란의 핵무기 개발을 저지하되 또 다른 전쟁을 치를 수 없는 딜레마에 빠져 있을 때 전혀 새로운 옵션이 제시됐다. 바로 핵무기 개발을 은밀하게 방해하는 사이버 공격이다.

핵무기를 제조하기 위해서는 우라늄을 원심분리기에 넣고 정제해서 동위원소 우라늄235 비율을 90% 이상으로 농축시키는 과정이 필수다. 문제는 우라늄 농축 과정에서 원심분리기를 돌리는 회전자다. 회전자의 속도가 너무 빠르거나 느리면 원심분리기가 이탈하거나 부서진다. 회전자의 오작동은 피하기 어렵기에 실패 확률을 줄이는 수밖에 없다. 바로 이 회전자의 오류성과 민감성에 공격 초점이 맞춰졌다.

만일 고의적으로 회전자가 오작동하도록 만들 수 있다면? 오작동이 감쪽같아서 이란 기술자들의 눈에 자신들의 기술 부족으로 비춰진다면? 폐쇄적인 국가인 이란에서 그것도 극히 소수만 들어갈 수 있는 격리된 시설에서, 눈 앞에 있는 장비를 지구 반대편에서 조작한다는 것을 누가 감히 상상하겠는가? 만일 작전이 성공한다면 우라늄 농축은 난항을 겪을 것이다. 이란은 그 원인을 자신들의 기술력 탓으로 돌리지 외부 소행으로 생각하지 않을 것이다.

사이버 공격 목표는 정해졌다. 은밀하게 기계 장애를 유발시키는 '사보타주sabotage', 작전명은 '올림픽 게임Olympic Game'이었다. 이 작전에는 몇 가지 전제 조건이 있었다.

첫째, 발각되면 안 된다. 회전자의 오작동으로 우라늄 농축에 실패하되 이란은 눈치채지 못해야 한다. 만일 회전자 오작동이 해킹에 의한 것으로 드러나면 이란은 장비의 취약점을 조치해버릴 것이다. 이렇게 되면 심혈을 기울여 개발한 공격 도구가 무용지물이 되고 만다.

둘째, 악성코드는 나탄즈 핵 시설 안에서만 동작해야 한다. 우라늄 농축 과정을 제어하는 장치를 '프로그래머블 로직 컨트롤러Programmable Logic

Controller(PLC)'라고 한다. 문제는 PLC가 핵무기 개발 용도 이외에도 전력, 수도, 철도 등 각종 기반 시설에서 사용된다는 점이다. 만일 악성코드가 나탄즈를 벗어나 세계 여러 나라의 각종 기반 시설에 침입해 장애를 일으킨다면 민간인이 부수적 피해를 입을 수 있다.[10] 이를테면 근처 병원의 의료 장비가 악성코드에 감염되면 환자의 생명이 위협받을 수 있다. 또한 사이버 공격의 실체가 밝혀지면 국제적 혼란을 키울 것은 명약관화하다.

올림픽 게임은 고난이도 기술과 시나리오로 구성된 종합 프로젝트였다. 우라늄 농축 시설에 대한 전문성이 있어야 했고 이란에서 사용하는 제품과 기술, 내부 인프라에 대한 첩보가 필요했다. 핵무기 시설은 외부와 완전히 분리돼 있으니 네트워크를 이용한 잠입은 불가능하다. 어떻게 악성코드를 나탄즈의 컴퓨터에 잠입시킬 수 있을까? 누가 내부 컴퓨터에 USB를 꽂을까? 망이 분리돼 있으니 원격 지원 없이 알고리즘 스스로 작전을 수행해야 한다. 이처럼 상상력과 기술력을 총동원해 차원이 다른 공격을 수행해야 했다.

악성코드를 제작하는 데 고도의 스킬과 역량이 필요했고 꽤 오랜 시간이 걸렸다. 프로젝트를 지시했던 부시 대통령은 끝내 마무리하지 못하고 정권을 넘겨주게 됐다. 그가 오바마 대통령 당선인에게 인수인계를 하며 올림픽 게임 프로젝트를 직접 브리핑했다고 하니[11] 얼마나 중요한 프로젝트였는지 짐작이 간다. 결국 공격 명령은 후임인 오바마 대통령이 내렸다.[12]

초기에는 꽤 효과가 있었다. 이란은 원인 모를 회전자 오작동으로 골치를 앓았지만 눈치채지 못했다. 2010년 초까지 이란이 보유하던 원심분리기 8700여 개 중 4분의 1에 해당하는 2000여 개가 수리할 수 없을 정도의 피해를 입었다.[13] 올림픽 게임은 핵농축 프로그램을 지연시키는 데 성공했다.

그러나 결국 우려한 일이 벌어지고 말았다. 악성코드가 외부로 유출돼 전 세계로 급속히 퍼져나갔다. 어떤 연유로 이란의 나탄즈를 빠져나갔는지 알 수 없었지만 벨라루스의 한 보안 기술자가 제일 먼저 발견했고 이어 시만텍을 비롯한 보안 회사들이 악성코드를 탐지했다. 마이크로소프트는 악성코드의 처음 몇 글자를 조합해 '스턱스넷Stuxnet'이라고 명명했다.

스턱스넷이 알려지자 이란은 핵무기 개발이 은밀하게 제지된 사실에 경악했고 미국은 곤혹스러워했다. 이 사건은 이란이 사이버 해커를 집중 양성하는 계기가 됐다.

스턱스넷은 사이버 영역에서 만들어진 디지털 신호가 물리적 공간에 피해를 입힐 수 있다는 '사이버 키네틱 공격cyber kinetic attack'의 가능성을 현실로 만든 첫 케이스다. 그것도 핵무기 개발을 놓고 국가 간의 첨예한 대립이 전개되는 상황에서 일어난 것이다. 스턱스넷은 몰래 활동하는 스파이와 원심분리기를 작동하지 못하게 한 알고리즘의 합작품이었다.

미국 국가안보국National Security Agency(NSA)과 미국 중앙정보국Central Intelligence Agency(CIA) 국장을 지냈던 마이클 헤이든은 스턱스넷 사건의 의미를 다음과 같이 설명했다.

"이번 사건은 사이버 공격이 물리적인 파괴를 달성할 수 있는 속성이 있다는 것을 보여준 최초 사례입니다."

그의 말은 이어진다.

"누군가 루비콘 강을 건넌 겁니다."[14]

스턱스넷은 특급 기밀이라 궁금증이 끊이질 않는다. 올림픽 게임은 미국이 이스라엘과 합동으로 벌인 사건이 맞는가? 나탄즈 핵 시설 안으로 어떻게 악성코드를 집어넣었고 어떤 경로로 나탄즈 밖으로 새나갔을까? 2039년에 올림픽 게임 관련 기밀이 공개된다고[15] 하니 기다려본다.

잉글랜드는 왜 해적 국가였는가?_State-Sponsored Attack

1492년 크리스토퍼 콜럼버스가 신대륙을 발견하면서 미지의 땅이 세상에 모습을 드러냈다. 스페인은 아즈텍 제국과 잉카 제국을 멸망시킨 후 신대륙에서 획득한 금은을 자국으로 실어 날랐다. 16세기에 스페인은 거대한 영토와 부를 거머쥔 제국이었고 잉글랜드는 변방의 작은 국가였다.

카리브해를 중심으로 한 항로에는 해적들이 득실거렸다. 금은을 가득 실은 보물선은 약탈 대상이었다. 잉글랜드는 심지어 해적들에게 면허를 주어 금은을 훔치게 부추겼다. 이런 해적이 탄 배를 사략선privateer이라고 한다. 오늘날 신사의 나라로 유명한 잉글랜드가 500년 전에는 약탈과 습격을 지원한 해적 국가였던 것이다.

책 『강자의 조건』에서는 '근대 이전에 해적과 해군을 구분하는 기준은 애초에 모호할 수밖에 없다. 해적질도 적국의 국력을 약화시키는 당당한 전투 행위로 치부됐다.'[16]며 사략선이 활발했던 배경을 설명한다. 하지만 1907년 헤이그 만국평화회의에서 사략선은 국제법상 불법이 되었다.

'어떻게 국가가 해적질을 지원할 수 있는가?'라고 의아해할 수 있지만 당시 바다에는 주인이 따로 없었고 통제 주체도 없었다. 힘이 있으면 자원을 차지하던 시대였고 자원은 부와 권력을 의미했다. 정규군이라는 의미가 희미했던 상황이라 민간인에게 허가를 내주고 그들이 나라를 지키도록 하는 것은 크게 이상한 일이 아니었다. 차츰 국가라는 틀이 잡히면서 육군과 해군이 정규군으로 자리 잡았다.

▶ 엘리자베스 1세 여왕이 사략선 해적 두목 프랜시스 드레이크를 해군 제독으로 임명하는 장면

그런데 500여 년이 지난 현재에 이르러 사략선이 다른 모습으로 재탄생했다. 바다가 아닌 사이버 공간에서 말이다. 보통 해커라 하면 10대~20대 초반의 후드를 뒤집어 쓴 외로운 천재일 거라고 상상하는데 실제로 나이가 어린 해커일수록 최고의 집중력과 에너지를 발휘한다. 문제는 해커에게 스폰서가 생기는 순간부터 해킹이 조직적인 사이버 범죄로 발전한다는 데 있다.

치명적인 피해를 입히는 보안 사고는 국제 범죄 조직의 소행이다. 그 과정에서 국가가 암묵적으로 혹은 직간접적으로 지원하기도 한다. 이를 국가가 지원하는 공격state-sponsored attack이라고 한다. 국가가 관여한 이상 공격 스케일이나 복잡성은 상상을 초월한다.

앞서 스턱스넷이 자국의 핵무기 개발을 저지하려는 목적으로 탄생했다는 사실에 자극을 받은 이란은 사이버 전투 의지를 불태웠다. 삽시간에 사이버 공격 역량을 결집해나갔다. 그 결과가 나오기까지 오랜 시간이 걸리지 않았다. 이란의 첫 공격 대상은 미국의 우방이자 오랜 중동의 앙숙이던 사우디아라비아였다.

2012년 8월 15일 세계 최대 석유 회사인 사우디아라비아 아람코의 컴퓨터 3만 5000여 대가 먹통이 되는 사태가 발생했다.[17] 어떤 컴퓨터 화면에는 불타는 성조기의 이미지가 나타났다. [18]

스스로를 'Cutting Sword of Justice'라고 부르는 해커들은 이슬람교의 라마단 기간을 이용했다. 많은 IT 인력과 보안 전문가가 휴가를 가서 대응할 수 없었기 때문이다. 아주 파괴적이고 전혀 돈을 요구하지 않은 전형적인 국가 지원 공격이었다.

무엇보다 이란이 단기간에 사이버 전사를 양성했다는 사실이 우리를 놀라게 했다. 국가가 마음만 먹으면 얼마든지 사이버 공간에서 공격 역량을 갖출 수 있음을 보여준 사례다. 천문학적 투자와 절대적인 시간 확보가 필요한 군사력과 달리 사이버 역량은 사람과 의지에 좌우되는 영역이다. 이제 지능적이고 대담한 사이버 공격 뒤에는 국가가 은밀하게 후원한다는 사실은 더 이상 비밀이 아니다.

조 바이든 미국 대통령은 2023년 3월 발표한 「국가 사이버 보안 전략(National Cybersecurity Strategy)」에서 악의적인 공격 행위를 일삼는 국가들이 사이버 역량을 사용하는 특징을 천명했다.[19]

- 중국은 지적재산권을 탈취해 미국의 이익을 위협하고 최신 기술을 지배하려고 한다. 인터넷을 근간으로 감시 체제를 공고히 했고 디지털 독재 국가의 비전을 전파하면서 전 세계의 인권을 위험에 빠뜨리려고 한다.
- 러시아는 전 세계의 민주주의 정치를 방해하고 불안하게 한다. 사이버 간첩 행위, 공격, 영향력, 가짜뉴스 유포를 통해 독립적인 이웃 국가를 압박하고 초국가적인 범죄자들을 숨겨주며 미국의 우방을 위협한다.
- 이란은 중동에 있는 미국 우방을 위협하고 있다.
- 북한은 암호화폐 탈취, 랜섬웨어 공격, 비밀리에 IT 기술자를 파견하는 방법으로 핵무기 개발에 필요한 돈을 벌어들이고 있다.

제2차 세계대전이 끝난 후 미국과 소련을 중심으로 형성된 냉전 체제는 1989년 소련과 동구권의 몰락으로 끝났다. 그러나 사이버 공간에서는 새로운 냉전이 벌어지고 있다. 미국과 유럽연합을 중심으로 한 서방 세력과 중국, 러시아, 이란, 북한 4강의 대립 구도는 냉전의 기운을 노골화하고 있는 것이다. 개방과 민주주의 체제의 서방 세계와 폐쇄적인 독재주의 체제의 4개국을 필두로 한 세계와의 전투가 치열하다.

지능적이고 대담한 사이버 공격 뒤에는 국가가 암암리에 후원하고 있지만 이를 수면 위로 올려 밝혀낸다는 것은 쉬운 일이 아니다. 전쟁이나 테러는 사상자가 발생하고 물리적 타격을 입은 현장이 있기에 어느 정도 단서를 찾을 수 있다. 그러나 사이버 공격은 눈에 띄지 않는 곳에서 발생하기에 공격자를 단정하는 게 쉽지 않다. 요컨대 보이지 않는 곳에서 조종하는 국가와 단체의 움직임에 촉각을 세워야 한다.

역사상 최대의 절도_Cyber Crime

OPM, Marriott, Equifax, Anthem.

미국 정부가 공식적으로 중국의 소행이라고 밝힌 사이버 공격이다. 겉으로 보면 관련 없어 보이는 개인정보 유출 사건이 불과 2년~3년 사이에 집중적으로 벌어졌다.

- 미국 연방인사관리처(OPM): 정부기관. 2015년. 2210만 명의 미국 공무원, 정부 관련 신원 조회자, 가족, 친구 등의 개인정보.
- 메리어트Marriott: 글로벌 호텔 체인. 2014년. 전 세계 3억 4000만 명 개인정보.
- 에퀴팩스Equifax: 신용평가 회사. 2017년. 1억 4700만 명 신용정보.
- 앤섬Anthem 헬스케어: 건강보험 회사. 2015년. 3750만 명 개인정보.

2020년 2월 미국 정부는 중국인 해커 4명을 기소했다. 윌리엄 바 법무부 장관은 기자회견에서 이 보안 사고가 중국의 범행이라고 공표했다.

"우리는 OPM 직원 정보 절도, 메리어트 호텔과 앤섬 건강보험 회사 침입, 에퀴팩스가 보유한 신용정보 대량 절도 등 미국인 개인정보에 대한 중국의 왕성한 탐욕을 목격하고 있습니다."[20]

보통 보안 사고가 나면 어떤 방식으로 해커가 탈취했는지, 어떤 허점이 있었는지, 제재 벌금이 얼마가 나왔고 어떻게 고객과 합의가 이뤄졌는지에 관심이 집중된다. 그런 관점에서 보면 위의 네 가지 사건은 전혀 관련이 없어 보인다. 그러나 훔쳐진 정보 특성을 보면 뭔가 공통적인 흐름이 있다.

보통 개인정보를 탈취하는 이유는 암시장에서 판매하기 위해서다. 마케팅과 영업 활동에 필요한 고객정보는 유혹 대상이다. 또한 해커는 공격할 기업의 임직원 신상정보를 찾아 다닌다. 사회공학적 기법으로 약점을 파고들 수 있기 때문이다. 민감한 내용이 많을수록 정보 가치는 올라간다.

그런데 OPM에서 탈취한 정보는 암시장에 나와 있지 않다는 분석이 나왔다.[21] 미국 국가방첩안보센터 국장 윌리엄 에바니나는 "누가 이 데이터를 가져갔든지 아직 공유하고 있지 않다"라고 말했다.[22] OPM에는 미국 정부 공무원의 사회보장번호, 이름, 주소, 연락처 외에도 특수 공무원의 신원조사 정보가 포함돼 있다. 이렇게나 다양한 정보가 포함되어 있으니 분명히 값어치가 나가는 정보인데 왜 팔지 않았을까? 판매 목적이 아니라면 도대체 왜 개인정보를 훔친 걸까?

미국은 연간 약 200만 건의 신원 조사를 하는데 연방정부에 Standard Form(SF)-86을 작성해 제출해야 비밀취급인가를 받을 수 있다. 127쪽에 달하는 SF-86 질문서에는 채무 문제, 친지 현황, 범죄 경력, 약물 취급, 심리 상담 치료 등 민감한 내용이 담겨 있다. 당시 OPM은 약 1800만 장의

SF-86을 보관하고 있었다.[23] 이렇게 국가 내 권한을 가진 사람만 볼 수 있는 고급 정보가 적에게 넘어간 것이다.

또한 그 속에는 무려 560만 명의 지문 정보도 포함돼 있었다.[24] 생체 정보는 사람마다 하나씩 보유한 고유 식별자로 패스워드처럼 마음대로 바꾸지 못한다. 그래서 중요 시설이나 시스템을 보호하는 강력한 인증 방법으로 쓰인다. 만일 적국의 스파이나 테러리스트가 훔친 생체 정보를 사용한다면 방어막은 손쉽게 뚫린다는 얘기다.

OPM 외에 앞서 다른 세 곳도 민감한 개인정보를 갖고 있다. 호텔에 머문 동선과 기록(메리어트 호텔), 건강 의료 기록에 담겨 있는 정보(앤섬 헬스케어), 신용평가기관이 보유한 채무 이력(에퀴팩스)은 가족조차 알기 어려운 사생활 정보다. 만일 OPM과 이 세 기업에서 탈취한 정보가 누군가의 손에 들어간다면 협박하거나 유혹하기에 좋은 수단이 되지 않겠는가?

예를 들어 경제적 어려움을 겪는 연방 공무원을 매수하려고 할 수도 있고, 불륜과 같은 약점을 이용해 협박할 수도 있다. 또한 CIA 직원 정보는 OPM에 들어 있지 않아서 만약 해외에 거주하는 외교관 신분의 직원 리스트를 전수조사하면 CIA 직원을 가려낼 수 있다.[25] 이처럼 개인정보 유출 사건 하나하나를 보면 단편적인 일처럼 보이지만 훔친 정보를 조합해 적국이 악용한다면 이는 국가 안보를 위협하는 중대한 이슈다.

중국은 개인정보만 노린 것이 아니다. 중국의 사이버 공격은 한 가지 큰 차이점이 있는데 통상 무역과 관련된 비밀이나 지적재산권을 탈취한다는 것이다.[26] 구글의 소스코드를 노린 오로라 공격Operation Aurora이 탐지되자 구글에 비상이 걸렸다. 소스코드는 IT 기업의 보석과 같은 자산crown jewel이다. 바로 그 심장을 노린 것이다. 그렇지 않아도 중국 정부의 검열 때문에 중국 사업에 골치를 앓던 구글은 오로라 사건을 계기로 중국에서 철수하는 결정을 내렸다.

가장 충격적인 지적재산권(IP) 탈취는 군사 기밀이었다. 미국 일간 워싱턴포스트는 미국의 첨단 무기 시스템 설계도를 중국 해커가 탈취했다고 보도했다. 그중에는 미국의 미사일 방어 시스템인 패트리어트, 사드, 이지스 등이 망라돼 있었다.[27] 이와 같이 첨단 기술, 군사 장비, 하이테크 기업의 소스코드 등 IP라는 무형 자산을 향한 중국의 사이버 공격은 그칠 줄 몰랐다.

미국 국가안보국 국장 겸 최초의 사이버 사령관으로 임명된 키스 알렉산더 장군은 매년 2500억 달러(약 327조 5000억 원) 상당의 지적재산권을 도둑맞고 있다며 미국이 당한 사이버 범죄를 한 문장으로 표현했다.[28]

역사상 최대의 부의 이동The greatest transfer of wealth in history.

미국은 테크 산업과 국방력 분야에서 세계 최고의 경쟁력을 자랑한다. 그러나 미국의 최대 경쟁자인 중국이 기술을 빼앗는다면 단기간에 격차가 크게 줄어든다. 비단 미국만의 문제가 아니다. 지적재산권, 국가의 기밀정보는 국가나 기업의 경쟁 우위를 뒤집을 수 있는 사이버 공격의 주요 목표다. 우리는 국가와 기업의 보물을 잘 지키고 있는가?

8000만 달러를 훔친 도둑_Scenario

2016년 2월 5일 금요일 방글라데시 중앙은행. 은행에서 거래된 송금 내역은 빠짐없이 지정된 프린터로 자동 출력하게 돼 있다. 그런데 어찌된 영문인지 그날은 출력된 것이 한 장도 없었다. 원인을 찾아보니 프린터가 고장 나 있었다. 마침 그날은 공휴일이어서 기술자를 부를 수 없었고 담당자는 그냥 퇴근했다.

다음날 출근한 담당자는 국제은행간통신협회(SWIFT)가 동작하지 않는다는 것을 확인했다. SWIFT는 전 세계 1만 1000여 개 금융 회사가 서로 다른 국가에 있는 은행이 돈을 주고받도록 결성한 시스템이다. 가령 미국에 있는 자녀에게 유학비를 송금한다고 하자. 은행 지점을 방문하면 해당 은행은 SWIFT를 이용해 미국 내 은행에 얼마를 지정된 계좌로 보낸다는 전문을 보낸다. 한마디로 SWIFT는 은행 간 지불 약속을 규정한 프로토콜이다.

기술자들이 문제를 해결하자 미국 중앙은행 연방준비제도(Fed)로부터 목요일 밤에 도착한 메시지가 출력됐다. 1억 달러(약 1300억 원)가 넘는 금액을 인출한다는 요청이 접수됐는데 송금 내용이 맞는지 확인해 달라는 메시지였다. 직원은 그런 송금 지시를 내린 적 없던 터라 소스라치게 놀랐고 백방으로 연락을 시도했지만 미국 현지 시각이 금요일 밤이라 연락이 닿지 않았다. 일단 이메일과 팩스로 지불 정지 메시지를 보내고 벨기에 브뤼셀에 있는 SWIFT 본사에도 도움을 요청했다. Fed와는 월요일 오후가 돼서야 가까스로 전화 연결이 됐다. 그러나 상황을 돌이키기에는 한발 늦었다. 이미 전액 송금된 상태였다.

돈은 두 곳으로 나누어 필리핀 RCBC 은행에 8100만 달러, 스리랑카 팬 아시아Pan Asia 은행에 2000만 달러가 보내졌다. 다행히 돈의 출처를 의심한 팬 아시아 은행은 지불을 유예해 피해를 막을 수 있었다. 그러나 필리핀에 송금된 8100만 달러는 카지노에서 자금세탁을 거쳐 사라졌고 회수한 돈은 6만 8000달러에 불과했다.[29] 이것이 역사상 최대의 사이버 은행 강도 사건의 전말이다.

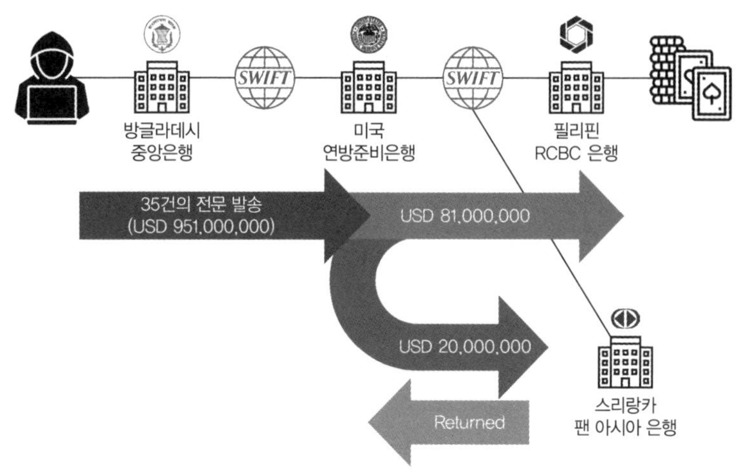

▶ 역사상 최대의 사이버 은행 강도 사건

SWIFT는 국제 금융 거래의 기반 인프라로서 거래 규모가 어마어마하고 최고의 보안 체계를 구축하고 있다. 은행에서 전문 메시지를 보낼 때에도 이중 삼중 체크한다. 무엇보다 SWIFT는 국제 송금 라이선스를 가진 은행만 참여할 수 있어 제3자가 접근할 수 없다. 그런데 은행 네트워크 한 쪽에 인터넷이 연결되면서 허점이 생기기 시작했다. 사고 분석 결과 해커는 한 은행 직원 컴퓨터에 악성코드로 잠입한 뒤 은행 네트워크를 타고 움직여 SWIFT 시스템에 도달했다. 그 후 SWIFT 권한을 탈취한 다음 가짜 송금 메시지를 보낸 것이다. 프린터와 SWIFT 소프트웨어가 동작하지 못하게 한 것도 작전의 일부다.

개인정보나 기밀문서를 훔치는 데이터 절도는 종종 발생했지만 이처럼 은행 계좌에서 직접 돈을 몰래 빼간 사이버 강도cyber heist는 전대미문이다. 돈의 입출력에 관한 금융 회사의 통제는 아주 까다롭다. 그런데 영화 같은 일이 실제로 일어난 것이다. 이 공격에서 몇 가지 수법은 눈길을 끈다.

첫째, 특정 금융 서비스를 직접 겨냥했다. 보통 해커는 IT 시스템에 침투해 개인정보와 같은 돈이 될 법한 정보를 빼간다. 그런데 이 공격은 SWIFT라는 은행에서만 사용하는, 그것도 담당자가 아니면 어떻게 사용하는지도 모르는 서비스를 정조준했다. 국제 송금 시스템의 심장을 노린 것이다. 서로 다른 시간대에 있는 금융 거래 담당자가 소통하기 어렵다는 허점을 꿰뚫은 전문가가 기획했을 가능성이 높다.

둘째, 국가별 휴일과 시간 차까지 고려해 치밀하게 설계된 시나리오였다. 방글라데시는 금요일(2월 5일)이 공휴일이었고 필리핀은 월요일(2월 8일)이 설 연휴였다. 지구 반대편의 Fed와는 낮과 밤이 엇갈린다. 거액의 송금 요청을 Fed가 의심할 상황에도 대비했다. 그래서 미국과 방글라데시가 서로 교신하지 못하는 날짜를 디데이로 정한 것이다. 여기에 프린터와 SWIFT 소프트웨어를 고장 내서 하루를 벌었다. 설령 토요일에 메시지를 복원하더라도 미국 현지 시간이 금요일 밤이라 연락이 안 된다는 절묘한 타이밍도 고려했다.

현금화할 은행 계좌도 치밀하게 준비했다. 사건 발생 9개월 전에 필리핀 RCBC 은행의 주피터 지점에 가짜 이름으로 계좌를 개설했다. 이 계좌는 거의 휴면 상태로 있다가 미국 은행에서 8100만 달러를 받는 용도로만 사용됐다. 필리핀은 월요일이 공휴일이었기에 화요일에나 연락이 닿았지만 이미 8100만 달러는 카지노의 몇 개 계좌로 분산한 후 현금화되었다. 이처럼 미국과 방글라데시, 필리핀의 근무 시간이 엇갈리면서 월요일까지 소통되지 않는 상황을 철저히 이용했다.

셋째, 자금세탁 수법이다. 8100만 달러라는 거대한 돈을 세탁하지 않으면 추적당하기 마련이다. 자금세탁방지법Anti-Money Laundering(AML)은 테러 자금, 불법 매춘, 암거래를 막기 위한 국제 금융의 규범으로서 은행은 반드시 준수해야 한다. 은행 전 직원은 매년 자금세탁방지 교육을 이수해야 하고 이와 관련한 시험은 까다롭기로 유명하다. 만일 제대로 지키지 않을 경우 경제 제재와 천문학적 벌금이 부과된다.

그런데 왜 하필 필리핀의 카지노인가? 필리핀 유력 정치인들이 로비해 루손섬 카가얀 경제특구에 설립된 카지노는 자금세탁방지 규제에서 제외돼 있었기 때문이다.[30] 카지노에는 매일 엄청난 현금이 오간다. 돈의 출처를 따지지 않고 당국에 보고하지도 않으니 자금세탁에 무방비다. 결국 필리핀 정치인들의 탐욕이 최대 은행 강도 사건에 빌미를 준 셈이다.

SWIFT 시스템에 대한 전문 지식, 국제 금융 거래의 맹점, 국가 간에 엇갈리는 근무 시간대와 공휴일, 자금세탁을 피해가는 현금 처리. 이렇게 잘 짜인 각본을 기술자인 해커가 혼자서 만들 수 있겠는가? 이 사건에서 해커는 주연이 아니다. 국제 금융과 자금세탁방지법에 해박한 지식과 경험을 가진 금융 범죄 전문가가 사건의 전체 시나리오를 기획하고 해커를 고용해 벌인 범죄다.

SWIFT 사는 이 사고로 비상이 걸렸다. 비록 SWIFT 인프라가 뚫린 건 아니지만 개방화되는 디지털 환경에 안이하게 대비했다는 지적을 받았다. 국가별, 은행별로 보안 수준이 제각기 다른데 서로 믿고 거래할 수 있겠는가? 그래서 SWIFT 사는 CSCFCustomer Security Controls Framework라는 가이드라인을 발표했다. SWIFT 회원인 금융 회사는 매년 이를 제대로 이행한다는 것을 스스로 검증해야 한다.

사이버 범죄는 창의적인 발상으로 전개되고 있다. 범죄 집단은 시나리오, 해킹 기술, 현금화monetization에 이르기까지 생태계를 구성하고 있다. 나날이 발전하는 해킹 기술을 연구하는 일이 중요하지만, 범죄 시나리오를 파헤치는 상상력도 요구된다.

방글라데시 중앙은행의 SWIFT 해킹은 북한 라자루스 그룹의 소행으로 밝혀졌다. 북한은 공격 대상을 선정하는 것부터 현금화에 이르는 시나리오 구성까지 뛰어나다. 해킹이라는 기술에만 매몰되어 있으면 거대하고 치밀하게 전개되고 있는 공격의 흐름을 놓칠 수 있다.

공격자는 목표를 정한 뒤 그 기업의 사업 모델과 가치 사슬의 허점을 노린 시나리오를 바탕으로 맞춤형 해킹 기법을 구사한다. 이처럼 공격자는 목표를 철저히 분석하면서 허점을 노리고 있는데, 정작 방어하는 입장에서 산만하게 흩어져 있어 곳곳에 허점을 드러낸다면 승부는 불 보듯 뻔하다. 사이버 보안 리더에게는 기술력만 필요한 게 아니다. 조직과 운영 모델에 대한 정확한 이해와 창의적 사고가 필요하다.

민주주의 시스템을 뒤흔들다_Hybrid Attack

영화에 종종 나오는 표현처럼 미국 대통령은 '세상에서 가장 힘 있는 사람'으로 통한다. 그래서 미국 대통령 선거는 전 세계가 촉각을 세우고 지켜본다.

2016년 미국 대선에서 극적인 역전 드라마가 연출됐다. 정치 초년생인 부동산 재벌 도널드 트럼프가 퍼스트레이디와 상원의원, 국무장관이라는 화려한 정치 이력의 힐러리 클린턴을 누르고 당선된 것이다. 여론 조사에서 90% 이상이 힐러리 클린턴의 우세를 점쳤기에[31] 선거 결과는 놀라움 그 자체였다.

미국 대선은 주별 주민 득표에서 한 표라도 이기면 주에 배정된 선거인단을 모두 가져가는 간접선거 방식으로 치러진다. 상황이 이렇다 보니 박빙의 승부에서는 공화당과 민주당이 첨예하게 대립하는 경합주swing state에서 승패가 갈린다. 도널드 트럼프는 전국민 투표 수에서 287만 표 이상 크게 뒤졌지만 주요 경합주에서 근소하게 이긴 덕에 총선거인단 수에서 304 대 227로

앞설 수 있었다.

경합주에 선거 자원이 집중되는 것은 당연했다. 그중 하나가 디지털 전략이다. 2016 미국 대선은 사이버 공간이 본격적으로 무대에 등장한 선거이기도 하다. 오바마 대통령이 SNS와 데이터 분석을 활용한 선거 전략을 선보였지만 2016 대선에서 나타난 SNS 전략 스케일은 차원이 달랐다. 그런 가운데 해킹, 가짜뉴스, 허위 댓글 등이 난무했다.

2016 미국 대선에서 일어난 대표적인 스캔들을 꼽으면 다음 세 가지로 압축된다.

첫째, 민주당 선거캠프Democratic National Committee(DNC) 해킹이다. 선거운동이 불붙기 시작하자 러시아 군사 첩보기관 GRU는 DNC에 대한 사이버 공격을 시작했다. DNC 직원들을 대상으로 한 스피어피싱spear phishing 공격에 선거대책위원장을 포함한 다수의 직원이 걸려들었고 다량의 기밀문서와 이메일이 빠져나갔다.

우리나라에서도 국회의원이 주고받았던 휴대전화 문자메시지가 기자의 카메라에 찍혀서 논란이 되곤 하는데 정치인의 사생활은 언론의 스포트라이트를 받기 마련이다. 하물며 당 내부에서 주고받은 개인 이메일이 몽땅 유출됐으니 파장은 엄청났다. 여기에 폭로의 아이콘 위키리크스가 적극적으로 정보 공개에 뛰어들면서 관심은 증폭됐다. 대선 막바지에 힐러리 클린턴에게 불리한 내용이 전략적으로 공개됐고 사실 여부를 떠나 신뢰에 큰 타격을 입었다.

둘째, SNS를 활용한 선동이다. IRAInternet Research Agency라는 이름은 그럴듯해 보이지만 실제로는 러시아 상트페테르부르크에 있는 댓글부대troll farm다.[32] 이들은 페이스북, 유튜브, 인스타그램, 트위터에 다량의 계정을 만들거나 도용해서 가짜뉴스와 댓글로 여론을 조장했다. 앞서 해킹으로 유출된 내부 문서는 여기에 적극 활용된다. 비록 개별 이슈로는 폭발성이 높지 않은 내용이더라도 내용을 왜곡하고 동영상으로 그럴듯하게 포장하면 얼마든지 부정적인 여론을 형성할 수 있다.

IRA는 인종차별, 무슬림, 이민정책 등 미국 내에서 분열과 갈등을 키우는 주제를 부각시켜 자극적인 선동을 부추겼다. 미국은 다문화주의 국가라서 인종차별과 낙태 문제, 이민법 등 고유의 갈등이 항상 내재돼 있다. 공화당에 유리한 유권자 층은 적극적으로 투표에 참여하게 하고 민주당 성향을 지닌 흑인 유권자는 투표 참여 의욕을 떨어뜨리는 심리적 전술이 전개됐다.

소련 국가보안위원회(KGB)는 정치인의 약점을 이용해 허위 정보를 배포하고 갈등을 부추기며 정치적으로 선동하는 전략을 구사하는 것으로 유명하다. 디지털 시대에는 SNS로 순식간에 메시지를 전파시킬 수 있으니 얼마나 좋은가? 앞서 DNC 해킹과 결합된 SNS 활동은 러시아가 디지털 공간에서 벌인 전형적인 선동 전략이었다.

셋째, 영국 소재 케임브리지 애널리티카(CA)라는 선거 마케팅 회사가 벌인 불법적인 개인정보 활용이다. CA는 성향 조사라는 명목으로 자신의 앱을 이용해 페이스북 사용자 27만 명의 데이터를 수집했다. 문제는 개인정보 제공에 동의한 27만 명에 머물지 않고 이들과 연결돼 있는 사람들의 개인정보까지 수집했다는 점이다. 8700만 명에 달하는 사람들의 데이터가 동의 없이 수집됐다. CA는 무려 2억 명이 넘는 미국 유권자의 데이터 포인트 5000개를 갖고 있다고 공공연히 자랑하기도 했다.[33]

CA의 무분별한 데이터 수집 행위는 페이스북과 진실게임을 하는 양상으로 전개됐다. 이 일로 페이스북 CEO 마크 주커버그는 최초로 미국 의회 청문회에 출석했다.

당시 미국 연방거래위원회(FTC)는 개인정보보호 소홀 책임을 물어 페이스북에게 무려 5000억 원이 넘는 벌금을 부과했다. FTC 의장 조셉 시몬스는 기자회견에서 '페이스북은 사용자들의 신뢰를 배신했다'고 이 사건의 본질을 설명하며 유감을 표명했다.[34]

"페이스북 데이터를 수집하고 공유하는 행태에 대해 더 큰 제재, 예를 들어 5억 달러가 아닌 10억 달러의 벌금을 부과하고 싶었지만 우리에게는 그런 옵션이 없었습니다."

나도 페이스북에 크게 실망해서 그 후로는 페이스북을 사용하지 않는다. 개인정보를 상품화해 막대한 수익을 올리는 회사가 프라이버시에 대한 인식이 낮은 것을 보고 회사에 대한 신뢰가 깨졌다.

2016 미국 대선은 큰 후유증을 남겼다. 러시아의 선거 개입을 수사하기 위해 특검이 추진됐고 연방수사국(FBI) 국장 출신인 로버트 뮬러가 특별검사로 임명됐다. 로버트 뮬러는 2018년 2월 16일에 IRA 활동과 연관된 러시아인 13명과 러시아 회사 3곳을 기소했고, 2018년 7월에는 DNC 해킹과 관련된 러시아 첩보원 12명을 기소했다.[35] 물론 러시아는 모든 혐의를 부인했지만 미국이 제시한 증거는 과학적이고 자세했다.

이러한 활동이 선거의 승패를 갈랐다고 단정 지을 순 없다. 그러나 만일 민주당이 경합주인 펜실베이니아, 미시간, 위스콘신에서 부동표 8만 표를 확보했다면 대선 결과가 바뀔 수 있었다.[36] 선거 판세가 박빙으로 흐르면 소수의 부동층에 SNS 화력이 집중된다는 점에서 그냥 넘길 일이 아니다.

2016년 미국 대선에서 벌어진 사건이 미국에 국한한 문제라고 봐서는 안 된다. 민주주의 국가의 근간인 선거 제도에 구조적인 문제점이 드러난 일이기 때문이다. 어느 국가를 막론하고 양극화 문제는 심각하다. 보수와 진보, 자본가와 노동자 등 양극화는 사회 갈등을 부추기는 시한폭탄이다. 가짜뉴스와 자극적인 선동이 SNS를 타고 실시간으로 공유되면 왜곡된 정보에 흥분하고 편 가르기가 극심해진다.

해킹과 댓글 조작은 별개의 문제가 아니다. 서로 시너지를 내는 하이브리드 공격이다. 또한 사이버 공간 활동은 해외에서도 개입할 수 있기에 민주주의의 꽃이라고 하는 투표를 그 국가 국민에게 국한된 일로 과소평가해서는 안 된다. 우리는 악의적인 공격이 국민의 증오를 심화시키고 한 국가의 통치 제도를 뒤흔드는 광경을 목도했다. 이로 인해 2020 미국 대선에서는 해킹으로부터 선거 과정이 안전하게 지켜지도록 선거관리 책임자들이 철저하게 관리하고 투명하게 소통하는 모습을 볼 수 있었다. 우리에게도 민주주의 제도에 입각한 공정한 선거를 치르기 위한 국가의 거버넌스에 큰 숙제가 주어졌다.

양보할 수 없는 원칙_Principle

2015년 2월, 청와대 근처 한 카페에서 미국 동부에서 찾아온 방문객들과 따뜻한 차를 마시며 몸을 녹이고 있었다. 청와대 안보특보와의 미팅을 마치고 나온 뒤였다. 방문객들은 미국 보안 기업 맨디언트의 직원이었으며 창업자 겸 CEO인 케빈 맨디아가 직접 이끌고 왔다.

2004년 미국에서 설립된 맨디언트는 보안 사고를 분석하는 디지털 포렌식 분야의 독보적인 기업이다. 2022년에 구글은 54억 달러(약 7조 원)라는 엄청난 금액을 치르고 맨디언트를 인수했다. 맨디언트는 전 세계에서 일어난 굵직한 보안 사고 조사에서 탁월한 실력을 보여줬다. 특히 사이버 공격의 공격 주체attributor를 과감히 공표하는 것으로 유명하다. 이를테면 미국의 지적재산권을 훔쳐간 사이버 공격이 중국의 소행이라고 밝혀서 중국을 의심하면서도 차마 얘기하지 못하던 분위기를 바꾸는 계기를 만들었다.

이날 만남의 화제는 2014년 12월에 일어난 소니 픽처스 엔터테인먼트

(이후 소니 픽처스) 해킹이었다. 북한의 소행으로 밝혀진 가운데 북한발 공격을 가장 많이 받는 한국 상황을 궁금해했다. 사실 한국에서는 북한의 해킹 행위가 어제오늘의 일이 아니었지만 소니 픽처스 해킹은 미국을 직접 겨냥한 첫 사건이었다. 미국이 자국 기업에 가해진 파괴적인 사이버 공격에 대해 공개적으로 외국 정부를 비난한 것은 처음이었다.[37] 어떻게 북한이 태평양 건너까지 사이버 공격을 하게 됐을까? 그것도 민간기업인 엔터테인먼트 회사를 타깃으로 삼은 이유는 무엇이었을까?

소니 픽처스가 만든 영화가 발단이었다. 캐나다 출신 배우 세스 로건이 제작한 영화 〈디 인터뷰〉는 북한의 독재자 김정은을 소재로 삼은 코미디물이었다. 영화는 큰 주목을 받지 못했고 특정 국가를 상대로 풍자하는 영화나 드라마는 적지 않았기에 누구도 크게 신경 쓰지 않았다. 그러나 북한의 생각은 달랐다. 감히 자신들의 지도자를 코미디 소재로 삼은 것을 용서할 수 없었다.

▶ 영화 〈디 인터뷰〉

미국의 추수감사절 연휴를 앞둔 2014년 11월 24일, 소니 픽처스 직원들의 컴퓨터 화면에 'Hacked By #GOP'라는 제목과 함께 흉악한 해골이 나타났다. 스스로를 평화의 수호자Guardians of Peace(GOP)라고 자처하는 해커 그룹이 소니 픽처스 네트워크와 시스템을 중지시키며 보낸 공포의 메시지였다. 소니 픽처스 임직원들은 즉각적으로 시스템을 복구하려고 노력했다.

그러나 공격은 이제 시작에 불과했다. 다음 날인 11월 25일부터 해커는 소니 픽처스가 아직 출시하지 않은 영화를 하나씩 온라인에 공개했다. 급기야 11월 28일에는 소니 픽처스의 내부 파일을 모조리 인터넷에 공개했다. 파일 안에는 소니 픽처스 임직원의 개인정보와 이메일, 민감한 급여 내역이 들어 있었다. 여러분이 다니는 직장의 CEO나 상사, 직장 동료가 받는 연봉이 만천하에 공개됐다고 생각해보라. 회사를 뒤흔드는 일이 일어난 것이다.

〈디 인터뷰〉를 크리스마스에 맞춰 상영하려던 극장들은 시민의 안전을 이유로 하나둘 발을 빼기 시작했다. 소니 픽처스도 시사회나 출시 일정을 조정하기에 이르렀다. 북한의 사이버 공격은 성공하는 것처럼 보였다.

오바마 대통령은 소니 픽처스가 내린 결정을 탐탁지 않아 했다. 소니 픽처스 해킹에 대한 기자의 질문에 "나는 소니 픽처스가 실수했다고 생각합니다"라고 단언한 뒤 반대 이유를 명확히 밝혔다.

"어딘가에 있는 독재자가 미국에서 만든 저작물을 검열하도록 방관하는 사회가 돼서는 안 됩니다. 풍자적인 내용을 다룬 영화의 출시를 막기 위해 누군가가 협박하게 둔다면 자기가 좋아하지 않는 다큐멘터리나 뉴스에 대해서도 그럴 겁니다. 그러면 제작자나 배급사는 자기 검열을 하게 됩니다."[38]

오바마 대통령은 북한의 행위를 용인하는 태도가 미국의 헌법 정신인 언론과 사상의 자유를 해칠 수 있다고 본 것이다. 어떠한 콘텐츠이건, 어떤 상황에서도 헌법 정신을 훼손할 수 없다는 그의 원칙은 확고했다. 미국 시카고 대학에서 헌법학 강의를 했던 교수다운 면모가 드러난 순간이었다. 그가 제시한 의견은 터닝 포인트가 됐다.

구글이 전격적으로 영화를 온라인에 출시하기로 결정한 것이다.[39] 일부 극장이 결정을 뒤집기 시작하며 마침내 극장 상영이 확정되고 〈디 인터뷰〉는 오히려 주목받는 영화가 됐다. 돌이켜 보건대 북한은 소니 픽처스 해킹 공격으로 얻은 게 그다지 없다. 소니 픽처스의 내부 파일을 공개해 창피를 줬지만 〈디 인터뷰〉 출시를 막지 못했기 때문이다. 소니 픽처스는 초기에 당황하고 우왕좌왕했지만 시간이 흐르면서 신중해졌다.

미국은 처음 받은 북한의 공격에 상당히 놀랐다. 그 공격은 디스크 전체를 삭제하고 기업 기밀정보를 만천하에 드러내는 무지막지한 행태였다. 수많은 보안 사고를 목격했던 맨디언트조차 이런 공격은 처음 접한다고 했다. 한국은 북한발 공격을 많이 받아서 파괴적인 행태를 익히 알고 있다. 하지만 미국은 달랐다. 기업의 지적재산권이나 정부의 기밀 자료를 빼내간 경우는 있었지만 이처럼 파괴적인 공격을 본 적이 없었던 것이다. 이해되지 않는다는 표정을 짓는 맨디언트 직원들에게 웃으면서 얘기했다.

"북한 해커는 단순 절도범이나 사기꾼과는 다르니까요. 그들은 군인입니다."

미국 정부는 소니 픽처스 해킹의 공격자가 북한이라고 밝히고 심지어 해커 이름과 사진까지 모조리 공개했다. 오바마 대통령은 즉각적인 경제 제재를 지시했다. 이미 북한은 많은 경제 제재를 받고 있었고 인터넷으로부터 고립돼 있었기에 보복 옵션은 많지 않았다. 하지만 미국은 자존심을 건드린 것에 대한 불쾌한 심기를 숨기지 않았다.

소니 픽처스 해킹 사고로 자유분방했던 엔터테인먼트 업계가 사이버 위협을 인식하기 시작했다. 오늘날 영화와 드라마, 영상은 모두 디지털로 제작된다. 콘텐츠를 지키는 일은 엔터테인먼트 기업의 생존이 걸린 문제다. 무엇보다 창작의 자유를 훼손하는 것은 인간의 자유정신을 방해하는 행위다. 소니 픽처스 해킹 사례는 사이버 공격의 피해를 당했어도 국가와 공동체가 지켜야 할 소중한 원칙이 무엇인지 일깨워줬다.

2장

리더의 미션

/

위기에 대처하는 리더십_Leadership

넷플릭스에서 〈오징어게임〉을 필두로 〈마이네임〉, 〈지옥〉 등 한국 콘텐츠가 잇달아 흥행한 뒤 1등으로 올라선 미국 영화가 있다. 〈돈 룩 업〉이라는 블랙 코미디다.

영화는 천문학과 대학원생인 케이트가 6개월 후에 지구와 충돌하는 혜성을 발견하면서 시작한다. 지도 교수인 랜들 민디 박사는 즉각 정부에 알렸고 이들은 긴급 제공된 비행기를 타고 백악관으로 불려간다. 근데 그 다음부터 어처구니없는 상황이 벌어진다.

▶ 영화 〈돈 룩 업〉

영화에서 미국 대통령은 인류를 구해야 하는 절체절명의 미션조차 정치 행위로 삼는다. 심지어 지구를 향해 오는 혜성보다 그 속에 있는 어마어마한 자원을 먼저 채굴해야 한다는 대기업 회장의 말도 안 되는 주장을 받아들인다. 랜들 박사와 케이트는 방송에 나가 거짓말과 음모를 알리며 현실을 직시하자고 외치지만 오히려 SNS에는 그들에 대한 뒷담화가 난무한다. 결국 아무도 진실을 귀담아듣지 않은 채 몇몇 권력자와 거대 부자는 우주로 탈출한다.

혜성 충돌을 주제로 한 영화는 많다. 보통 위기 극복 과정을 극적으로 묘사하는데 이 영화는 다른 곳에 초점을 맞췄다. 인류가 멸망할 수도 있는 절체절명의 순간에도 자신의 정치적 실리, 기업 이익에만 골몰하는 지도자들의 무책임한 행태를 풍자한다. 또한 '누군가 해결하겠지'라며 당면한 문제를 심각하게 받아들이지 않는 대중의 심리도 묘사하고 있다. 무책임한 정치인과 가짜뉴스가 범람하는 현대 사회의 허점을 보여준 영화다.

국가나 기업에 위기 상황은 언제든 닥치기 마련이다. 위기 극복은 프로페셔널한 판단으로 방향을 정확히 잡아 신속하게 행동하는 데에 달려 있다. 그러나 과학자와 전문가의 의견을 무시하는 상황이 종종 벌어진다. 팬데믹 상황에서 나온 대책에서도 그런 면면을 볼 수 있었다. 미국은 과학자의 권고를 무시했고 사회적 거리두기와 마스크 의무 착용을 놓고 오락가락했다. 브라질은 포퓰리스트 대통령의 무책임한 방임 정책으로 위기를 맞았고 중국은 비현실적인 제로 코로나 정책으로 연착륙 기회를 놓쳤다. 위기 상황에서 전문적 견해가 결여되면 불행한 결과를 낳는다.

이제 대통령이 여러 번 바뀔 만큼 시일이 흘렀으니 얘기해도 될 것 같다. 청와대 방문을 요청받은 적이 있다. 대통령 비서실장이 직접 주재한 소규모 회의로 방송통신위원회, 대학 교수, 청와대 관계자가 참석했다. 어느 은행에서 보안 사고가 난 것이 모이게 된 배경이었다.

연일 보안 사고가 발생하는 터라 비서실장은 국가적 차원의 준비를 제대로 하고 있는지에 대해 궁금해했다. 그러자 청와대에서 나온 한 분이 만반의 계획을 세워놓았다며 두꺼운 문서를 내밀었다. 표지에는 '대외비'라는 붉은 도장이 찍혀 있었다. 방송통신위원회에서 온 분도 문서에 대해 아는 것으로 볼 때 정부부처가 같이 만든 문서로 추측됐다.

그는 문서를 중심으로 위기대응 시나리오를 대략 설명했고 나는 그 사이 앞부분을 들여다봤다. 설명이 끝나고 이런저런 대화를 나누었지만 솔직히 맘에 들지 않았다. 나의 표정을 눈치챈 비서실장이 물었다.

"김 대표는 별로 동의하지 않는 것 같은데요?"

잠시 어색한 분위기가 흘렀다.

비서실장이 다시 "문제 있습니까?"라고 물어와 완곡하게 답했다.

"내용을 처음 들어서 잘 모르겠습니다만 실제로 이렇게 동작할 수 있느냐가 관건이라고 생각합니다."

그 문건은 2009년에 발생한 7·7 디도스 공격 이후 국가적 사이버 대책으로 만들었다고 한다. 7·7 디도스는 10만 대 이상의 컴퓨터를 악성코드로 좀비화하면서 발생한, 국가 차원에서 최초로 겪은 사이버 공격이다. 당시 악성코드를 먼저 수집해서 백신을 개발해 배포하고, 그 악성코드에 숨겨진 공격 대상과 시간을 해독하여 악성코드 구조를 실시간으로 공유한 곳이 안랩이었다. 워낙 안랩이 주도하다 보니 언론에서 '관군은 없고 민병만 있다'라는 타이틀이 나올 정도였다.

언론에서 온갖 스포트라이트를 받으니 시샘도 많이 받았다. 그렇지만 누구라도 해결해야 할 것 아닌가? 국가로부터 돈 한 푼 받지 않고 봉사 차원에서 한 일이고 안랩에 디도스 방어 제품이 없었기에 기대할 만한 사업적 이득도 없었다. 그저 대한민국을 위해 좋은 일을 했다는 자부심으로 만족하자고 직원들을 격려했던 기억이 난다.

그런데 7·7 디도스 공격의 처음부터 끝까지 중심에 있었던 기업에게는 물어보지도 않고 대책을 만들었다고 했다. 게다가 그 문서에는 신속한 사고 분석이 핵심 경로critical path에 놓여 있었고 안랩이 대표적인 기업으로 적시돼 있었다. 안랩 CEO인 내가 전혀 내용을 모르는데 과연 그런 계획이 제대로 실행될 수 있을까? 정부라고 민간기업을 맘대로 동원할 수 있는 건가?

사이버 공격을 받으면 일단 당황하게 돼 생각할 시간이 없다. 아무리 훈련을 해도 잘될지 장담할 수 없다. 시시각각 환경이 변하면서 수많은 변수가 발생하기 때문이다. 책상 위에서 그려낸 이론과 실제 상황은 다르다.

그나마 디도스 공격은 외부에서 웹사이트로 트래픽을 쏘아대는 비교적 간단한 유형이다. 어렵게 내부망으로 침투할 필요가 없다. 이에 비해 사이버 공격은 이미 조직적인 범죄 단체나 국가 차원의 지원을 받아 치밀한 시나리오와 정교한 해킹 기법으로 전개되고 있었다. 디도스 공격에 맞춘 대비책 정도로 복잡하고 지능적인 사이버 공격에 대응할 수 있겠는가?

갖가지 도전을 극복하는 과정은 리더의 크고 작은 결정으로 점철돼 있다. 리더는 전문가의 명확한 판단에 따라 정확한 방향을 제시하고 실행에 옮길 수 있어야 한다. 그 과정에는 개인이나 부처의 사심을 철저히 배격하고 문제의 근원적 해결책에 초점을 맞추어야 한다. 그것이 다가오는 위험을 준비하고 위기에 대처하는 리더의 자세다.

사이버 보안은 경영이다_Management

모교인 퍼듀 대학교의 미치 대니엘스 총장이 내방했을 때 안내한 적이 있다. 보통 대학 총장이라면 오랜 교수 생활을 거친 학교 행정의 달인을 떠올린다. 그러나 그는 대학에서 지낸 경력이 전무하다. 미국 부시 대통령 정부의 예산관리국장, 제약 회사의 전문경영인, 인디애나 주지사를 역임했다. 공화당 대통령 후보로 오르내릴 정도로 미국 정계에서 신망이 두터웠다.

그러다 보니 그에게 정치 관련 질문이 쏟아지기 마련이다. 혹시 차기 대권에 도전하지 않는가? 백악관에서 대통령과 같이 일할 때 어떠했는가? 차기 대선후보는 누가 유력한가? 등을 질문받는다. 그는 예상했다는 듯이 웃으면서 답변했다.

"그런 질문을 많이 받곤 합니다. 정치인 출신이니 궁금해하는 게 당연합니다. 하지만 사실 내 인생에서 가장 보람됐던 직업은 경영인입니다. 오랜 기간 전문경영인으로 지냈는데 정작 그 경력은 별로 눈여겨보지 않네요."라고 운을 뗀 뒤 경영관을 이어갔다.

"경영이란 한정된 자원을 이용해 명확한 목표를 향해 조직을 이끌어가는 리더십입니다. 뚜렷한 전략과 비전으로 직원들에게 동기 부여를 해야 합니다. 주지사, 대학 총장을 수행할 때에도 경영을 했던 경험이 제일 큰 도움이 되고 있습니다."

그는 경영의 키워드를 '한정된 자원, 명확한 목표, 리더십'이라는 한 문장으로 표현했다.

애당초 기업에게 무한한 자원은 불가능하다. 사업을 하면서 한 번도 충분하다고 느꼈던 적이 없다. 좋은 사람은 늘 구하기 힘들고 투자할 여력은 한계가 있다. 대기업이나 국가 경영도 스케일이 차이 날 뿐 크게 다르지 않다. 리더는 자원 부족을 당연하게 여겨야 한다.

'아낌없이 투자하겠다'는 표현은 경영인의 언어가 아니다. 경영은 주어진 자원을 최대한 아껴서 승부를 걸 곳에 투입하고 결과를 만들어내야 한다. 그러려면 전략을 세워 우선순위를 정하고, 조직원에게 방향을 제시하고, 조직력을 이끌어내는 리더십을 발휘해야 한다.

사이버 보안이 중요해지면서 전 세계적으로 정보보호최고책임자Chief Information Security Officer(CISO)라는 새로운 자리가 생겨났다. CEO의 사이버 보안 미션을 일부 위임한 직책이다. CISO가 되려면 어떤 자질이 필요한지에 대한 질문을 많이 받는다. 사이버 보안이라면 으레 기술 영역이라고 짐작하고 전문 스킬셋이나 자격증, 학위를 구비해야 할 것이라고 생각한다. 그러나 나의 답변은 그들의 예상을 벗어난다.

"조직 장악력입니다."

예를 들어 '모든 PC에서 USB 사용을 금지한다', '특정 인터넷 사이트 접근을 금한다', 'A 사와의 비즈니스를 끊는다'와 같은 보안 정책을 내렸을 때 CISO의 지시가 조직 구석구석에 먹혀야 한다. 때로는 보안을 위해 기존 절차를 바꿀 수도 있다.

물론 경영진이라면 합리적인 근거에 기반해 임직원을 설득하고 소통해야 한다. 그러나 일단 방향이 정해지면 단호하고 신상필벌이 명확해야 한다. 본래 의도한 방향대로 유지되는지 끊임없이 관찰하고 점검해야 하며 혹시 잘못된 방향이었다고 판단되면 솔직하게 인정하고 방향을 틀 수 있어야 한다. 리더의 역할과 책임은 그런 것이다. 불편하다고 예외를 인정하기 시작하면 실효성이 떨어진다.

CISO는 IT와 보안을 알아야 하고 현장 경험이 필요하며 최근 동향도 열심히 습득해야 한다. 전문가로서의 자질과 스펙이 필요하지만 그것이 경영의 본질은 아니다. 경영은 보유한 인적, 재무적 자원을 활용해 책임감을 갖고 조직의 방향을 이끄는 것이다. 그러려면 당연히 그 기업의 사업 모델과 조직의 생리를 알아야 한다. 모름지기 리더는 사람과 기술, 프로세스를 적절하게 활용해 조직이 움직이도록 해야 한다.

사이버 보안은 재무제표에서 마이너스에 기여한다. 영리를 추구하는 기업으로서는 꺼리기 마련이다. 기업은 장기적으로 가치가 있다면 적자를 감수하고 투자한다. 이를테면 구조조정을 하거나 사업 모델을 바꾸거나 신사업에 집중 투자하는 것은 의미 있는 적자를 감수하는 경우다.

사이버 보안 투자는 기업 평판과 신뢰가 추락하고 고객의 대량 이탈이 벌어지는 재앙을 막기 위해 필요하다. 투자를 안 하면 재무제표상 손실은 줄일 수 있겠지만 사고가 나거나 큰 벌금을 물어야 하면 몇 배 아니 기업이 망할 정도로 손실을 입을 수 있다. 이미 전 세계는 그런 방향으로 법과 규제를 강화하고 있다.

기업을 경영하면서 신제품을 출시하거나 시장 개척을 하는 순간에는 즐거운 고민에 빠진다. 공격적인 경영이라는 모토에 언론은 찬사를 보낸다. CEO도 인간인데 신나는 얘기가 좋지 골치 아픈 문제를 듣고 싶어 하겠는가? 발생하지 않을 수 있는 미래의 리스크를 위해 당장의 이익을 줄이는 게 쉬운 결정은 아니다. 그러나 CEO와 이사회는 기업 리스크에 종합적으로 대처할 책임이 있다.

여러분 회사 CEO의 스코어카드에 사이버 보안은 얼마나 차지하고 있는가? 내가 현재 근무하는 곳에서는 사이버 보안이 CEO 목표의 5%를 차지한다. 100점 만점에 5점을 얻으려면 수십 개의 지표를 만족해야 하는데 결코 쉽지 않다. 많은 기업이 디지털 전환digital transformation(DX)을 내세우면서 디지털 혁신과 철저한 보안을 외치건만 정작 CEO 평가표에는 IT와 사이버 보안이 없다. CEO 실적과 보상 기준에 사이버 보안이 1%도 없는데 과연 CEO가 진정한 관심을 기울일까? 책임이 따르지 않는 리더의 외침은 구호에 불과하다.

최근 ESGEnvironmental, Social, Governance가 경영 화두로 떠올랐다. 사이버 보안과 개인정보보호는 고객의 신뢰를 유지하기 위한 거버넌스 체계다. 디지털 시대에 이보다 ESG에 잘 맞는 프레임이 있을까? ESG는 비즈니스 세계에서 고객이나 상대방이 신뢰할 수 있도록 자신의 모습을 투명하게 보여주어야 한다. 환경이나 사회 문제는 다소 추상적일 수 있지만 사이버 보안은 당장의 현실에서 벌어지는 문제다.

현대 기업 경영은 단순히 돈을 버는 장사꾼이 아니다. 특히 디지털 기술로 영위되는 기업 활동은 그에 걸맞는 질서와 프로다운 면모가 필요하다. 이제 사이버 보안은 단순히 IT 시스템을 방어하는 차원으로 그쳐서는 안 된다. 디지털 산업 생태계에 참여하기 위한 최소한의 자기 관리다. 자신과 고객의 안전을 지키지 않으면서 경제 활동에 참여하면 고객이나 다른 기업, 더 나아가 사회에 폐를 끼치게 된다. 보안 거버넌스를 갖추고 신뢰를 입증할 수 있는 기업이나 국가에게 동참할 수 있는 자격이 주어진다. 이와 관련한 장벽은 점점 높아지고 있다. 글로벌 표준에 입각한 투명한 보안 체계가 필요한 이유다.

전문가와 전문경영인_Subject Matter Expert

약 9년 전 헤드헌터에게서 연락이 왔다. 어느 외국계 은행에서 CISO를 찾고 있는데 관심이 있느냐고 물어왔다. 평생 IT와 사이버 보안 분야에 종사했기에 은행에서 일하는 모습을 한번도 상상한 적이 없었다. 은행은 내가 고객으로 또는 나의 고객으로 바라보았을 뿐이다. 그런 제안을 받은 자체가 신기했지만 일단 도전해보기로 했다.

외국계 은행이라 그런지 면접 횟수가 비교적 많았다. 그중 다섯 번째 면접을 볼 때였다. 본사에서 방문한 그룹 임원과 자리를 함께 했다. 한 시간 조금 넘은 대화를 마치고 한 임원이 마지막으로 궁금한 게 있으면 물어보라고 했다. 이제 면접도 익숙해진 터라 그동안 막연히 갖고 있던 걱정을 털어놓았다.

"나는 줄곧 IT와 보안 분야에서 일해서 금융을 잘 모릅니다. 은행을 고객으로 상대하긴 했지만 IT 부서와 일한 게 대부분입니다. 막연하게 은행에 대한 지식을 가진 내가 부행장이라는 경영자 역할을 할 수 있을지 솔직히 걱정이 앞서네요. 업의 특성이 워낙 다르지 않습니까?"

그때까지 별로 얘기하지 않던 한 임원이 나섰다.

"당신은 은행에서 가장 중요한 게 뭐라고 생각하십니까? 오늘날 은행이 가진 자원은 데이터뿐이라고 해도 과언이 아닙니다. 과거에는 은행이 돈을 직접 다뤘지만 지금은 거의 모든 업무를 컴퓨터로 처리하죠. 금융업도 본질적으로 데이터 비즈니스입니다. 우리에게 필요한 사람은 사이버 보안 전문가Subject Matter Expert(SME)예요. 나도 몇 년 전까지 큰 담배 회사에서 일했지만 은행에 와서 적응하는 데 큰 어려움이 없었습니다."

체험에서 우러난 그의 설명이 내가 직장을 옮기는 데 결정적으로 작용했다. 그렇게 보안과 금융을 짝짓는 나의 실험이 시작됐다. 제품과 서비스를 제공하는 벤더vendor 입장에서 운영하는 입장으로 자리를 돌려 앉은 셈이다. 돌이켜 보건대 만일 벤더에서만 일했다면 보안에 대해 절반밖에 몰랐을 것이다. 그만큼 보안을 다른 퍼스펙티브perspective(관점)에서 바라보고 실행한 경험은 소중했다.

은행에서는 나를 어떻게 평가했을까? 나를 뽑았던 CEO는 인도 출신 은행가였는데 숫자에 대한 기억력이 워낙 뛰어나 그와 미팅할 때는 늘 긴장했다. 그는 나에 대한 평가를 한동안 아꼈다. 그런데 6개월 정도 지나 전 직원이 참석한 타운홀 미팅에서 나를 언급해 깜짝 놀랐다.

"은행에서 전혀 생각해보지 않은 시각으로 사이버 보안을 보게 해줬습니다."

솔직히 어떤 점에서 그가 그렇게 생각했는지 잘 모르겠다. 기껏해야 평소 회의에서 의견을 제시했을 뿐인데 줄곧 은행에서 근무한 그는 내 생각이 은행에서 접했던 사람들과 다르다는 생각을 가졌던 것 같다. 내가 하는 얘기가 IT나 보안 분야 사람에게는 평범해 보였을지 몰라도 다른 업종에 종사하는 사람들은 다르게 받아들일 수 있나 보다.

금융계 CISO들은 정보 교류와 친목 도모를 위해 자주 만나는 편이다. 비금융권에서 온 나로서는 금융권 현장의 이야기가 재미있고 유익했다. 오늘에 이르기까지 은행권이 형성된 스토리는 흥미진진했다. 금융 위기, 각종 사고와 그에 따라 희비가 엇갈린 뒷얘기, 인수합병 후 운명의 뒤바뀜 등 한국 금융의 산 역사다. 평생 IT 기업에 몸담았던 나와 업종이 다름을 새삼 깨닫는 순간이었다. 마침 은행들이 CISO 조직을 빌드업buildup해가는 과정이어서 그런지 서로의 고민을 토로하다 보면 시간 가는 줄 몰랐다.

하루는 모임에 갔더니 어느 은행에 새로 부임한 임원이 인사를 했다. CISO가 교체된 것이다. 금년에는 ㅇㅇ년생이 물러나는 시기가 됐다고 한다. 그 이후 명함을 교환하는 일은 연례행사가 됐다. 은행으로 이직한 뒤 내

명함은 한 번도 바뀐 적이 없는데 새로 받은 명함은 늘어갔다. 국내 금융 회사 CISO는 평균 1년~2년 간격으로 바뀌었다.

정보보안최고책임자(CISO)와 개인정보보호최고책임자(CPO)가 법적 의무 사항이 된 것은 사이버 보안과 개인정보보호가 그만큼 중요하다는 의미다. 실상은 어떨까? 어느 대기업 계열사 CISO와 CPO를 대상으로 강연한 적이 있었다. 적지 않은 참석자가 '내가 왜 여기에 와 있지'라는 표정을 짓고 있었다. 실제로 대화해보니 1년~2년만 버텨서 이 책임에서 벗어나고 싶어 했다. 권한은 없이 책임만 지는 자리라고 냉소적인 얘기를 하는 사람도 있었다. 어느 기관에서는 보안 책임자가 은퇴를 앞둔 직원의 마지막 미션으로 관행처럼 굳어져 있다.

한국에는 인사 시즌이 있다. 연말이 되면 대대적인 임원 승진 발표를 한다. '사상 최대의 임원 승진', '40대 임원 전진 배치'와 같은 타이틀이 언론을 장식한다. 반면 뒤편에서 조용히 사라지는 이들은 언급되지 않는다. 왜 같은 해에 태어나면 같은 해에 퇴임해야 하는가? 그 사람의 전문성이나 실력과 무관하게 퇴직 시점이 같아야 하는가?

한국에서 임원이 되려면 여러 조직을 거쳐야 한다. 소위 순환 배치라는 것이다. 두루두루 익혀야 높은 자리에 가서 전체를 볼 수 있다는 취지가 담겨 있을 것이다. 달리 보면 전문성을 도외시한 방침이다. 심지어 IT 관련 업무를 전혀 경험하지 않은 임원이 IT 조직을 이끄는 광경도 보았다. 조직 관리는 다 비슷하다고 생각한 것일까? 기술 발전이 정신없을 정도로 전개되는 시대에 기술을 모르고 IT 인력의 고충을 이해할 수 있을까? IT를 너무 만만히 보는 것 같다.

임원의 짧은 임기는 전문성을 갖춘 SME를 부족하게 만드는 원인이 된다. 은행에서 최고위험관리책임자(CRO)로 근무했던 임원은 40대 중반의 나

이였지만 햇수로는 20년 이상 리스크 업무를 수행했다. 뱅크오브아메리카(BoA)에서 시작해서 글로벌 금융 회사에서 금융 리스크를 생생하게 경험한 베테랑이다. 그가 국내 은행의 CRO 모임에 나가면 두 가지가 눈에 띈다고 한다. 자신이 그 모임에서 가장 어리다는 것 그리고 리스크 관리 경력이 제일 많다는 것이다. 그는 2년이라는 임기가 이해되지 않는다고 했다.

"나는 평생 리스크 업무를 했지만 아직도 어렵던데 2년~3년 만에 무슨 일을 할 수 있겠어요? 알만 하면 떠나야 하는 상황 아닌가요?"

내가 평소 묻고 싶었던 말이다. 나는 한평생 사이버 보안 분야에 종사했고 은행에 온 지 9년이 넘도록 사이버 보안을 담당하지만 여전히 어렵고 할 일이 많다. 업무 과정에서 보안 리스크 관점의 판단을 내려야 하고, 해외 위협 첩보를 수시로 파악해야 한다. 신기술 도입에 따른 리스크를 검토해야 하며 사이버 범죄에 대한 책과 각종 보고서도 읽어야 한다. 그런데 갑자기 임명돼 짧은 기간에 책임감을 갖고 할 수 있는 일이 얼마나 될까? 축구나 야구팀에 새로운 감독이 와도 몇 년간 팀을 빌드업할 수 있는 시간을 준다. 하물며 조직의 인프라와 정책, 실행과 교육에 이르는 전 과정을 만드는 데 1년~2년으로 충분하겠는가?

경영은 합리적인 리더십과 전문성으로 이뤄진다. 어떤 특정한 사안이 생기면 그 속에는 법적, 기술적, 재무적, 경영적 함의를 갖고 있다. 각 방면에 전문성을 지니고 훈련을 거친 전문경영인, 즉 SME가 머리를 맞대고 지혜를 짜내야 최적의 결정을 내릴 수 있다.

빛의 속도로 움직이는 사이버 공격은 국민의 안전과 국가의 안보와도 직결돼 있다. 국가적으로도 고도의 전문성을 갖춘 SME의 리더십이 절실하다.

기술 리더십_Technology Leadership

6·25전쟁 기간 대구 미군 기지에서 한국인 청년이 우리 군 장교에게 열심히 통역을 해주고 있었다. 그는 기계공학을 전공했던 터라 박격포, 장갑차, 탱크까지 각종 중화기에 흥미를 느꼈고 꼼꼼히 관찰하던 중 놀라운 사실을 발견했다. 모든 중화기가 특수강으로 제작된다는 사실이었다. 이에 자극을 받아 서독으로 유학 간 그는 뮌헨 대학교에서 특수강으로 박사 학위를 받았다.

대학 졸업 후 세계 최대 철강 생산 지역인 독일 루르의 대표적인 철강 회사에서 직장 생활을 하면서도, 그는 대한민국 산업이 일어서려면 뿌리가 되는 철강 산업 육성이 시급하다는 생각을 늘 품고 있었다. 그러던 중 조국의 부름을 받았다. 한국과학기술연구원(KIST) 유치 과학자 18명 중 하나로 선정된 것이다. 그는 우리 힘으로 종합제철소를 건설한다는 꿈을 이룰 시간이 다가왔다는 생각에 가슴이 벅찼다.

당시 한국 제철 산업은 고철을 녹여 철강을 만드는 수준이었다. 그는 이왕 종합제철소를 만든다면 훗날 자동차나 선박에 필요한 철강을 생산할 수 있도록 적어도 10년 앞을 내다보고 설계해야 한다고 주장했다. 그래야 선진국으로 도약하는 발판을 마련할 수 있다고 믿었다. 그러기 위해서는 철강의 꽃이라는 특수강을 생산할 수 있어야 하고, 아직 상용화되지 않았던 LD전로 등 최첨단 설비를 갖추어야 했다. 그의 도전과 의지는 일본의 심한 견제와 반대에 부딪혔으나* 물러서지 않았다. 철강 전문가로서 해박한 지식과 통찰력을 동원해 끈질기게 설득했고, 그렇게 만들어진 포항제철(현 포스코)은 훗날 자동차, 조선, 중공업을 꽃피우는 밑거름이 됐다.[40]

한국의 산업화는 어느 한 사람의 힘으로 이뤄지지 않았다. 대통령부터 경

* 대일 청구권 자금으로 수행하는 프로젝트라서 일본의 합의가 있어야 했다.

제 관료, 기업가, 기술자, 수많은 근로자가 불철주야 노력한 결과물이다. 그런데 유독 포항제철 탄생에는 현장에서 잔뼈가 굵은 한 기술 전문가의 공헌을 가리킨다. 바로 김재관 박사다. 그의 실력과 리더십은 한 국가의 운명을 바꾸는 발판을 마련했다.

▶ *KIST* 설립 초기의 주역들. 원 안이 김재관 박사

수많은 기술이 탄생하고 도태되지만 기술이 역사의 물줄기를 바꾸는 전환점에는 공통적인 현상이 있다. 기술 리더십이 결정적 역할을 한다는 점이다. 물론 기술 발명이 중요하지만 그런 기술을 구현하고 생태계를 만들어가는 핵심은 리더십이다.

1990년대 PC의 대중화로 PC 운영체제를 독점하던 마이크로소프트는 소프트웨어 산업에서 왕좌를 차지했다. 마이크로소프트의 24번째 직원으로 합류했던 스티브 발머는 빌 게이츠로부터 CEO 바톤을 이어받아 윈도우의 영향력을 극대화하고 있었다.

그러나 아이폰으로 촉발된 모바일 혁명은 물줄기를 확 바꾸었다. 스마트폰은 컴퓨터를 대체하는 수준으로 올라섰고 인류의 라이프 스타일과 산업 지형에 지대한 영향을 미쳤다. 스티브 발머는 부랴부랴 휴대전화 부문에서 최강자였던 노키아의 모바일 기기 사업부를 약 7조 9000억 원에 인수했다. 그러나 이미 스마트폰 시장 지형은 애플 iOS와 안드로이드로 양분돼 있었고 마이크로소프트는 뒤늦은 투자가 모두 손실로 처리되는 치욕을 경험했다.[41]*

이러한 위기 상황을 맞아 마이크로소프트는 구원 투수를 내세웠다. 마이크로소프트 내부에서 명망이 높은 사티아 나델라였다. 스티브 발머가 전형적인 MBA 출신 CEO라면 사티아 나델라는 정통 엔지니어 출신 경영자였다. 그는 마이크로소프트 경영 전략을 대폭 수정하며 과감한 행보를 보였다. 사업 중심을 윈도우에서 클라우드로 옮기면서 아마존웹서비스(AWS)가 가진 독보적 위상을 뒤흔들었고 오픈소스의 보고인 깃허브GitHub를 인수했으며 AI와 사이버 보안에 집중 투자했다. 최근 열풍을 일으키고 있는 ChatGPT와 코파일럿도 그러한 치밀한 전략의 일환이다.

마이크로소프트의 매출, 영업 이익, 시가 총액은 모두 급증했다. 회사를 살려낸 정도가 아니고 탄탄한 기술력으로 다시 정상에 우뚝 서게 만들었다. 기술 리더십이 빚어낸 산물이었다. 그의 장점으로 관료화된 사일로silo 문화를 개선한 추진력과 공감 능력을 꼽지만 뛰어난 기술적 통찰력을 빼놓고는 그의 업적을 얘기하기 어렵다.

사실 기술이 항상 IT 산업을 리드했던 것은 아니다. 1990년대에 들어서 IT는 활발하게 비즈니스 현장에 도입되고 있었다. 서버, 네트워크 장비, 데이터베이스, 소프트웨어 등 각종 신기술과 신제품이 봇물처럼 터져 나왔다.

* 실제 손실 처리는 후임 CEO인 사티아 나델라의 결정이었다.

기업 정보화는 1순위였고, 스타트업이든 대기업이든 IT 기업의 CEO는 앞장서서 마케팅을 주도했다. IT 관련 전시회나 콘퍼런스는 IT 기업들의 치열한 마케팅 격전장이었다.

여기에 인터넷 혁명이 불을 붙이면서 1990년대 후반 싸움은 더욱 격렬해졌다. 밀레니엄이 바뀐 2000년 초반 절정에 달했는데 소위 닷컴 열풍이라 말한다. 한국에도 처음 들어보는 이름의 스타트업과 벤처캐피털이 우후죽순처럼 등장했다. 그러나 열풍은 오래 가지 않았고 닷컴 버블은 빠른 속도로 꺼졌다.

이런 변화에 구애받지 않고 조용히 영향력을 넓히는 기업이 있었다. 구글이다. 디렉터리 검색으로 유명했던 야후와 달리 구글은 오로지 한 줄짜리 검색창을 내세웠다. 기술자들은 단번에 알아봤다. 구글 검색 엔진은 차원이 완전히 다른 기술이고 결국 검색 시장에서 최강자로 등극할 것이라는 데 의심의 여지가 없었다. 단지 무엇으로 수익을 낼지, 그때까지 버틸 수 있는지 궁금했을 뿐이다. 타깃 광고라는 기술 기반 수익 모델을 선보인 구글은 엄청난 수익을 올리고 시장 지배력을 확대했으며 한때 화려한 명성을 누렸던 검색 서비스들은 차츰 하나둘 무대 뒤로 사라졌다.

우리가 주목할 것은 구글이 바꾼 비즈니스 생태계다. 구글은 1990년대 제품과 마케팅이 주도하던 IT 산업을 기술과 플랫폼 중심으로 바꿨다. 물론 IT에서 기술이 중요하지 않은 적은 없었다. 그러나 새로 발명된 기술이 얼리어답터early adopter 단계를 극복하면, 즉 캐즘chasm을 넘어서면 벤처기업은 공격적인 마케팅을 펼쳐 성장 속도를 높여갔다. 이른바 벤처기업의 전형적인 발전 과정이라 할 수 있다.[42]

그러나 구글에겐 마케팅이 중요하지 않았다. 한 줄 검색창으로 모든 서비스를 할 수 있었고 탁월한 기술력이 비즈니스를 견인해갔다.

구글의 등장은 실리콘밸리 분위기를 바꾼 전환점이 되었다. 이를 놓고 스타트업 생태계 전문가 임정욱 실장(현 중소벤처기업부 소속)이 실리콘밸리 현지에서 직접 느낀 바를 이렇게 전했다.

"실리콘밸리는 구글 이후 테크놀로지가 주도하는 분위기로 전환됐다고 생각합니다."

한국과 미국의 테크 기업을 보면서 불쑥 궁금증이 생겼다. 왜 마이크로소프트, 구글, 페이스북, 넷플릭스와 같은 미국의 테크 기업 CEO는 기술자 출신인데 네이버나 카카오 같은 한국의 테크 기업 CEO는 변호사, 언론인, 마케터 출신이 많을까?

특정 배경을 갖고 편가르기를 하려는 건 아니다. 반드시 CEO가 기술 전공을 해야 한다고 보지 않는다. 스티브 잡스도 기술자 출신은 아니다. 단지 그는 기술에 대한 통찰력이 뛰어났고 대신 스티브 워즈니악이라는 뛰어난 엔지니어가 옆에 있었다.

한국 테크 기업의 창업자는 기술자 출신이고 다른 업종보다 엔지니어 문화가 강하며 계열사 역시 대체로 기술자들이 이끌고 있다. 그럼에도 최고경영자의 배경이 다른 이유는 곰곰이 생각해볼 필요가 있다. 한국의 기업 환경이 다르거나 대관 업무가 많거나 법적 리스크가 크거나 소비자 취향이 요인일 수 있다. 그럼에도 기술에 관한 비전을 던질 수 있는 기술 리더십이 부족한 것은 한국의 약점이다.

사이버 보안 기업도 별반 다르지 않다. 한국 보안 기업 중 기술자 출신 CEO는 적다. 미국이나 이스라엘 보안 기업과 비교해보면 차이가 크다.

1960년~1980년대 과학자와 엔지니어 양성이 한국 산업화에 큰 기여를 했다. 앞서 김재관 박사와 같은 리더가 없었다면 오늘날 자동차나 선박을 수출할 수 있었을까? 1960년~1980년대에 이공계가 인기를 누린 것과 한국이 산업 강국이 된 역사는 무관하지 않다.

기술 중심의 기업으로 탈바꿈하고 싶은가? 기술 특성이 몸에 배어 있고 기술자를 이해하는 기술 리더십이 반드시 있어야 한다. 특히 기술이 역사의 물줄기를 바꾸는 변혁기에는 기술 리더가 시대를 돌파해갈 수 있다. 우리의 미래는 얼마나 많은 기술 리더가 탄생하는지에 달려 있다. 젊은이들은 그런 리더를 보면서 꿈을 키울 것이다.

기술 인력 전쟁_Role Model

실리콘밸리에 있는 어느 기업과 비즈니스 협력을 진행한 적이 있었다. 그런데 자기 회사 사외이사를 만나 달라고 요청해 다소 의아했다. 그는 IT 기업을 창업해 큰 성공을 거둔 사람이었다. 지금은 회사를 좋은 값에 대기업에 매각하고 벤처 투자자로서 투자한 기업의 사외이사로 활동하고 있었다. 그와의 만남은 짧았지만 미팅은 알차게 이뤄졌다. 날카로운 기술적 질문과 비즈니스에 대한 통찰력이 인상 깊었다. 사외이사가 열심히 일하는 모습도 놀라웠다.

기술을 모르면 경영을 할 수 없는 시대다. 과거에는 자본과 노동이라는 자원을 어떻게 활용하는 가가 중요한 비즈니스 요건이었다면 이제는 기술이 비즈니스 관계를 결정한다. 차별화된 기술이 없으면 만나주지도 않는다. 직접 겪어보지 않으면 그런 서러움을 모른다.

미국 실리콘밸리에서 인상적이었던 것은 기업이 성장하는 단계에서 적절한 경영진을 투입하는 과정이다. 초기에는 뜻을 같이 한 몇 명이 창업해 제품을 만들며 시장을 개척한다. 벤처캐피털(VC) 자금이 투입되면서 영업, 마케팅, 재무, R&D 등 각 분야에 외부 전문경영인을 투입하기 시작한다. 실리콘밸리 이사회는 직접 사업해본 기업가로 구성되고 그들은 치열하게 토론하며 기업 전략을 함께 세운다. 앞서 만났던 분은 실리콘밸리에서 볼 수 있는 전형적인 사외이사다.

실리콘밸리는 기업 성장 단계별로 투입할 경영진 풀이 풍부하다는 점이 부러웠다. 이를테면 스타트업에서 100명 수준까지, 그다음 1000명 수준까지, 드디어 유니콘으로 이끌기까지 단계별로 경험이 풍부한 전문경영진이 참여한다. 한국에서 흔히 생각하는 대기업 출신 임원이 아니다. 적은 자원과 신생 기술로 직접 시장을 뚫어본 성공과 실패를 경험했던 전문가들이다.

한국 벤처 산업 성장의 큰 걸림돌은 이러한 전문경영진의 부족이라고 생각한다. 대부분의 기업이 초창기 참여 멤버와 평생을 같이 간다. 이것이 팀워크를 유지하는 데 도움이 될지 모르지만 외부 전문가를 수혈하지 않고는 조직 경쟁력을 키울 수 없다. 이사회 구성도 CEO나 대주주가 잘 아는 지인으로 구성된다. 코스닥 상장 기업이 돼도 크게 다르지 않다. 한국은 인재가 중요하다고 하면서 프로를 영입하는 데 인색하다.

이처럼 긴장감보다 익숙함에 젖어 있는 문화는 기업 성장의 발목을 잡는다. 물론 외부 인력이 조화를 이루지 못하면 그동안 끈끈하게 형성된 팀워크에 균열이 생길 수 있는 리스크가 있다. 그러나 다양한 시각에서 냉정하게 볼 수 없다면 기업은 건강하게 성장하기 어렵다. 어차피 기업이 발전하는 과정에서 여러 번 겪어야 할 성장통이다. 이런 어려움을 극복해가는 열쇠는 전문가로서의 프로 의식이다.

앞에서 언급했던 SME는 실력도 중요하지만 기업 발전을 이뤄내는 인성과 열정이 있어야 한다. 그런 리더를 보고 배우면서 젊은이가 꿈을 키워간다. 좋은 탤런트를 끌어들이는 동인은 자신이 같이 일하고 싶은 롤 모델role model이 있느냐다.

정부기관도 별반 다르지 않다. 미국 사이버 첩보를 수행하는 국가안보국(NSA)이나 핵심 기반 보호 시설을 책임지는 CISA*는 초창기 자리 잡기까지 많은 우여곡절을 겪었지만 이제는 사이버 보안에 고도의 전문성과 풍부한 현장 경험을 가진 전문가들이 포진해 있다. 이는 사이버 보안이 정부 조직 내에서 성숙해졌음을 의미한다.

NSA는 아날로그 시대에 통신망을 감청해 첩보를 알아내는 조직이었지만 디지털 시대를 맞아 데이터를 분석해 적국이나 테러리스트의 정보를 수집하는 미션으로 방향을 선회하고 있었다. 하지만 NSA 국장을 군 장성 출신이 줄곧 맡다 보니 기술적 측면에서 한계가 드러났다.

그런 NSA 조직을 크게 탈바꿈시킨 인물이 있다. 16번째 NSA 국장을 맡았던 키스 알렉산더 장군이다. 그는 '기술'을 이해하는 최초의 NSA 국장으로서 작전가, 해커, 분석관 같은 기술 전문가와 대화할 때 그들의 수준에서 이야기를 나눌 수 있는 컴퓨터 덕후였다.[43]

미국 육군사관학교(웨스트 포인트West Point) 출신으로 육군 4성 장군까지 오른 그는 학생 시절부터 전기공학과와 물리학과에서 컴퓨터를 많이 다루었다. 1980년대 초 미국 해군대학원을 다닐 땐 혼자서 컴퓨터를 제작하기도 했고 육군정보센터에서는 정보 및 전자전 데이터 시스템을 위한 마스터플랜을 구상했다.[44]

남들보다 특출한 역량을 가졌기에 조직 내에서 시기하고 경계하는 사람들이 많았을 것이다. 그럼에도 그는 실행할 수 있는 실력과 리더십으로 조직을 변화시켰다. 그가 미국 사이버사령부 초대 사령관을 겸임하게 된 건 결코 우연이 아니다.

* Cybersecurity & Infrastructure Security Agency. 미국의 공공과 민간 영역의 핵심 기반 시설의 안전을 책임지고 관리하는 기관

CISA 2대 수장으로 뽑힌 젠 이스터리Jen Easterly는 NSA, 사이버사령부, 백악관, 금융 회사인 모건스탠리에 이르기까지 현장을 두루 섭렵했다. 젠 이스터리는 기술에 대한 통찰력을 지니고 첩보기관과 민간기업에서 현장 경험을 쌓은 SME다. 뛰어난 커리어에 탄복했는지 미국 상원 청문회에서는 그녀의 CISA 수장 지명을 만장일치로 통과시켰다. 매우 이례적이다.

사이버 보안 관련 모임에 나가면 기술을 아는 사람이 적어 적잖이 놀란다. 사이버 보안 이슈가 법과 외교, 국방, 경영의 중요한 요소지만 기술을 빼고는 문제를 해결하기가 힘들다. 왜냐하면 기술이 그들이 본래부터 다루었던 영역이나 개념과 너무나 다르고 변화무쌍하기 때문이다.

사이버 보안을 기술에만 치우쳐 바라보면 안 된다. 그렇다고 기술에서 발생하는 문제인데 기술과 현장을 모르는 사람이 리드하기는 어렵다. 기술자가 말하는 내용을 못 알아듣고 기술자가 원하는 방향을 모르면서 어떻게 문제를 해결해갈 수 있겠는가? 그런 점에서 기술 전문가가 리더십을 발휘할 수 있도록 권한을 주고 존중하는 사회적 분위기를 조성해야 한다.

그렇다면 기술 인력의 저변을 넓히려면 무엇이 중요한가? 선배 기술자들이 어떤 모습으로 비춰지는가에 달려 있다. 기업이나 국가의 리더로서 존경받고 대우받고 있는가? 아니면 소모품처럼 취급되다가 밀려나는 모습인가? 젊은이들이 보고 배울 리더의 롤 모델이 있어야 기술 전문가로서 커리어 비전을 가질 수 있다.

왜 국가 안보의 문제인가?_National Security

조 바이든 미국 대통령은 취임 4개월째인 2021년 5월 12일 '사이버 보안 개선을 위한 행정 명령'을 발표했다.[45] 나라 전체가 신종 코로나바이러스 감염증(코로나19)과 사투를 벌이는 중에도 사이버 보안을 국가의 최우선 순위로 정한 데는 사이버 위협의 심각성을 인식했기 때문일 것이다.

"사이버 사고에 대비한 방어, 탐지, 분석, 조치가 국가와 경제 안보에서 가장 높은 순위이고 필수 요소라는 것이 나의 정부의 정책이다."

이것은 의례적인 선언문이 아니다. '나의 정부my Administration'라는 표현에서 최고통수권자의 의지를 읽을 수 있다. 18쪽 분량의 문건에는 각 정부부처와 관련 기관이 준비해야 할 행동 지침과 데드라인을 상세히 명시하고 있다. 또한 정부의 방어 체계를 현대화하기 위한 제로 트러스트zero trust 구조, 클라우드 이전, 안전한 소프트웨어 개발 환경, 거버넌스 체계에 이르기까지 정부기관, 민간기업, 연구소의 역할 분담을 명확하게 밝히고 있다.

참으로 치밀하고 실용적이다. 나는 우리 정부로부터 이렇게 구체적인 사이버 로드맵을 들은 기억이 없다. 여기에서 제시된 방향에 따라 각 부처는 후속 조치를 취했다.

민간 분야에서도 사이버 리스크는 최대 현안이다. 미국 증권거래위원회(SEC)는 사이버 리스크 통제와 전략, 거버넌스 정책, 절차에 대한 상장 기업의 관리 책임을 경영진과 이사회 역할로 명문화했다. 그동안 주로 CISO가 이사회에 사이버 보안의 비즈니스 리스크를 보고하고 있었으나 경영진과 이사회가 사이버 보안을 측정하고 관리할 뿐 아니라 투자자에게 보고할 의무를 가진다는 점은 큰 변화다.[46]

흥미로운 점은 이사회에 사이버 보안 전문가가 있을 경우 이름과 프로필을 공시하도록 했다는 것이다.[47] 우리는 '보안 전문가가 있어야 한다'며 의무 조항을 명시하는 방식으로 진행할 텐데 '보안 전문가가 있으면 공개하라'는 접근 방식은 다소 생소하다. 겉으로는 완곡한 표현 같지만 곰곰이 생각해 보면 훨씬 실질적임을 알 수 있다. '보안 전문가'를 어떻게 정의하겠는가? 제일 쉬운 방법이 IT 경력 ○○년, 보안 경력 ○○년 이상으로 표시하는 것인데 사실 그런 스펙으로 진정 전문가인지 가늠하기가 어렵다.

IT를 전공했다고 전부 사이버 보안 전문가는 아니다. 하지만 그 사람의 프로필을 보면 어느 기업에서 어떤 업무를 담당했는지 투명하게 볼 수 있다. 결국 투자자는 훌륭한 프로필의 전문가가 이사회에 있다면 그 기업이 사이버 보안 위협의 심각성을 제대로 인식하고 있다고 높게 평가하지 않겠는가?

미국 백악관에서 사이버 보안이 이슈가 된 건 1983년으로 거슬러 올라간다. 메릴랜드 주 캠프 데이비드에서 휴식을 취하던 로널드 레이건 대통령이 영화 〈워 게임스〉를 본 게 발단이 됐다. 10대 천재 해커 소년이 우연히 미국항공우주 방위사령부를 해킹한 사건이 제3차 세계대전을 일으킬 뻔한다는 줄거리인데 레이건 대통령이 혹시 현실에서 가능한 스토리인지 알아보라고 지시했다.

담당자는 영화 속 이야기라 대수롭지 않게 여기고 조사했는지 모른다. 그런데 예상과 달리 영화 줄거리는 허무맹랑한 이야기가 아니라 '가능성이 있다'는 결과가 나왔고 이를 계기로 미국 정부는 사이버 문제를 심각하게 보기 시작했다. 그로부터 1년 뒤 비밀국가안보정책결정지시(NSDD-145)라는 첫 사이버 안보 대책을 마련했다.[48]

이후에도 여러 대통령을 거치면서 사이버 안보 정책은 대통령 어젠다로 꾸준히 거론됐고 디지털 환경이 확대되면서 점점 비중이 커졌다. 그러다가 IT 활용에 능숙하고 사이버 문제를 국정의 주요한 어젠다로 생각하고 있던 오바마 대통령이 백악관에 들어가면서 사이버 안보 정책은 새로운 모멘텀을 맞이했다.

그의 임기 동안 유독 많은 사건 사고가 일어났다. 에드워드 스노든이 2013년 NSA가 민간인 통신 내용을 감청 중임을 폭로했고 북한의 소니 픽처스 해킹, 중국의 사이버 절도, 러시아의 2016 미국 대통령 선거 해킹 등 굵직한 사건이 연달아 발생했다. 일련의 사건들은 오바마 대통령이 정책을 추진할 동력이 됐다. 정부기관과 민간기업 간에 활발한 협력이 이뤄졌으며 사이버 보안 이슈를 주도할 정부기관의 역할이 자리를 잡아갔다.

그 뒤를 이은 트럼프 대통령은 러시아의 미국 대통령 선거 개입을 인정하지 않았다. 자신의 정치적 정통성을 무너뜨릴 수 있는 사안이라 강력히 반발했다. 그럼에도 미국의 핵심 인프라를 관장하는 CISA 설립 법률안을 최종 서명한 사람이 트럼프 대통령이었으니 아이러니다. 달리 생각하면 그만큼 미국이 오랫동안 국가적 차원에서 사이버 안보 문제를 차근차근 준비해왔음을 알 수 있다.

행정 명령이 발표되고 2년 후, 2023년에 백악관은 '국가적 사이버 보안 전략'을 공표했다.[49] 여기에는 중국, 러시아, 이란, 북한 4개국의 위협 행위를 구체적으로 명시하면서 국가를 지키기 위한 구체적 방향이 담겨 있다. 중국 화웨이 장비를 금지하고 틱톡 대주주가 중국인임을 끊임없이 지적하고 반도체 산업을 미국 중심으로 되돌리려는 미국의 행위는 디지털 환경의 전선을 명확하게 하려는 의지를 표현한 것이다.

10년 전만 해도 서방 세계는 사이버 전략이 다소 분산된 느낌이었다. 그러나 이제 최고 책임자의 리더십으로 사이버 조직은 프로페셔널한 플랫폼으로 변모했다. 더 나아가 미국은 쿼드Quad* 나 파이브 아이즈Five Eyes와 같은 형태를 통해 동맹국 간의 협력을 강화하겠다는 의지를 표명했다. 사이버 공간에서 어느 편에 설지 확실하게 정하라는 의미다. 사물인터넷, 5G, AI, 양자 컴퓨팅 등 신기술 혁신이 파도처럼 몰려오는 이 순간에 우리는 어떤 사이버

* The Quadrilateral Security Dialogue(The Quad). 미국, 인도, 일본, 호주 간에 맺은 안보 동맹 협약

전략으로 임할 것인가?

사이버 보안은 개인정보 유출을 막고 디도스 공격을 방어하는 수준을 넘어섰다. 경제, 산업, 물류, 의료, 행정, 국방, 치안 등이 총제적으로 결합된 국가 안전과 신뢰의 문제다. 인간은 컴퓨터와 네트워크에 의존하는 사회를 만들었고 국가 안보national security는 더 이상 군이나 특수 기관만의 영역이 아니다. 우리의 안전을 위협하는 사이버 범죄, 경제 활동에 타격을 주는 사이버 절도와 서비스 장애, 민주주의 체제를 위협하는 하이브리드 공격은 국가 안팎으로부터 국민의 삶과 국가 안위를 위협하고 있다. 정부와 기업이 사이버 보안 리더십을 키우고 긴밀히 협력하는 것은 더 이상 미룰 수 없는 과제다.

'포드 V 페라리'에서 배우는 교훈_Accountability

영화 〈포드 V 페라리〉의 첫 장면은 1963년 실적 하락으로 수렁에 빠진 자동차 회사 포드의 등장으로 시작한다. 포드 창업자인 헨리 포드는 '모델 T'를 대박 상품으로 만들어내 자동차 대중화 시대를 열었고 자동차 산업에서 독보적 위치를 차지했다. 그런데 제2차 세계대전 후 태어난 베이비붐 세대가 구매층으로 부상하면서 고객 요구가 변하기 시작했다. 젊은 세대는 부모가 타고 다니는 이동 수단이 아닌 매력적이고 '쿨'한 디자인의 자동차를 원했다.

포드는 위기를 타개하기 위해 스포츠카 분야에서 독보적인 입지를 자랑하는 페라리를 인수하려고 했다. 그러나 페라리는 포드의 제안을 단칼에 거절한 뒤 피아트에게 지분 50%를 넘겼다. 심지어 페라리 회장은 포드 회장에게 경멸의 어조로 메시지를 보냈고 이에 자존심이 상한 포드 2세는 레이스에서 페라리를 꺾겠다고 의지를 불태웠다.

▶ 영화 〈포드 *V* 페라리〉

포드 회장은 카레이서 출신의 캐롤 셸비를 찾아갔다. 그는 미국인으로는 최초로 24시간 레이스에 출전했던 인물이다. 캐롤은 레이서였던 켄 마일스를 천신만고 끝에 데려왔고, 두 사람은 의기투합하여 독자적인 설계로 레이스용 자동차를 만들어갔다. 그리고 드디어 목표로 삼았던 24시간 르망경주 대회가 다가왔다.

그런데 정치적이고 탁상공론에 빠진 포드 경영진으로 인해 문제가 생겼다. 그들은 사사건건 간섭했고 특히 켄의 출전을 노골적으로 방해했다. 고분고분한 성격의 소유자가 아닌 켄은 결국 대회에 나가지 못했고 포드는 보기 좋게 실패하고 말았다. 크게 화가 난 포드 2세는 캐롤을 질책하기 위해 사무실로 불렀다. 캐롤은 회장에게 차분하게 반박했다.

"회장님을 대기실에서 기다리는데 빨간 폴더가 4명을 거쳐 당신에게 전달되는 모습을 우연히 보았습니다. 아마 여기 19층에 오기까지 포드 직원 22명이 그 문서에 한 번씩 손을 댔을 겁니다. 사장님, 레이스는 위원회로 이길 수 없습니다. 책임질 사람 한 명이 있으면 됩니다."

캐롤은 관료주의의 고질적 문제를 지적했다. 그리고 자동차를 설계하는 데 직접 참여한 현장 전문가 켄이 반드시 운전대를 잡아야 한다고 설득했다. 회장은 캐롤에게 전권을 주었고 결국 캐롤은 켄과 팀워크를 과시하며 페라리를 무너뜨렸다.

1990년대 초반 삼성전자에 다닐 때 태스크포스(TF)에 참여한 적이 있다. TF의 목표는 미래 제품 방향을 고민하는 데 있었고 반도체, 컴퓨터, 가전, 정보통신 등 각 사업 부문의 대표가 참여했다. 서로 다른 분야의 현장 얘기를 들으며 많은 것을 배울 수 있었다. 결과물로는 동영상 플레이어와 메모리 기술을 활용한 저장 기기를 제안했다. 돌이켜 생각해보니 MP3 플레이어와 비슷한 개념도 있었다.

TF 리더가 발표를 위해 앞으로 나갔다.

"제가 미국 회사에서 일하다가 삼성전자에 온 지 얼마 안 되는데 그동안 TF에 참여한 것만 여러 번입니다. 가끔 TF가 본업인지 사업 부서장이 제 업무인지 헷갈릴 때가 있습니다."

회의장에서는 웃음이 터져 나왔다.

"그동안 TF 산출물이 한 번도 반영된 적이 없었는데 이번에는 하나라도 사업화가 됐으면 좋겠습니다"라고 부탁하면서 발표를 이어갔다.

결론적으로 TF 결과는 사업화로 이어지지 않았다. 일부 임원이 만들어보자고 얘기했지만 누구도 선뜻 나서지 않았다. 훗날 논의된 아이디어와 비슷한 상품이 하나둘 상업화되는 광경을 보면서 당시 TF에 같이 참여한 멤버들이 쓴 웃음을 짓던 기억이 난다.

조직을 이끄는 순간부터 크고 작은 결정을 내려야 한다. 지금껏 수많은 결정을 스스로 하고 결정 과정에 참여했다. 그런데 임시로 구성된 위원회에서 시원하게 결정을 내리는 모습을 본 적이 없다. 위원회는 정보를 공유해 결정을 추인할 순 있어도 과감한 전략을 추진하기 어렵다. 결국 사업 현장을 이끄는 리더의 판단이 중요하다.

2011년 3월 3일 오후에 대규모 디도스 공격을 예고하는 악성코드가 배포됐다. 안랩은 샘플을 받아 분석을 마친 뒤 바로 백신을 배포했다. 이튿날 마음의 준비를 하고 아침 일찍 출근해서 관제센터로 직행했다. 그런데 무슨 일인지 분위기가 어수선했다. 오전 8시에 새로운 악성코드가 떨어졌다는 것이다. 공격 시간은 오전 10시. 남은 시간이 별로 없었다. 전날 뿌렸던 악성코드가 백신으로 무력화됐다고 판단한 해커가 다음날 오전에 새로운 악성코드를 만들어 배포한 것이었다. 온 몸이 곤두섰다.

신속히 백신을 만들었지만 배포할 시간이 부족했다. 개개인이 스스로 업데이트하지 않으면 아무 소용이 없다. 적어도 기업에는 디도스 공격 위협을 널리 알려야 했다.

관련 내용을 먼저 정부기관과 상의했는데 아직 공개하지 말라고 제동을 걸었다. 정부가 주도권을 가지려는 의도가 엿보였다. 2년 전 7·7 디도스 공격이 있었을 때 민간기업이 신속히 해결하는 동안 정부는 뒷짐만 지고 있었다며 국회와 언론에서 질타를 받았던 일을 떠올렸을 것이다.

공격 시간이 다가와 애가 탔다. 정부 주관부서 담당 국장에게 전화해도 아직 회의 중이라며 기다리라는 말만 했다. 도대체 무슨 회의를 하는지 모르겠지만 직접 입수한 악성코드를 제일 먼저 분석한 전문가들이 옆에 있고 트래픽 동향을 계속 주시하는 나보다 더 상황을 잘 알겠는가?

결국 현장에서 나의 판단이 중요하다고 생각해 오전 9시 50분에 정부 고위 인사에게 직접 전화를 했다. 그는 내게 공격이 확실하냐고 물었다.

"나는 확실하다고 판단합니다. 시간이 없습니다. 빨리 전 국민에게 알려야 합니다"라고 설득했다. 다행히 그가 나를 믿어주었고 전화를 끊자마자 준비된 보도자료를 뿌려서 10시 조금 지나 언론에 알려졌다. 다행히 고객들에겐 미리 통지했던 터라 큰 피해는 없었다.

무탈하게 상황이 종료되자 정부와 언론은 '별일도 아닌데 호들갑이었네'라며 평가절하했다. 그런 말을 들을 때면 허탈한 심정이었지만 밤새 준비해서 대응했던 직원들에게 '우리가 할 일을 했다는데 만족하자'고 격려했다. 어려운 사이버 공격을 잘 막아도 제대로 인정을 받지 못하는 게 보안 업무의 특성이다. 정부가 태풍 대비에 만전을 기했음에도 유난 떤 게 아니냐는 식의 비판 섞인 뉴스를 보면서 데자뷔를 느꼈다.

중요한 사업을 추진하든 사고에 대응을 하든 현장에서 권한과 책임을 갖고 결정하는 것이 필요하다. 30여 년을 현장에서 일한 나의 확고한 신념이다. 특히 순식간에 벌어지는 보안 사고에 대응하려면 타이밍이 중요하다. 위원회나 회의는 공감대를 형성하고 효율적인 방향을 논의하는 데 유용하지만 결정은 항상 현장 리더가 내려야 한다. 이론과 실제는 다르다. 합리적인 사고와 축적된 경험에서 나오는 직관이 효과적인 결정을 좌우한다.

사이버 보안 문제에 관해서는 탁상공론과 관료화를 벗어나야 한다. 시간도 없고 사안도 복잡하다. 현장 전문가에 맡기면 실용적인 방안을 찾아줄 것이다.

3장

위협의 근원

/

취약점_Vulnerability, Exploit, Zero-day

아파트 10층에 사는 일가족이 며칠 동안 해외로 여행을 가게 됐다. 공항에서 체크인을 마치고 탑승 수속을 기다리던 집주인은 불현듯 창문을 열어두고 온 게 떠올랐다. '누군가가 창문으로 집에 들어갈 수 있다.' 이 상황에서 열린 창문은 집주인에게 취약점vulnerability이다. 이제라도 창문을 열어놓았다는 사실을 기억해낸 게 그나마 다행이었다.

취약점을 해결하는 방법은 친구나 지인에게 집에 가서 창문을 닫아 달라고 부탁하거나(물론 현관 비밀번호를 알려주어야 한다), 그냥 '별일 없겠지' 하며 잊어버리는 것이다. 집주인은 곰곰이 생각해봤다. 아무래도 타인에게 현관 비밀번호를 알려준다는 게 마음에 걸려서 '누가 대낮에 아파트 10층 창문으로 들어가겠어?'라는 생각에 그냥 놓아두기로 결정했다. 그러나 불행히도 그 동네 아파트 구조를 훤히 꿰고 있는 도둑이 있었다. 도둑은 열려 있는 창문을 유심히 바라보더니 옥상에서 창문을 넘어 집 안으로 들어가는 경로를 찾아냈다. 이처럼 취약점을 뚫고 들어갈 수 있는 방법을 '익스플로잇exploit'이라고 한다.

집 안으로 들어가는 방법을 알아냈다고 해서 도둑이 바로 행동으로 옮기진 않는다. 언제든 사람 눈에 띌 우려가 있고 그 집에 탐나는 물건이 없어 허탕으로 끝날 수도 있기 때문이다. 이제 집주인의 리스크는 도둑의 의지에 달려 있다. 도둑은 집 안으로 들어가는 게 별로 내키지 않았다. 그러던 중 문득 다른 생각이 떠올랐다. 이왕 침입 방법을 알아낸 김에 친구들에게 선심이나 쓸까? 도둑이 정보를 누군가에게 알려주는 순간 그 집이 털릴 리스크는 그 정보를 받은 사람 수만큼 커진다. 아예 취약점을 뚫는 방법 즉 익스플로잇을 인터넷에 올려 만천하에 공개하면 누구든지 범행을 저지를 수 있으니 리스크는 무한대로 커진다.

옥상에서 집으로 들어가는 방법이 공개됐다는 소식을 접한 집주인은 소스라치게 놀랐다. 집주인은 급하게 국제전화를 걸어 친지에게 도움을 요청했다. 문제는 조치할 시기다. 이미 누군가가 공개된 방법을 이용해 집 안에 들어가서 값나가는 물건을 들고 유유히 사라졌다면 소 잃고 외양간 고치는 격이다. 범죄는 일어나기 전에 막아야 의미가 있다.

만일 집주인이 취약점을 아예 모르고 있었다면 어떻게 될까? 공격자는 약점을 아는데 공격받는 대상이 전혀 모르고 있으니 그야말로 무주공산이다. 이처럼 취약점을 깨닫기 전에 가해지는 위협을 제로데이zero-day 공격이라고 한다. 취약점을 조치할 시간이 '제로'라는 의미다. 대비가 안된 상태에서 갑작스레 당한 격이니 치명적이다.

취약점, 익스플로잇, 제로데이. 보안 사고가 나면 낯선 용어가 종종 등장한다. 게다가 vulnerability(취약점)나 exploit(익스플로잇)은 평소에 잘 안 쓰는 영어 단어다. 이런 용어는 보통 사람이 보안을 더욱 어렵게 느끼게 한다.

보안 문제의 근원은 소프트웨어 취약점이나 잘못된 시스템 설정에 있다. 사이버 위협은 이러한 취약점을 파고든다. 심각한 취약점일수록 위협 가능성이 높아지고 그로 인한 위험이 커진다. "취약점을 조치하면 되는 것 아닌가?"라고 쉽게 반문할 수 있다. 그러나 우리의 정보 시스템 환경은 그리 단순하지 않다. 취약점을 알아도 바로 고칠 수 없는 상황이 있다.

보통 신체 부위에서 작은 혹을 발견하더라도 곧바로 수술해서 제거하지 않는다. 혹이 어느 부위에 있는지, 악성인지 양성인지, 어떻게 전개될지 예의 주시하면서 의사의 조언에 따라 약물 치료나 수술 여부를 결정한다. 마찬가지로 IT 취약점은 리스크를 종합적으로 판단해서 관리할 문제이지 기계적으로 단순히 조치해버릴 사안이 아니다. 위험도가 높다면 즉각 조치하지만 그렇지 않다면 취약점의 심각성에 따라 순차적으로 조치할 계획을 세운다. 수술한 부위가 신체의 다른 부분에 영향을 줄 수 있듯이 조치하다가 장애가 일어날 가능성도 있다. 이런 요소를 종합적으로 고려해 우선순위를 정한다.

소프트웨어 취약점을 해소하기 위해 보안패치를 적용한다. PC나 스마트폰에서 소프트웨어 업그레이드를 하라는 경우가 종종 있는데 기능을 추가하거나 취약점을 없애기 위함이다. 긴급 업데이트는 십중팔구 보안패치다. 때로는 심각한 취약점이 세상에 드러났는데도 패치를 하지 않아 큰 낭패를 보는 경우가 있다.

2017년 5월 12일 30만 대가 넘는 컴퓨터가 랜섬웨어에 감염됐다. 랜섬웨어란 컴퓨터 파일을 암호화해 몸값ransom을 지불해야만 암호를 풀 수 있는

키를 알려주는 해커의 협박 수단이다. 어느 날 아침에 출근해서 컴퓨터를 켰는데 파일을 하나도 열 수 없다고 생각해보라. 영국 국립보건서비스(NHS) 산하 병원의 기기 약 7만 대가 랜섬웨어 공격을 받았고 그중 3분의 1이 다운됐다.[50] 병원에서 진료 기록을 보지 못하면 환자의 생명은 위협받을 수밖에 없다. 이 사건으로 진료 약속이 취소됐고 하루 종일 수술이 이뤄지지 않았다. 이 사이버 공격이 전 세계를 떠들썩하게 한 워너크라이WannaCry 랜섬웨어다.

워너크라이는 제로데이 공격이 아니다. 그해 3월에 이미 취약점이 발견됐고 익스플로잇이 공개됐으며 마이크로소프트가 긴급 보안패치를 발표했다. 워너크라이에 사용된 취약점은 심각한 사안이어서 조치를 바로 해야 했지만 '별일 없겠지'하며 차일피일 미루다가 심한 타격을 입은 것이다. 보안패치가 나왔는데 왜 바로 적용하지 않았을까?

스마트폰 운영체제를 업그레이드하려고 해도 최소 몇 분 이상 걸린다. 다운로드해야 할 소프트웨어 사이즈가 크면 와이파이가 되는 곳을 찾아야 한다. 하물며 기업의 중요 시스템에 보안패치를 적용하려면 어떻겠는가? 패치 작업을 위해서는 관련 서비스를 일시 중단시켜야 하고 고객에게 미리 공지를 띄워 양해를 구해야 한다. 당연히 업무에 영향이 제일 적은 시간을 선택하고 패치하는 과정에 장애가 날 수 있어 백업 계획까지 치밀하게 준비해야 한다.

서비스가 중단되면 매출에 직접적인 영향을 줄 수 있다. 사업을 책임지는 임원이 난색을 표명한다면 어떻게 설득하겠는가? 영업 실적은 당장 눈에 보이지만 보안 사고는 날 수도 있고 안 날 수도 있다. 과연 CEO는 이 상황에서 누구의 손을 들어줄까? 현장에서는 총론과 각론이 다르다. 취약점을 바로 없애고 싶어도 못하는 현실을 인정해야 답이 나온다.

취약점은 사이버 보안과 한 배를 탄 영원한 동반자다. 취약점은 계속해서 나올 수밖에 없다. 문제는 취약점이 기술에 머물러 있으면 경영진은 그 어려움을 알 수가 없다. 따라서 IT 및 보안 담당자는 회사 경영진이 기술을 잘 이해하지 못하더라도 꾸준히 경영 언어로 소통하는 방법을 익혀야 한다. 이를테면 취약점 문제만 해도 경영 언어, 즉 리스크로 치환하고 경영자가 이해할 수 있는 지표를 만들어 설득해야 한다.

경영자도 최소한 기본 보안 개념을 알아야 한다. 설령 보안 용어가 어렵더라도 결국 최종 권한과 결정은 사업을 관할하는 경영자의 몫이지 기술자만의 문제가 아니다. 안전에 대한 이해와 정확한 소통이 문제 해결의 시작이다.

소프트웨어로 돌아가는 세상_Software

영국 경제 주간지 『이코노미스트』는 2017년 4월 8일자 표지에 '컴퓨터는 왜 안전할 수 없을까(Why computers will never be safe)?'라는 문구를 실었다.

▶ 2017년 4월 8일자 「이코노미스트」 표지

"오늘날의 자동차는 바퀴가 있는 컴퓨터이고 비행기는 날개가 달린 컴퓨터다."

첫 문장을 위와 같이 표현한 이코노미스트는 보호해야 할 대상이 신용카드나 데이터베이스 같은 전형적인 데이터 위주에서 사물인터넷과 같은 생활 현장으로 확장되는 현상을 다뤘다. 이와 함께 날로 복잡해지는 소프트웨어의 실상을 직시해야 한다고 강조했다. 예를 들어 20억 행이 넘는 구글의 소스코드에서 실수는 필연적이며 평균 14개의 소프트웨어 취약점이 각종 공격에 악용될 수 있다는 것이다.[51]

어느 금융 콘퍼런스에서 글로벌 투자 은행 모건스탠리 애널리스트의 발표를 들은 적이 있다. 자본 흐름, 연금기금, 뮤추얼펀드 등 글로벌 금융 시장 트렌드에 대한 설명이 이어졌다. 금융 전문가가 아닌 나로서는 다소 지루하고 어려운 내용이었는데 마지막 장표에서 눈이 확 뜨였다. 앞으로 최대 리스크는 '사이버 공격'이라고 결론을 내리고 있지 않은가. 이유는 트레이더가 알고리즘으로 대체되면서 공격 목표가 알고리즘으로 집중되기 때문이라고 한다. 사이버 보안과 거리가 있는 한 금융 애널리스트의 주장은 보안 전문가도 미처 깨닫지 못한 본질을 꿰뚫고 있었다.[52]

오늘날 디지털 사회는 소프트웨어에 의해 돌아간다. 컴퓨터를 켜면서 하루를 시작하고, 소프트웨어가 던져주는 데이터를 분석하고, 소프트웨어를 이용해 자료를 만들고, AI가 예측한 결과를 판단 근거로 활용한다. 사람이 직접 만지는 기기는 키보드와 디스플레이 정도다. 우리가 PC에서 클릭하거나 스마트폰에서 예쁜 캐릭터를 터치하면 결과가 쉽게 화면에 나타나는 것처럼 보이지만 그 뒤편 보이지 않는 곳에서는 다양한 소프트웨어가 작동하고 있다. 소프트웨어는 서로 유기적으로 작동하면서 기계에 생명력을 불어넣는다.

웹 브라우저를 최초로 상용화한 인터넷 패러다임의 선구자 마크 앤드리

슨은 2011년에 「왜 소프트웨어가 세상을 삼키고 있는가(Why software is eating the world)」라는 자극적인 제목의 칼럼을 기고했다. 그는 끊임없이 축적된 기술 발전을 근거로 내세웠다.

마이크로프로세서 발명 후 40년, 인터넷이 생긴 지 20년이 지나면서 마침내 산업을 완전히 뒤집어놓을 정도로 소프트웨어가 작동하는 환경이 됐다.[53]

다시 말해 하드웨어의 급속한 발전 덕택에 소프트웨어를 이용해 상상하는 모든 것을 구현할 수 있는 세상이 된 것이다. 그의 선언으로부터 10년 이상이 흘렀으니 지금의 모습은 더욱 달라졌다.

IBM은 1970년~1980년대 컴퓨터 시장을 독점했다. 그러나 IBM의 아성을 이룬 토마스 왓슨 회장이 1943년에 예측한 컴퓨터 시장 규모는 아주 작았다.[54]

"이 세상에는 컴퓨터 5대 정도의 시장이 존재합니다."

당시 가용 가능한 기술이 진공관밖에 없어 컴퓨터가 집채만 했으니 틀렸다고 비웃을 일은 아니다.

전환점은 마이크로프로세서microprocessor의 발명이었다. 1980년 전자공학과 전자회로 첫 수업 시간에 교수님이 하신 말씀이 기억난다.

"금년 학기부터 진공관을 아예 가르치지 않겠습니다. 진공관 시대는 끝났어요."

우리는 진공관 학습을 건너뛰는 첫 세대가 됐다. 그 교수님도 언젠가는 평생 가르쳤던 기술을 내려놓아야 할 거라고 생각하셨을 텐데 드디어 때가 온 것이다.

컴퓨터는 하드웨어에서 시작했다. 기계 본체인 하드웨어는 설계된 대로 사람이 조작하는 대로 동작한다. 마이크로프로세서는 하드웨어에 조금씩 생명령을 불어넣었다. 지금 기준으로 보면 장난감 수준도 안 됐지만 우리는 마이크로프로세서를 인간의 두뇌에 비유하곤 했다.

1980년대에 들어서면서 개인이 컴퓨터를 직접 만들거나 마이크로프로세서로 제어하는 프로그램을 만들기 시작했다. 문제는 하드웨어 제작에 드는 비용이었다. 따라서 하드웨어와 소프트웨어를 떼어놓고 생각할 수가 없었다.

그런데 하드웨어 성능이 좋아지고 가격이 급격히 떨어지면서 차츰 소프트웨어가 하드웨어로부터 분리되기 시작했다. 하드웨어에 대한 의존도가 확연히 줄어들면서 알고리즘만으로 R&D 역량과 계산 능력을 끌어올렸고, 인문학적 상상력을 구현하는 것이 가능해졌다.

이제는 하드웨어와 소프트웨어의 주객이 바뀌면서 소프트웨어가 하드웨어를 이끄는 시대가 됐다. 하드웨어나 시스템 반도체는 소프트웨어 로직에 맞추기 시작했고 하드웨어와 소프트웨어는 서로를 견인했다. 새로운 응용 분야는 또다른 시장을 열어갔다. 예를 들어 게임의 화려한 그래픽을 위해 만들어졌던 GPUGraphics Processing Unit가 AI 알고리즘이 트렌드를 선도하면서 AI 혁명을 이끄는 엔진이 됐다.

문제는 사이버 위협의 가장 큰 원인이 소프트웨어 취약점이라는 점이다. 소프트웨어 비중이 늘어날수록 사이버 위협의 범위가 커졌다. 소프트웨어가 세상을 삼키고 있다는 말은 시대를 관통하는 표현이지만 바로 그 소프트웨어가 인류를 위험에 빠뜨리는 원인이 되고 있다.

도대체 하드웨어가 어떻게 얼마나 발전했길래 소프트웨어로 돌아가는 세상이 된 것인가? 무엇이 정보 혁명의 씨앗을 뿌린 것인가? 바로 반도체 기술의 기하급수적인 성장이다.

디지털 혁명의 시작, 반도체_Exponential Growth

컴퓨터가 없는 세상은 상상하기 힘들다. 산업 현장은 물론 음식 배달, 음악 감상, 티켓 구매 같은 소소한 일상이 대부분 컴퓨터로 처리된다. 스마트폰, PC, TV는 외관만 다른 컴퓨터다. 노벨상에 빛나는 두 가지 발명품은 컴퓨터가 보편화돼 삶의 구석구석에 스며들게 했다. 그 주인공은 트랜지스터transistor와 집적회로Integrated Circuit(IC)다.

디지털은 0과 1의 이진법 로직으로 동작한다. 한마디로 '붙었다 떨어졌다' 하는 스위치다. 인터넷 검색을 하거나 온라인으로 돈을 송금하거나 모바일 게임을 할 때, 가장 밑바닥에서 작동하는 것은 전자회로 스위치이고, 트랜지스터는 그 스위치를 구현하는 핵심 소자다.

트랜지스터가 발명된 지 약 10년이 지나서 여러 개의 트랜지스터를 마이크로칩에 집어넣을 수 있는 집적회로가 발명됐다. 이른바 반도체가 탄생했다. 하나의 반도체에 트랜지스터가 많이 들어갈수록, 즉 집적도가 늘어날수록 성능이 좋아지고 크기가 작아지며 전력 소모와 원가는 줄어든다. 그것도 기하급수적으로 변한다. 성장과 수익을 추구하는 기업으로서는 몇 마리 토끼를 한 번에 잡는 격이니 이보다 좋을 수 있을까?

인텔Intel의 창업자인 고든 무어는 1965년에 마이크로칩에 저장할 수 있는 부품의 양이 매년 2배씩 증가할 것이라고 조심스레 예측했다. 그로부터 10년이 경과한 1975년, 매년 2배씩 증가하던 부품 수가 6만 5000개를 넘어섰다. 초기의 급성장을 지켜본 무어 박사는 이제 2년에 2배씩 증가할 것이라며 속도 조절에 나섰다.

과연 그의 예측은 얼마나 유효했을까? 무려 50년, 반세기가 지났다. 그 결과 오늘날 첨단 반도체에는 500억 개가 넘는 트랜지스터가 들어 있다. 처리 용량이 몇 백 억 배 증가한 것이다. 인류 역사에서 이처럼 단기간에 수백 억 배의 발전을 이룬 기술이 있었던가? 한 공학자의 희망 섞인 예상은 세상을 바꾸는 법칙(무어의 법칙)으로 탄생했다.

보통 법칙이란 자연의 오묘한 질서를 과학적 가설로 증명해간다. 만유인력의 법칙, 관성의 법칙 등이 그 예다. 그런데 인간이 노력한 결과를 법칙으로 명명한 사례는 무어의 법칙이 처음이다. 미래에 대한 그의 통찰은 여기에서 그치지 않았다. 1965년에 그는 반도체가 홈 컴퓨터(PC), 자동차 자동제어장치(자율주행 자동차), 개인 커뮤니케이션 기기(스마트폰)에 쓰일 것으로 전망했다. 과학과 공학, 경제적 판단에 근거한 그의 예언은 적중했다.

보통 기술은 처음에는 급성장하다가 어느 시점에 이르면 한계에 다다르면서 완만한 성장을 보이는 S 곡선을 그리게 마련이다. 이 한계를 뛰어 넘으려면 아예 다른 방식으로 접근하거나 신소재를 발굴해야 한다. 그러나 인류는 위대했다. 과학자와 공학자들은 불굴의 의지로 매번 고비를 극복하며 무어의 법칙의 유효기간을 연장시켰다. 대학 동문들을 만나면 우스갯소리로 "이렇게 오래갈 줄 알았으면 반도체 전공을 할 걸 그랬나 봐"라며 처음 전공을 정하던 시절을 회고한다. 반도체 전공자나 교수도 미래를 알지 못했다. 고든 무어 자신도 "50년 동안 지속된다는 것은 놀라운 일"이라며 탄복했다.[55]

고든 무어의 예언은 디지털 혁명의 시발점이 됐다. 퓰리처 상을 받은 저널리스트 토머스 프리드먼은 자신의 저서 『늦어서 고마워』에서 무어의 법칙이 모든 컴퓨터 기기가 가진 다섯 가지 기본 요소 '(1)컴퓨팅을 위한 IC (2)정보를 저장하고 접근하는 메모리 (3)컴퓨터 간 통신을 위한 네트워킹 시스템 (4)소프트웨어 (5)아날로그 환경을 디지털 데이터로 바꾸어 주는 센서'에 적용되고 있다는 점에 주목한다.

이미 우리는 이런 변화를 목도하고 있다. 집 한 채만 한 컴퓨터가 손 안의 스마트폰으로 들어오고 사진을 무한정 찍어서 저장하고 동영상을 스트리밍으로 보고, 그렇게 얻은 사진과 동영상을 전 세계 SNS 친구들과 실시간으로 공유한다. 그로부터 발생하는 방대한 데이터는 AI 혁명을 일으키고 있다. 뛰어난 컴퓨팅 성능 덕택에 생산성이 급증했고 과학 기술은 날개를 달았다. 이를 받쳐준 요인은 무어의 법칙에 따른 반도체의 기하급수적 성장이다. 반도체는 찬란한 디지털 세상의 판도라를 열었다.

컴퓨터 산업의 반세기 역사는 치열한 혁신이 오간 전장이었다. 수많은 스타트업이 생겨나서 성장하고 인수되고 도태됐다. 영원할 것 같았던 IBM의 독주 체제는 무너졌고 문닫을 것 같았던 애플은 비약적으로 도약했다. 그러한 극렬한 싸움 속에서도 컴퓨터 구조는 바뀌지 않았다. 스마트폰을 보면 무엇이 보이는가? 날렵한 하드웨어, 풍성한 앱, 모바일 운영체제인 iOS나 안드로이드가 눈에 들어온다. PC든 대형 컴퓨터든 자율자동차나 로봇이든 모두 하드웨어, 운영체제, 애플리케이션이라는 세 가지 요소로 구성돼 있다. 어찌 보면 워낙 변화 속도가 빨라서 큰 틀의 변화를 꾀할 여유가 없었던 건 아닐까?

이 중에 단연 돋보이는 부분은 하드웨어의 발전이다. 무어의 법칙에 따라 성능은 향상되고(고성능화), 크기는 작아지고(경량화), 가격은 떨어졌다(저렴화). TV만 보더라도 그 변천사를 생생하게 볼 수 있다. 거실의 한 구석을 차지하던 브라운관, 벽 한 면을 통째로 차지한 프로젝터를 거쳐 이제는 그림 액자만큼 얇아졌다. 플라즈마, LCD, LED 방식으로 진화하면서 화면은 날로 커지고 화질은 선명해지는 반면 가격은 매년 큰 폭으로 떨어지고 있다.

컴퓨터는 10년 주기로 대중화돼 일상 속에 깊이 파고들었다. 1980년대 PC 시장이 개막한 이래 1990년대는 PC의 시대였다. 사무실마다, 집마다 PC가 보급됐다. 1994년에 인터넷 웹 브라우저가 처음 상용화되면서 2000년대는 인터넷 시대 즉 닷컴 시대가 됐다. 아이폰이 처음 선보인 2007년을 기점으로 2010년대는 모바일 시대가 됐다.

'기하급수적'은 1, 2, 4, 8, 16, 32로 전개되는 수열을 수학적으로 표현한 것이다. 달리 말해 지수 성장exponential growth이라고도 한다. 반도체가 성능, 가격, 크기, 전력 소모 측면에서 기하급수적으로 스케일링scaling* 되면서 컴퓨터와 저장 기기가 기하급수적으로 스케일링되고 이를 채택한 플랫폼과 SNS 비즈니스가 기하급수적으로 스케일링된다.

'기하급수적 변화에 대비해야 한다'는 경영 모토는 이런 시대상을 반영한다. 오늘날 스마트폰은 1980년대 세계에 몇 대밖에 없던 슈퍼컴퓨터보다 훨씬 성능이 좋다. 그런 강력한 컴퓨터를 대부분의 사람이 손에 들고 소통하는 시대다. 장비와 인력에 대한 투자가 비즈니스 선행 요소인 산업화 시대에서 아이디어와 콘텐츠, 비즈니스 모델이 경영 핵심인 정보화 시대가 됐다. 이미 BTS나 블랙핑크와 같은 K-POP 콘텐츠가 SNS와 유튜브 플랫폼을 통해 기하급수적으로 스케일링되는 모습을 목격하고 있지 않은가? 반도체가 기하급수적으로 발전하는 데 힘입어 다양한 기술을 조합해 비즈니스 상상력을 꽃피우고 있다.

반도체 산업은 가히 한국을 대표하는 업종이다. 2021년 한미정상회담에서 한국이 가져간 선물 보따리는 20조 원에 달하는 반도체 공장 투자였다. 미국에서 배워온 기술을 역으로 수출하는 격이다. 조 바이든 대통령은 반도체 웨이퍼를 보여주면서 미국의 미래라고 공언했다. 한국 기업이 메모리 반도체에 머물러 있다고 하지만 한국이 이처럼 세계가 주목하는 전략적 위치를 차지한 적이 있었던가?

무어의 법칙에 따른 하드웨어의 발전은 컴퓨터의 대중화consumerization를 이끌었다. 이제는 한 사람이 몇 대의 IT 기기를 가지고 있고 비즈니스는 컴

* 스케일링은 급속히 변하는 컴퓨팅 환경을 설명할 때 많이 사용한다. 예를 들어 성능이 10x, 100x 등 기하급수적으로 늘어나고 가격은 그 반대 방향으로 줄어드는 현상을 일컫는다.

퓨터 없이 돌아가지 않는다. 컴퓨터 성능이 좋아지니 소프트웨어도 급성장했다. 오늘날 우리 주위에는 운영체제, 애플리케이션, 데이터베이스, 네트워크 등 다양한 계층layer의 소프트웨어가 작동하고 있다. 앞으로도 컴퓨터는 사회 곳곳에 스며들 것이다. 이런 현상은 사이버 공격 대상attack surface이 기하급수적으로 증가하고 있음을 의미한다. 결국 사이버 방어의 범위가 급속하게 늘어난다는 의미다.

또 다른 문제는 사이버 공격의 코드가 하드웨어 수준으로 깊게 들어가고 있다는 점이다. 시스템 반도체 속에는 펌웨어firmware라는 소프트웨어 프로그램이 들어 있다. 그 프로그램이 악의를 가진 제3자에 의해 몰래 바뀔 수도 있고 백도어backdoor를 숨겨놓았을 수도 있다. 하드웨어를 외형만 보고 검증하기는 힘들다. 이제 보안 위협은 반도체 안에 내재된 로직을 조종하는 형태로 발전했다.

시스템 반도체 내 많은 요소는 어느 한 기업이 100% 통제할 수 있는 게 아니다. 협력 업체에 하청을 줄 수도 있고 하청을 받은 업체가 다시 하청을 줄 수도 있다. 무엇보다 하드웨어 수준에 심어진 위협은 탐지하기도 쉽지 않다. 하드웨어와 반도체도 보안 거버넌스 범위에 들어가야 하는 이유다.

컴퓨터가 연결되어 돌아가는 세상_Network

남녀노소 갖고 다니는 스마트폰은 대단한 기술의 집합체다. 그런 기계로 무선 네트워크라는 복잡다단한 기술을 활용해 채팅을 하는데도 마치 옆에 앉은 친구와 수다를 떠는 양 스스럼없다. 이처럼 컴퓨터를 장난감처럼 잘 사용하지만 정작 컴퓨터에 대해 물으면 잘 모른다고 손을 절레절레 흔든다. 왜 그럴까?

사실 우리는 평소 타고 다니는 자동차의 내부 기계가 어떻게 작동하는지 잘 모르고 지낸다. 구태여 문명의 이기가 동작하는 원리를 속속들이 알 필요는 없지 않은가? 하지만 컴퓨터는 자동차와 근본적으로 다른 점이 있다. 자동차는 이동할 때만 사용된다. 자동차를 사용할 시간과 장소, 이동 구간 선택은 전적으로 운전자에게 달려 있다. 또한 옆에서 나란히 달리는 자동차와는 아무런 관련이 없다. 각 자동차는 별개의 기계일 뿐이고 인간의 의도와 행동에 따라 움직인다.

그런데 컴퓨터는 서로 연결되어 움직인다. 병원에서 진료받는 과정을 생각해보자. 진료 예약은 컴퓨터로 관리되고 검사 결과는 의사의 컴퓨터에 일목요연하게 나타나며 처방전이 컴퓨터로 출력된다. 수많은 약의 조제와 관리는 약국의 컴퓨터로 처리된다. 의료보험 산정, 카드 결제, 주차 정산에 이르기까지 치료받는 일련의 과정은 보이지 않는 곳에서 연결된 수많은 컴퓨터와 그 사이를 오가는 데이터에 기반한다. 의사, 간호사, 약사, 병원 직원은 화면에 나타나는 데이터를 보면서 신속히 의사 결정을 한다.

컴퓨터도 처음에는 일반 기계와 별반 다르지 않았다. 필요하면 컴퓨터가 놓인 자리에 가서 사용하면 됐다. PC의 P는 Personal(개인)의 약자다. 혼자 사용하는 용도였지 네트워크로 연결되는 개념이 아니었다. 어느 순간부터 네트워크로 연결해 사용하는 서비스가 하나둘 늘기 시작하더니 이제는 아예 네트워크가 주연이 되었다.

왜 시도 때도 없이 스마트폰을 들여다보는가? 스마트폰에 저장된 정보를 찾아보려고 그러는가? 아니다. 대부분 인터넷과 SNS에서 새로운 뉴스나 정보를 찾고 친구들과 대화하고 어제 못 본 드라마를 보기 위해서다. 네트워크에 연결되지 않은 기기는 의미가 없고 네트워크로 형성된 사이버 공간은 점점 삶의 많은 부분을 차지하고 있다.

약 10년 전 내방한 어느 외국 은행 임원이 은행 지점에서 신용대출을 처리하는 광경을 보고 깜짝 놀랐다고 한다. 불과 5분 만에 완료되는 것이 아닌가? 그는 믿을 수 없었는지 눈속임으로 처리한 것 아니냐고 물어보기까지 했다. 신용대출 한도와 이자율은 신용도와 대출 이력에 따라 결정된다. 한국에서는 타 은행의 연체 정보까지 실시간 조회되는 네트워크를 갖고 있다. 그 임원은 "다른 나라에서 2주 걸리는 업무가 한국에서는 5분이면 처리되네"라며 네트워크가 살아 움직이는 모습에 감탄했다.

네트워킹은 리스크를 증폭시킨다. 치명적인 사망률을 기록한 에볼라 바이러스의 1차 감염은 아프리카의 한 지역에서 종식됐다. 그러나 2차 감염으로 도시에 바이러스가 퍼지면서 양상이 달라졌다. 도시화는 활발한 인적 네트워크로 융성한 문화와 경제 발전을 이루는 데 유리하지만 밀집한 인적 네트워크는 치명적인 바이러스를 급속도로 확산시킬 수 있다.

서로마제국이 서기 476년 쇠망한 이후 약 1000년을 중세라고 부른다. 지중해를 에워쌌던 로마제국은 자취를 감췄고 유럽은 작은 규모의 공동체를 구성해 격리된 삶을 살았다. 책 『판데믹 히스토리』에 의하면 중세에는 서로 교류하기가 힘들었기에 봉건제도가 완전하게 자리 잡히기 전인 10세기까지 유럽에서 대규모 역병이 발생했다는 기록을 찾아보기 힘들다. 6세기에 '유스티니아누스 전염병'이 발생했는데 피해가 발생한 곳은 유럽이 아니라 교류 중심지인 동로마제국의 수도 콘스탄티노플이었다.

그 후 봉건국가가 등장하고 동서 간의 교류가 이어지면서 죽음의 역병인 흑사병이 창궐해 엄청난 피해를 입었다. 하물며 지금의 세계는 흑사병이 유행하던 때와는 비교되지 않을 정도로 촘촘히 연결돼 살고 있다. 경제 활동과 라이프스타일이 도시화 및 세계화될수록 그에 비례해서 각종 바이러스에 약점을 노출하고 있다. 네트워크는 대표적인 위협의 전파 경로다.

나는 안철수 박사와 비슷한 시기에 창업을 했다. 안철수 박사는 의사이자 컴퓨터 바이러스 전문가로 명성을 날리고 있었다. 반면에 나는 기업 시스템과 네트워크 보안에 주력하고 있었다. 우리 두 사람은 '보안'이라는 공통 주제로 접할 기회가 많았지만 사업 영역이 전혀 달랐다. PC를 공격 대상으로 삼은 바이러스 제작자와 네트워크를 공격하는 해커의 목적은 다르다. 바이러스 제작자는 자기과시 욕구가 강하나 해커는 개인적 호기심과 정보를 빼내는 범죄가 목적이었다.

그런데 PC가 네트워크에 연결되면서 양상이 바뀌었다. 네트워크에 연결된 사용자가 많아지면서 해커가 다양한 경로로 침투하는 것이 가능해졌다. 그래서인지 해커는 바이러스에서 발전한 형태인 악성코드를 활용하기 시작했다. 구태여 IT 전문가가 눈에 불을 켜고 감시하는 네트워크 관문을 어렵게 뚫을 필요가 있는가? 네트워크에 연결돼 있는 직원들의 PC 중 한 대만 악성코드로 감염시키면 내부망에 교두보가 확보된다. 또는 협력 업체 시스템을 이용해 우회해서 침투할 수도 있다.

네트워크에 연결돼 있는 모든 기기는 잠재적 호구다. 해커는 한 곳을 뚫은 후에 자기가 원하는 시스템을 향해 은밀하게 움직인다. 기기가 많을수록, 중요한 정보가 많이 오가는 네트워크일수록 범죄 가능성은 높아진다. 기계 사용에 익숙해지면 두려움이 사라져 안전 의식에 소홀할 수 있다.

우리는 컴퓨터와 수많은 사물인터넷 센서가 네트워크로 연결된 사회에 산다. 컴퓨팅 파워는 기하급수적으로 증가하고 AI 알고리즘이 작동하는 스마트 라이프를 누리는 중이다. 편리함이 넘쳐 흐르는 좋은 세상임에는 분명하나 그 대가도 만만치 않다. 네트워크가 연결된 기기와 사용자가 많아질수록 사이버 공간에서의 위협이 증폭한다. 사생활이 보장되고 자유로움이 넘치는 미래는 네트워크에 참여하는 기기와 주고받는 데이터가 안전하게 오갈 수 있는 체계를 어떻게 구축하느냐에 달려 있다.

성문을 활짝 열다_Internet

1990년대 초 미국의 어느 기업을 방문한 적이 있다. 그 기업은 하이퍼링크를 통해 URL로 정보에 접근하고 관리하는 도구를 만들고 있었다. 웹의 초기 버전이다. 1988년 팀 버너스 리가 발명한 웹의 개념을 전시회에 소개했을 때만 해도 별로 주목을 받지 못했다. 1993년에 '모자이크'라는 브라우저가 나왔지만 사용성이 좋아졌다는 정도의 반응이 주를 이뤘다.

1980년대부터 대학이나 연구소는 말할 것도 없고 기업에서도 이메일과 유즈넷Usenet으로 뉴스를 주고받곤 했다. 주로 기술자 그룹이 정보를 공유하는 목적의 일환이었다. 그런 기술자들에게 하이퍼링크는 그다지 감흥을 불러일으키지 못했다.

그런데 모자이크를 개발했던 주역들이 만든 넷스케이프 브라우저는 대중을 인터넷 세계로 끌어들였다. 정작 컴퓨터 기술자들은 보통 사람들이 인터넷에서 정보를 찾고 공유하는 게 얼마나 불편했는지 잘 모르고 있었던 것이다.

우리가 어떤 웹사이트에 접속할 때 그 웹페이지가 담긴 컴퓨터가 어느 회사 제품인지, 어떤 운영체제를 사용하는지, 어느 지역 또는 어떤 건물에 있는지 알 필요가 있는가? 단지 www로 시작하는 URL 한 줄이면 된다. 웹 주소도 회사나 제품 이름을 상징하는 이름이라 기억하기도 쉽다. 또한 웹 문서를 읽다가 하이퍼링크를 클릭하면 자연스럽게 다른 페이지로 연결된다. 기술적 도움이나 지식이 있어야 정보에 접근할 수 있었던 과거에 비해 아주 단순하면서도 직관적이다.

요컨대 웹은 정보와 컴퓨터를 분리했다. 웹 이전 시대에는 정보를 다루기 위한 기술적 과정에 시간을 쏟아야 했다면 웹 이후는 정보 자체에 집중했다.

다시 말해 웹 이전이 기술 중심technology centric 세계라면 웹 이후는 정보 중심information centric 세계다. 인터넷은 정보의 넓은 바다로 보통 사람들을 끌어들인 게임 체인저다.

그러나 인터넷은 전혀 통제되지 않는 세상이다. 미국 국방부에서 인터넷을 만든 의도는 핵 공격을 당해도 커뮤니케이션할 수 있는 분산 네트워크를 확보하는 데 있었다.[56] 인터넷 프로토콜, 월드와이드웹(WWW)의 발명은 모두 미국 정부의 지원 덕택이다.[57] 애당초 인터넷은 연구소나 학교에서 신뢰할 수 있는 사용자 간에 호환되는 프로토콜에 초점을 맞추었지 보안은 관심 대상이 아니었다.

인터넷을 통제하는 주체도 없다. 그나마 미국 정부의 마지막 역할이었던 인터넷 도메인 관리가 1998년 ICANN*이라는 비영리단체로 넘어가면서 그야말로 100% 민간에 의해 움직이는 인프라가 됐다. 보안의 핵심은 중앙 통제인데 통제 주체가 없는 정보의 바다, 그것이 인터넷이다.

누구나 사용할 수 있는 상황은 통제할 수 있는 내부망과 성격이 전혀 다르다. 마치 야생 동물이 사는 사파리 옆에 높은 벽을 세워 성을 만들어놓은 것과 같다. 성 안에서는 안전하지만 그 안에서만 지낼 순 없는 노릇이다. 먹고살려면 밖에 나갔다 와야 하고 다른 성과 교역도 해야 한다. 아무리 인터넷 안에 좋은 동물이 많아도 리스크 관점에서는 야수만 보이기 마련이다. 바로 이러한 인터넷의 특성 때문에 사이버 보안이 탄생했다.

우리는 가족 안전을 위해 벽과 대문을 세우고 도어락을 설치한다. 가족이 생활하는 공간을 외부로부터 차단하기 위해서다. 그것도 부족해서 창문에 센서를 달고 사설 경비 업체에 경비를 부탁한다. 집 주위 요소요소에 설치된

* Internet Corporation for Assigned Names and Numbers

CCTV는 주변을 배회하는 낯선 사람의 움직임을 영상 기록으로 남긴다. 동서고금을 막론하고 가족과 커뮤니티의 안전은 경계선을 중심으로 이뤄진다.

사이버 보안도 벽wall과 문gate에서 시작했다. 인터넷은 신뢰할 수 없는 공간이라 내부망과 차단해야 한다. 인터넷 연결 구간에 설치된 방화벽firewall은 가족이나 지인을 확인하고 열어주는 대문과 동일한 개념이다. 회사 내에서도 서로 다른 부서 간에 네트워크 분리network segmentation를 해서 마음대로 오가지 못하게 하기도 한다. 재무팀 직원이 연구소 컴퓨터에 접근하면 수상하지 않은가? 마치 집안에서도 각자 방이 있어 프라이버시를 보호하는 것과 같은 이치다.

트래픽에서 수상한 행위를 찾는 침입 탐지 시스템intrusion detection system은 사이버 공간의 CCTV라고 할 수 있다. 이처럼 내부와 외부, 부서 간 경계선에 벽과 문을 설치해서 격리하는 것을 경계선 보안perimeter defense이라고 한다. 경계선 보안은 물리적 세계나 사이버 공간에서 방어의 기본이다.

그런데 비즈니스 환경이 개방적으로 확대되면서 사이버 경계선이 점점 낮아지고 있다. 모든 것을 내부에서 해결하는 시대는 저물어가고 자원을 공유하고 실시간으로 협력하는 비즈니스 생태계가 구축됐다.

코로나19를 겪으면서 재택근무 비중이 높아졌다. 은행이 제공한 PC에는 높은 수준의 보안 통제가 구비돼 있어 안전하다. 문제는 집에 있는 홈 PC다. 자가격리가 필요하면 홈 PC를 이용한 업무 처리를 허용했다. '낯선 소프트웨어를 다운로드하지 말고 피싱 메일 조심하고 최신 백신을 유지하라'는 메시지를 내보내고 기준에 맞지 않으면 VPN 연결을 불허하지만 개인 소유의 PC를 은행이 원하는 보안 수준으로 올릴 수는 없다. 홈 PC 관리 상태는 천차만별이다.

발상의 전환이 필요했다. 아예 개인용 홈 PC가 해커에 의해 장악됐다고 가정해서 정책을 세우는 것이다. 우선 가상환경(VDI)처럼 간접 방식으로 연결하도록 해 PC를 논리적으로 분리시킨다. 터미널 형태로 접속되니 PC에 붙어 있는 하드디스크나 프린터를 사용하지 못한다. 파일 교환 기능을 아예 차단하면 파일 유출을 방지할 뿐만 아니라 역으로 홈 PC가 탈취되더라도 중앙 시스템으로 악성코드를 보내는 걸 막을 수 있다.

인터넷 공간에 있는 PC를 통제할 수 없다고 가정하는 것, 그 공간에서 벌어지는 모든 커뮤니케이션을 신뢰하지 않는 것이 사이버 보안의 기본 가정이다. 인터넷에 직접 연결돼 있는internet facing 서버, 인터넷과 연결 구간은 최고의 보안 수준을 갖추어야 한다.

인터넷 공간에는 희망과 위험, 자유와 혼란이 상존한다. 인터넷은 '아랍의 봄'을 위한 민주화 도구로 활용됐지만 최근에는 인터넷이 가짜뉴스를 유포하고 선동과 감시를 하는 독재자의 수단으로도 쓰인다. 통제 주체가 없는 인터넷 공간을 어떤 방향으로 만들어갈 것인가는 인류 전체의 과제다.

MP3에서 비트코인까지_Digital

영국의 록밴드 '퀸'의 일대기를 다룬 영화 〈보헤미안 랩소디〉가 기록적인 흥행 성적을 거두었다. 젊은 시절의 향수를 느낀 올드 팬부터 퀸이 활동할 당시 태어나지 않은 세대에 이르기까지 사랑을 받았으니 가히 예술은 영원하다 할 수 있다. 사실 영화가 만들어지고 나서 비평가들의 시선은 그다지 호의적이지 않았다. 그러나 퀸의 매력적인 음악을 중심으로 한 스토리는 심금을 울렸다. '보헤미안 랩소디' 음악이 발표됐을 당시 악평이 쏟아졌으나 대중의 열기로 반전됐던 장면의 데자뷔를 보는 것 같다. 퀸은 수준 높은 음악성과 실험 정신, 구성원들의 뛰어난 퍼포먼스로 전설이 되었다.

▶ 영화 〈보헤미안 랩소디〉

퀸이 활동하던 1970년~1980년대는 LP 음반과 카세트테이프 시대였다. 보컬 프레디 머큐리의 모습도 음반에 나온 사진으로 본 게 전부였다. 공연장에서 만나고 라디오로 음악을 듣고 음반과 테이프를 구매하는 것이 아날로그 시대의 대중음악 문화였다.

음반이나 테이프는 누군가의 소유가 되어야 한다. 음반을 다른 사람에게 빌려주면 빌려준 사람은 음악을 들을 수 없게 된다. 이처럼 오리지널 음반의 소유는 소유자에 국한된다. 테이프에 녹음을 해놓거나 해적판으로 복사할 수는 있어도 아날로그 미디어로는 품질을 유지하기 어렵다.

그런데 음악이 디지털 파일로 옮겨가면서 상황이 바뀌었다. MP3 파일을 누군가에게 전해준다 하더라도 그 파일의 소유자는 여전히 파일을 갖고 있게 된다. 아무리 여러 사람에게 전달되어도 음질은 똑같이 유지된다. 디지털 세계에서는 복사copy만 있을 뿐 이동transfer 개념이 없고 일단 정보가 디지털화되면 여러 곳에서 동시에 사용 가능하다.

이러한 디지털 데이터의 특성을 경제 용어로 '경합성이 없다non-rival'고 한다. 보통 데이터를 제4차 산업혁명 시대의 원유라고 부르는데 원유는 사용할수록 없어지는 경합재다. 따라서 디지털 데이터는 아날로그 물건을 거래하는 형태와 완전히 다르다.

디지털 음원이 부상하면서 음반 회사는 긴장했다. 자신들의 사업 모델이 무너질 수 있기 때문이다. 냅스터가 온라인 음악 서비스로 기선을 잡자 저작권자들은 화들짝 놀라 사력을 다해 법적으로 달려들었고 결국 냅스터는 파산하고 말았다. 그러나 이미 대중은 디지털 음원에 눈을 떴다. 아날로그 유통 체계에 거품이 있다는 사실도 알게 됐다. 결국 음반 회사, 아티스트, 디지털 사업자 간의 저작권을 둘러싼 전쟁은 애플이 제시한 아이튠즈 모델로 자리잡았다.

그 후 디지털 음원 서비스는 멜론, 스포티파이, 유튜브 뮤직 등 스트리밍 모델로 진화됐다. 히트곡 1개~2개에 몇 곡을 끼워 넣어 CD 한 장 단위로 파는 게 아니라 곡 하나하나 치열하게 경쟁해야 하는 디지털 유통 체계가 형성된 것이다. 오늘날 아티스트들은 판매량보다 음원 차트 순위에 일희일비한다. 무형 자산의 거래 법칙이 바뀌는 서곡이었다.

물물교환이나 화폐경제도 아날로그다. A가 현금 5만 원을 B에게 주면 B에게는 5만 원이 생기고 A의 수중에는 5만 원이 줄어든다. 현금이 물리적으로 이동한 것이다. 그러나 비트로 된 데이터가 오가는 디지털 환경에서는 얘기가 달라진다. 단순히 데이터 측면에서 생각해보면 A가 B에게 5만 원을 송금할 경우 B의 계정에 5만 원이 더해지기는 하지만 그렇다고 해서 A가 스스로 5만 원을 차감하지는 않는다.

여기에 은행이 등장한다. 5만 원 송금 이벤트를 처리하기 위해 은행은 B의 계좌에 5만 원을 더하고 A의 계좌에서 5만 원을 차감한 뒤 그 거래 내역을 은행 장부에 기록한다. A와 B가 장부를 은행에게 믿고 맡기기 때문에 가능한 일이다. A와 B가 서로 다른 은행에 계좌를 갖고 있더라도 각 계좌를 관리하는 은행은 상호 거래로 잔고를 맞추면 된다. 결국 은행이라는 중개기관이 디지털 거래를 적법하게 기록한 장부를 동기화함으로써 사회적 신뢰가 형성된다. 이렇게 금융 시스템이 돌아간다.

산업이 발전하고 상거래가 확대되면서 금융은 경제의 혈관이 됐다. 여기에 IT가 도입되면서 거래량이 증가하고 거래 방식이 다양해졌다. 타 은행으로, 다른 금융권으로, 국제적 거래로, 파생 상품으로 확장되면서 금융 산업은 날로 커졌다. 문제는 거래가 급증하는 가운데 산업시대에 형성된 모델을 얼마나 유지할 수 있느냐였다. 그러던 중 2008년 금융 위기가 터졌다. 금융회사의 탐욕과 부도덕한 행태가 알려지면서 중개기관에 대한 불신이 극도로 팽배해졌다. 개인의 힘이 커진 디지털 시대인데 금융 회사를 제쳐놓고 거래할 수는 없을까?

이때 사토시 나카모토라는 신비로운 인물이 비트코인 백서를 발간했다.[58] 그는 첫 문장에 '중개 없이 온라인 지불이 이루어지는 전자 현금'을 천명했다. 전자적인 거래를 중개기관 없이 성사시키려면 디지털 데이터의 특성인 '복사'와 '이전' 문제를 해결해야 했다. 이른바 '이중장부' 문제다. A가 B에게 돈을 보낼 때 장부를 맞춰주는 중개기관의 역할을 어떻게 대체할 것인가? 만일 모든 사람이 동일한 장부를 갖고 거래할 때마다 맞출 수 있다면 가능하지 않을까? 그것이 분산장부와 암호 기술로 구성된 블록체인 개념이다.

블록체인은 중개기관 없이 디지털 정보를 교환하는 개인 간의 거래 구조다. 그 방식은 냅스터가 MP3 파일을 교환할 때 사용했던 P2P 기술에서 진화했다. 블록체인은 어느 날 갑자기 나타난 것이 아니라 이동이 안 되고 복사만 되는 디지털 데이터의 속성을 극복하려는 노력의 일환으로 탄생했다.

디지털 정보가 무한 복사되는 특성을 영화나 드라마에서 표현하는 일은 쉽지 않다. 그래서 중요한 정보를 놓고 협박하거나 다툴 때 USB와 같은 물건을 이용해 묘사하는 방식이 많이 쓰인다. 눈에 보이지 않는 디지털 정보를 화면에 담으려고 하니 한계가 있음을 이해하면서도 억지 설정이라는 생각을 버릴 수 없다. 주인공이 '이 USB가 유일한 원본'이라고 맹세하지만 사기꾼이 하는 약속이 얼마나 신빙성이 있겠는가?

보안 사고를 조용히 덮을 수 있는 이유는 디지털 데이터 특성 때문이다. 우리는 보통 데이터를 훔친 것을 데이터 절도data theft라고 설명하는데 기술적으로 보면 복사해간 것이다. 값비싼 보석을 도난당하면 보석상 주인은 물건을 찾아달라고 신고한다. 눈에 보이는 재산상 손실을 입었기 때문이다. 그런데 고객정보를 데이터베이스에서 복사한 경우라면 문제가 다르다. 당장은 손실을 입은 게 없고 고객이 모르는 상황이라면 굳이 신고하려 들지 않는다. 보석이나 고객정보나 도둑 맞은 상황은 같은데 전혀 다른 태도를 보인다.

데이터는 디지털 시대의 재료이자 소통 수단이다. 수많은 모바일 기기, SNS, 사물인터넷, 로봇에서 발생하는 폭발적인 데이터를 안전하게 처리해서 보관하고 정확한 장부로 맞추는 것은 기본이다. 문제는 원본과 동일하게 무한 복사되는 디지털 데이터의 속성이다. 디지털의 이러한 특성을 고려해야 실효성 있는 보안 정책을 수립할 수 있다.

프라이버시의 탄생_New Technology

프라이버시는 인권을 쟁취하는 역사와 맥락을 같이 한다. 왕이 통치하는 전제국가나 절대권력자가 통제하는 독재국가를 벗어나기 위한 인간 본연의 처절한 투쟁 결과이기도 하다.

디지털 사회가 되면서 프라이버시는 과거와는 다른 형태의 위협을 받고 있다. 개인정보 수집과 저장, 활용이 용이해지면서 개인정보 남용을 막는 개인정보보호 즉 데이터 프라이버시data privacy가 사이버 보안과 양대 축을 형성하면서 시대적 화두로 떠올랐다.

한국에서 2011년 개인정보보호법이 발효됐으니 어느덧 10년이 훌쩍 지났다. 10년 전과 비교하면 세상은 크게 달라졌다. 컴퓨터와 저장 기기의 성능과 용량이 기하급수적으로 증가했고 가격은 같은 속도로 떨어졌다. 디지털 플랫폼은 빠른 속도로 서비스를 확장했다. 사진과 동영상이 SNS를 통해 퍼져가는 속도와 규모는 10년 전과 비교할 수 없다.

EU는 강력한 개인정보 지침인 GDPRGeneral Data Protection Regulation을 제정했다. 독일이 프라이버시 보호를 위해 GDPR을 앞장서서 추진했다는 사실은 놀랍지 않다. 나치와 비밀경찰(동독)이 지독한 감시 체제를 작동해 프라이버시를 심각하게 침해당한 역사적 트라우마가 있기 때문이다.

미국은 아직 국가 차원의 개인정보보호법이 없다. 규제를 원하지 않는 실리콘밸리의 디지털 플랫폼 기업들이 영향력을 행사하고 있다. 이에 캘리포니아 주에서는 주민들이 발의해 의회를 통과한 끝에 2018년 소비자프라이버시법California Consumer Privacy Act(CCPA)이 제정됐다.

미국은 자유와 독립을 찾아 신대륙으로 옮겨온 이주민으로 형성된 국가라 자신의 영토나 공간에 국가나 다른 사람이 침범하는 것을 경계했다. 심지어 서로 주고받는 문서에 제3자가 접근하는 것을 일찌감치 금하고 있다. 이런 정신은 미국 수정헌법 제4조에 명시돼 있다. 그러나 18세기~19세기에 미국에서 생각한 권한은 주로 재산 소유에 대한 개념과 연결돼 있었다.[59]

그런데 어느 나라보다 개인의 인권을 존중하는 미국의 헌법에 정작 프라이버시라는 단어가 단 한 번도 나타나지 않는다. 미국이 독립국가로 탄생한

지 100년이 넘고 산업화와 도시화, 기술 발전이 이뤄진 뒤에야 프라이버시라는 용어가 등장했다. 프라이버시는 1890년 『Harvard Law Review(하버드 로 리뷰)』에 게재된 'The Right to Privacy(프라이버시에 대한 권리)'라는 기고에서 처음 언급됐다. 당시 글을 쓴 주인공은 보스턴에서 활동하던 루이스 브랜다이스와 새뮤얼 워렌 변호사다.

왜 뜬금없이 '프라이버시'라는 단어를 동원했을까? 바로 신기술 때문이다. 코닥이 발명한 카메라는 가히 혁신적인 상품이었다. 카메라는 어떤 시점의 광경을 실물 그대로 기록했다. 그림으로 남기지 않으면 기억에 의지해야 했던 시대에 순간적으로 포착된 사진이 얼마나 신기했을까?

사진기는 미술계에 큰 충격을 던졌다. 실물 그대로 묘사하는 초상화가 존재 이유를 상실했고 화가들은 경제적 타격을 입었다. 이로 인해 고흐나 모네와 같은 인상파 화가들이 등장해 주목받기 시작했다. 아마도 당시 사회적으로 카메라는 스마트폰이나 SNS에 버금가는 혁신의 아이콘이었을 것이다. 문제는 신기술은 항상 안 좋은 방향으로 악용되는 역기능이 있다는 점이다.

발단은 새뮤얼 워렌 변호사 딸의 결혼식이었다. 워렌이 워낙 저명한 변호사였으니 결혼식은 많은 사람의 축하를 받으며 성대하게 치러졌을 것이다. 그만큼 일반인의 관심도도 높아 결혼식 광경이 파파라치에 의해 촬영돼 잡지에 공개된 것이 문제였다. 이에 워렌은 격노하여 변호사 친구인 브랜다이스와 공동저자로 프라이버시의 중요성을 주장하는 글을 게재했다.[60]

프라이버시 보호는 개인적인 문제를 해결하기 위해 고안된 데서 비롯되었다. 사진 기술과 황색 언론이 그 주범이었다.[61] 브랜다이스 변호사는 훗날 연방 대법관이 되어 프라이버시의 초석을 다진 판례를 많이 만들어냈다.

SNS에서 수많은 사진이 오가는 현시점에서 보면 '결혼식 광경을 담은 사진 몇 장이 외부에 알려진 게 뭐가 그리 대수인가'라는 생각이 들 수 있다. 그러나 사건은 항상 별거 아닌 일에서 시작한다. 가족과 친지만 참석한 결혼식이 생생한 사진으로 외부에 알려진 자체가 당시 사회 분위기로는 충격이었을 것이다.

아마 그들이 타임머신을 타고 130년이 지난 오늘에 도착해 스마트폰과 네트워크로 연결돼 살아가며 수많은 사진을 공유하는 모습을 보았다면 크게 놀랄 것이다. 우리 사회에서 개인정보보호가 문제로 대두된 것은 기하급수적으로 발전하는 IT 신기술이 만들어낸 새로운 사회적 현상이다.

신기술이 나오면 빠르게 활용하는 곳은 의외로 음지에서 하는 사업이나 범죄 집단이다. 고품질 영상 매체와 인터넷이 붐을 일으키기 시작하던 1990년대 후반, 디지털 미디어라는 주제의 미국 전시회에 간 적이 있다. 전시장에 들어서니 한쪽 구석에 많은 사람이 몰려 있었다. 궁금한 마음에 그쪽 부스를 가본 순간 분위기가 다름을 직감했다. 포르노 관련 사업을 홍보하고 있었는데 디지털 기술을 사용해 훨씬 품질이 높으며 다양한 기능을 갖고 있다고 자랑했다.

비트코인은 금융기관에 얽매이지 않는 탈중앙화와 개인주의를 표방했다. 앞으로 피자를 주문하거나 식당에서 결제할 때 널리 사용될 것이라고 자랑했지만 정작 비트코인은 돈을 뜯어내거나 불법 송금 또는 자금 세탁이나 세금 탈루를 위해 쓰이고 있다. 익명성이 보장되고 추적되지 않는 특성이 잘 발휘되는 용도로 이용되는 것이다.

랜섬웨어가 처음 등장했을 때 사람들은 신종 위협에 무척 당황했다. 어제만 해도 사용했던 내 PC에 있는 파일을 열지 못한다면 얼마나 당황스럽겠는가? 몸값에 해당하는 랜섬을 은밀하게 전달해야 한다. 잔악한 유괴의 범죄 형태가 사이버 공간에서 나타난 것이다.

그것도 전혀 사용해본 적이 없는 비트코인으로 지불하라고 한다. 그러나 전혀 염려할 필요가 없다. 랜섬웨어 공격자들은 비트코인 사용 방법을 알기 쉽게 가르쳐준다. 범죄자는 돈을 버는 일이라면 친절한 서비스를 마다하지 않는다. 그들은 랜섬웨어로 협박해서 비트코인이라는 신기술을 이용해 돈을 받아갔다.

디지털 기술이 성숙해지면서 AI, 사물인터넷, 자율자동차, 양자컴퓨팅, 블록체인, 핀테크 등 수많은 신기술이 쏟아지고 있다. 신기술이 적용될 때마다 보안 취약점은 늘어날 수밖에 없다. 이를테면 아파트에 설치된 홈패드는 편리한 도구지만 악용될 수 있는 잠재적 위협이다. 양질의 서비스를 제공하기 위해 설치된 카메라는 사생활을 노출시킬 수 있다.

게임 체인저가 되는 신기술은 차원이 다른 위협의 원인이 된다. AI 알고리즘을 활용해 보안 기술을 발전시킬 수 있다고 하지만 역으로 해커가 AI를 활용하면 더 막기 힘들어지지 않겠는가? 양자컴퓨팅은 우리가 구축했던 암호 체계나 보안 통제를 무력화시킬 수 있는 게임 체인저다.

우리는 신기술에 열광한다. 혁신의 물결이 인간 세상을 더욱 풍요롭게 해줄 거라고 기대한다. 그러나 정작 신기술은 범죄와 정치적 탄압, 전쟁을 위한 용도로 먼저 활용된다. 디지털화가 몰고 온 세상은 IT를 강력한 도구이자 무시무시한 무기로 만들어놓았다.[62]

그렇다고 신기술 발명을 금할 수도 없고 피할 수도 없다. 문제는 이를 수용하는 자세다. 신기술 도입을 적극적으로 고려하되 사회 안전과 안정에 대한 고민이 먼저 이뤄져야 한다. 그것이 디지털 세상을 만들어가는 이 시대 리더들의 책임이다.

4장

보안의 퍼스펙티브

/

모르는 것을 지킬 수는 없다_Governance

권오현 전 삼성전자 회장은 삼성전자의 '반도체 신화'를 이끈 주역으로 많은 경영인의 존경을 받는다. 그는 저서 『초격차』에서 한국 경영자들이 지나치게 최첨단 동향에 집착하는 현상을 꼬집는다. 그의 말대로 나를 포함해 많은 한국 경영인이 조찬 모임이나 각종 세미나에 열심히 참석하고 늘 최신 정보에 목말라 한다. 그런데 그는 냉정하게 자신을 먼저 돌아볼 것을 권고한다.[63]

"모두들 '4차 산업혁명'이 몰고 올 최첨단의 미래에 대한 투자를 꿈꿉니다. 제가 보기에 이것은 '파이널 골'에 대한 지나친 환상이 작용하고 있는 형국일 뿐입니다."

그의 지적은 이어진다.

"4차 산업혁명이 도래했다고 호들갑을 떨면서 모두들 초일류, 최첨단을 말하지만 정작 본인의 '스타팅 포인트'에 대한 점검을 소홀히 하는 것처럼 보이기 때문입니다. 나 자신을 먼저 아는 것이 중요합니다."

'자신의 스타팅 포인트에 대한 확실한 분석이 있을 때만 파이널 골이 설정될 수 있다'는 그의 조언은 기본에 충실해야 한다는 상식을 되새기게 한다.

사이버 보안이라고 하면 으레 얼굴도 모르는 해커의 현란한 수법을 떠올린다. 그래서 화이트해커를 채용하고 이런저런 보안 제품을 구매한다. 여기서 불편한 진실을 말하지 않을 수 없다. 아무리 좋은 보안 장비를 갖추고 화이트해커가 구석구석 점검해도 위협을 제로로 만들 순 없다.

왜냐하면 공격의 열쇠는 해커가 쥐고 있기 때문이다. 해커는 원하는 대상을 선정해 원하는 시간에 자신의 도구와 스킬로 공격한다. 오늘날 사이버 공격은 조직적으로 이뤄지기 때문에 온갖 인적, 물적 자원이 동원된다. 해커는 전 세계 보안 제품을 갖다 놓고 피할 방안을 모색하고 때로는 보안 제품 자체의 취약점을 찾아낸다. 암시장에서 공격할 기업의 임직원 정보나 최신 해킹 도구를 사들이고 키보드 노동을 제공할 주니어 인력도 고용한다. 수비하는 입장에서는 방어에 최선을 다하지만 그렇다고 사이버 공격을 100% 막기는 어렵다.

그러면 어쩌라는 말인가? 기도하는 마음으로 마냥 기다려야 하는 건가? 아니다. 권오현 회장의 권고를 되새겨야 할 때다.

보안 위협이 왜 생기는가? 내가 무언가를 갖고 있기 때문 아닌가? 우리가 컴퓨터, 소프트웨어, 데이터를 갖고 있기에 생기는 문제다. 사이버 보안에서 스타팅 포인트는 내가 무엇을 가졌는지 제대로 아는 것이다.

진부한 표현으로 들리겠지만 '관리 부실'은 보안 사고의 근본 원인이다. 관리 부실이라면 흔히 부주의하고 집중하지 않은 게으름의 결과로 생각하는 경향이 있다. 틀린 말은 아니지만 급변하는 디지털 환경에서는 자신에 대해 정확히 파악하는 자체가 쉽지 않다.

'지피지기 백전불태知彼知己 百戰不殆(적을 알고 나를 알면 백 번 싸워도 위태롭지 않다)'는 손자병법에서 많이 인용되는 구절이다. 그러나 이 구절은 누가 적인지 알기 어렵고 공격 기법이 끊임없이 진화하는 사이버 환경에 적용하기에는 적절치 않다. 기껏해야 공격 패턴을 바탕으로 적을 추정할 뿐 공격을 받은 후에도 적이 누구라고 단정하기 어렵다.

오히려 '불지피지기 매전필패不知彼知己 每戰必敗'가 더 어울린다. 적을 모르고나 자신을 모르면 무조건 진다는 뜻이다. 어차피 적을 모르는 사이버 환경에선 자기 자신을 아는 것이 최소한의 방어다.

모르는 것을 지킬 수는 없다. 몇 대의 컴퓨터가 네트워크에 연결돼 있는지, 어떤 버전의 소프트웨어를 사용하는지, 데이터는 언제 누가 만들어서 처리하는지, 컴퓨터에 의해 작동하는 기계가 얼마나 되는지 모르고 대책을 세울 수 있겠는가. 하드웨어, 소프트웨어, 데이터베이스, 앱, 모바일 기기, 프린터 등을 IT 자산asset이라고 한다. 해커가 벌이는 공격을 막연히 걱정하기에 앞서 자신이 가진 IT 자산을 정확히 파악한 뒤 그것을 기반으로 보안의 틀을 세워야 한다.

구글은 대표적인 테크 기업이다. 당연히 보안 대책도 기술에 방점을 둘 것 같지만 오히려 구글 CISO인 필 베너블스의 권고는 기본에 중심을 둔다.

"대부분의 사이버 공격은 새로운 취약점을 노린 경탄할 만한 방법이라기보다 이미 운영 중인 통제 약점을 노린 것이 대부분입니다."[64]

시시각각 변하는 IT 환경에서 현재 시점과 1시간, 2시간 후의 보안 상태는 전혀 다르다. 새로운 장비가 들어왔을 수도 있고 새로운 계정이 생성됐을 수도 있고 누군가 악성코드가 감염된 노트북 컴퓨터를 연결할 수도 있다. 매분 매초 수많은 데이터와 네트워크 패킷이 오가는 환경 자체가 도전이다.

아무리 세계적인 보안 제품을 가져다 놓아도 제대로 설정하지 않으면 무용지물이다. 좋은 약을 몽땅 먹으면서 바쁘다는 핑계로 체력 관리를 안 하는 것과 같다. 사이버 보안은 자신과의 끊임없는 싸움인 셈이다.

자기 관리를 경영 용어로 표현하면 '거버넌스 체계를 세워서 가시성을 높이는 것'이라고 한다. 이를 위한 방법론이 IT 자산과 리스크를 식별하고 각종 위협에 대해 예측한 지표로 만드는 '리스크 관리 체계Risk Management Framework(RMF)'다.

미국 국립표준기술연구소(NIST)에서 만든 사이버 보안 프레임워크(NIST CSF)나 국제표준기구(ISO)에서 만든 ISO/IEC 27001을 기반으로 전 세계 유수의 기업이 보안 거버넌스 체계를 운영하고 있다. 그런데 한국에서는 관심을 끌지 못한다. 사이버 보안을 기술적으로 대응해야 하는 이슈로, 즉 경영 관점으로 보지 않는다는 방증이 아니겠는가?

상상력의 실패_Risk

제2차 세계대전이 끝난 후 미국과 소련은 민주주의와 공산주의 양진영으로 나뉘어 대립하는 냉전시대를 맞이했다. 양국은 핵무기를 포함해서 전 분야에서 치열한 각축전을 펼쳤다. 그중의 하나가 과학 기술의 총아라고 할 수 있는 우주 경쟁이었다.

소련은 1957년 스푸트니크 1호라는 로켓 발사에 성공하고 4년 뒤 유리가가린이 세계 최초로 우주 비행에 성공하는 쾌거를 올렸다. 미국은 엄청난 충격에 빠졌다. 이에 존 F. 케네디 미국 대통령은 "반드시 10년 내에 달에 사람을 보내겠다"는 비전을 제시하며 미국 항공우주국(NASA)을 전폭적으로 지원했다. 안타깝게도 그가 갑작스레 암살당했지만 그다음 대통령인 린든 존슨 정부가 그의 뜻을 이어갔다. 미국 정부의 지속적인 투자와 지원 덕택에 우주 프로그램은 착착 준비되고 있었다.

마침내 1969년 7월 20일 아폴로 11호가 달에 착륙했고 닐 암스트롱은 인류 최초로 달에 첫 발을 내디뎠다. 그런데 아폴로 11호의 찬란한 역사를 기억하는 사람은 많지만 아폴로의 첫 실험이었던 아폴로 1호에 대해 아는 사람은 별로 없다.

1967년 미국은 아폴로 1호 발사에 들떠 있었다. 불행히도 아폴로 1호는 지구를 떠나지 못했다. 아예 발사조차 이뤄지지 않았다. 1월 27일 테스트하는 과정에서 불의의 화재 사고로 우주비행사 세 명이 캐빈에 갇혀 모두 죽는 비극이 벌어진 것이다. 전 세계의 이목이 집중된 대형 프로젝트였기에 그 충격은 컸다.

NASA는 주계약자 NAANorth American Aviation와 책임 소재를 놓고 거친 공방을 벌였다. 가뜩이나 천문학적 예산에 불만을 갖던 정치권에서는 이를 빌미로 제동을 걸기 시작했고 미국 의회 청문회에서는 갑론을박이 오갔다. 의회 청문회를 주관하던 의장은 잠시 주위를 정리한 뒤 책임자 프랭크 보먼에게 단도직입적으로 물었다.[65]

"왜 화재가 났습니까? 어떤 사람들은 NASA가 실현 불가능한 스케줄로 NAA를 밀어붙인 탓에 안전 조치가 미흡했다고 하던데요."

"일정 압박을 부인하지는 않겠습니다. 그러나 일부러 안전을 타협한 적은 없습니다."

“그렇다면 무엇이 화재 사고의 원인입니까?”

그는 잠시 생각에 잠기더니 분명하게 답변했다.

“상상력의 실패failure of imagination입니다. 우리는 우주 상공에서 화재가 날 모든 상황에 대비했지만 그것은 육지로부터 180마일(약 290km) 떨어진 상공에서 발생할 상황에 대한 두려움이었습니다. 누구도 지상에서 그런 상황이 일어날지 상상하지 않았습니다. 만일 누군가 생각했다면 위험 상황으로 분류해 충분히 테스트했을 겁니다. 그러나 우리는 그렇게 하지 않았습니다.”

다들 책임을 회피하는 상황에서 그는 먼저 자신을 포함한 모두의 잘못을 인정했다. 여기에 그치지 않고 문제의 근본 원인과 돌파할 방법을 영어 세 단어로 표현했다.

Failure of imagination.

그가 보여준 통찰력은 아폴로 프로그램의 전환점이 됐다. 아폴로 프로젝트는 쏟아지는 비난에 굴하지 않고 이어졌다. 오히려 실패에서 값진 배움을 얻어 우주선을 기초부터 다시 설계했고 결국 달 착륙이라는 위대한 업적을 이루었다. 프랭크 보먼은 다음 해인 1968년 아폴로 8호를 타고 최초로 달 궤도에 진입한 우주비행사로 기록됐다.

아폴로 프로그램은 한 번도 경험하지 않은 미지의 세계로 향하는 불확실성으로 가득 찬 시도였다. 당연히 그 과정에는 수많은 실패와 좌절이 있었고 보이지 않는 사람들의 희생과 헌신이 있었다. 발생할 수 있는 모든 사고의 위험성에 대해 상상력을 발휘해야 했다. 인류 역사의 도전 중에 위험하지 않았던 적은 없다. 만일 위험을 두려워해 회피했다면 인류는 현대 문명을 이룩하지 못했을 것이다. 불확실성이라는 리스크를 고민하는 과정은 안전하고 위험을 줄이는 방향으로 한 단계씩 발전해가는 여정이었다.

영어 단어 리스크risk는 고대 그리스어로 바다의 위험한 장애물을 뜻하는 rhizikon에서 유래했다. 우리가 미래에 일어날 것이라 상상하는 모든 일이 리스크다. 리스크 관리라 함은 리스크를 예측해 통제하는 전반적인 과정을 일컫는다.

리스크 관리는 금융업의 핵심이다. 금융은 돈을 떼이지 않아야 하고 시장이 무너지거나 불확실해도 고객의 돈을 지켜야 한다. 또한 견물생심에서 비롯되는 횡령이나 사기 행위를 방지하고 금전 사고를 예방해야 한다. 그래서 신용 리스크, 시장 리스크, 운영 리스크를 금융의 3대 리스크로 꼽는다. 신용 리스크와 시장 리스크는 금융 고유의 영역이지만 운영 리스크는 우리 주위에서 일어나는 각종 사건 사고에도 해당한다. 아폴로 1호의 화재 사고는 전형적인 운영 리스크 영역이다.

운영 리스크는 프로세스를 기반으로 관리된다. 어느 조직이 보유한 프로세스 총체를 '프로세스 유니버스process universe'라고 한다. 운영 리스크 관리는 각 프로세스를 운영하면서 어긋나는 요소를 점검해 예측 가능한 리스크를 관리하는 체제를 기반으로 이루어진다.

사이버 보안도 운영 리스크의 한 분야로 시작했다. 예를 들어 취약점 식별부터 조치까지 일련의 과정은 하나의 프로세스다. 혹시 취약점 진단을 하지 않은 장비가 없는지, 적기에 취약점을 조치했는지, 모든 기기에 백신을 설치하고 업데이트를 제대로 하는지, 소프트웨어 코드의 안전성을 점검해 반영했는지 등이 대표적인 보안 프로세스다. 사이버 보안은 이런 형태의 수십 개의 보안 프로세스를 만들어 운영한다.

그렇지만 사이버 보안은 일반적인 운영 리스크 관리 체계만으로 다루기 어려운 부분이 있다. 왜냐하면 사이버 공격은 해커나 내부자가 고의적으로 일으키기 때문이다. 아무리 프로세스를 잘 준수해도 공격자가 헤집고 돌아

다니면서 사고를 일으킨다. 따라서 일반적인 운영 리스크 관리 방법에 더해 '위협'이라는 행위의 관점에서 리스크를 조명해야 한다. 데이터 절도, 서비스 장애, 공갈 협박, 자금 유출 등 위협의 종류는 다양하며 그로 인한 피해 성격과 규모도 다르다. 이처럼 각종 시나리오의 위협에 대응하는 '위협 기반 리스크 관리threat-based risk management'로 발전했다.

나는 은행에 9년 이상 있으면서 사이버 리스크 체계를 설계하고 구축하고 점검하는 데 가장 많은 시간을 쏟았다. 리스크 관리를 터득해서 직접 적용한 경험은 아주 소중하다. 사실 나는 그 전에도 사이버 리스크를 주장했지만 솔직히 리스크가 뭔지도 제대로 모르면서 외치고 다녔던 것 같아 부끄럽다.

아직도 사이버 보안이라면 제품과 기술만 생각하는 경향이 있다. 그럴 경우 입체적이고 종합적인 가시성이 약하다. 리스크 기반으로 사이버 보안을 구축해야 틀을 유지할 수 있고, 정량적이고 예측 가능한 지표로 관리하는 게 가능하다.

가장 어려운 시험 문제는?_Risk Management Framework

시험에는 여러 형식이 있다. 우리는 보기 4개 중에 답을 선택하는 사지선다형 객관식에 익숙하다. 간단한 단어나 문장으로 응답을 요구하는 단답형 주관식도 있다. 서술형 주관식은 답의 범위가 넓어 채점자 재량에 따라 점수가 좌우된다. 답이 틀리더라도 문제를 푸는 과정을 인정받을 수 있다. 답이 없는 질문도 있다. 생각의 흐름을 끄집어내어 판단하겠다는 출제자 의도가 담겨 있다.

그렇다면 가장 어려운 유형의 문제는 무엇일까? 아예 질문 자체가 없는 시험이 아닐까? 이를테면 어떤 상황에 대해 스스로 질문을 던지고 해결 방안까지 찾으라는 형태다. 이를 준비하려면 질문하는 실력부터 분석과 진단, 그에 대한 해결책까지 총체적인 시각을 갖추어야 한다. 수동적으로 답을 맞히는 것과 문제를 내면서 답을 찾아가는 것은 큰 차이가 있다.

글로벌 은행에 일하다 보니 전 세계의 규제를 살펴볼 기회가 생기곤 한다. 미국이나 EU와 한국의 규제를 비교하니 확연히 다른 점이 있다.

한국에서는 정해진 가이드라인을 준수하는 체크리스트 방식이 일반적이다. '주민등록번호를 암호화하시오', '방화벽을 설치하시오', '취약점을 점검해 조치하시오' 같은 보안 점검 항목을 제시한다. 가이드라인을 잘 따르는 것만 해도 쉬운 일이 아니다. 그런데 문제는 가이드라인에만 초점을 맞춘다는 점이다. 체크리스트에 없으면 아예 들여다보지도 않는다. 설사 사고가 나더라도 가이드라인을 충실히 따랐다면 책임이 경감된다. 그러다 보니 어떤 기업은 은근히 디테일한 규제를 원하기도 한다.

반면에 미국이나 EU의 규제 방식은 문제를 스스로 만들어 답을 찾아가는 형태다. 어떻게 보면 아주 영리한 접근 방식이다. 감독기관 입장에서는 구태여 힘들게 문제를 내느라 준비할 필요가 없지 않은가? 문제를 도출하고 해결하는 방법이 부실하면 따끔하게 지적하면 되고, 설계가 잘 됐으면 제대로 운영하는지 확인하면 된다. 전자를 설계 효과성design effectiveness, 후자를 운영 효과성operational effectiveness이라고 한다.

이처럼 스스로 문제를 내서 해결책을 찾는 방식, 즉 리스크를 파악해 관리하는 방법론을 앞서 말한 리스크 관리 체계(RMF)라고 한다. RMF를 통해 내가 보유한 정보 자산은 어떤 것인지, 각 자산을 겨냥한 위협은 무엇인지, 위협을 받았을 때 비즈니스 영향은 어느 정도인지, 그런 위협을 막기 위해 어떤 보안 통제를 적용해야 하는지 등을 도출해낸다.

이를테면 체크리스트 방식은 PC에 백신이 잘 설치됐는지, 제대로 작동하는지를 점검하는 형태다. 반면에 어떤 유형의 PC(직원 업무용, 테스트용, 공장 라인 운영용 등)를 사용하는지, 각 PC에 어떤 위협(악성코드, 계정 탈취, 디스크 삭제 등)이 예상되는지, 그로 인한 피해가 얼마인지를 계량화한 뒤 리스크를 줄일 수 있는 통제 방안을 마련하는 것이 RMF 방식이다.

버락 오바마 미국 대통령은 IT에 의존하는 세상이 겪을 두려움을 알고 있었다. 그러나 사이버 보안을 법으로 제재하려는 그의 노력은 의회의 반대로 좌절됐다. 지나친 규제를 원하지 않는 민간기업들의 로비는 주효했다.[66] 정부가 민간 영역에 간섭하는 것을 극도로 싫어하는 미국의 속성을 감안할 때 충분히 이해가 간다.

하지만 사이버 위협은 민간과 정부기관을 구별하지 않는다. 게다가 전력, 통신, 금융, 송유, 철도, 항공 등 국가의 핵심 기반시설의 많은 부분이 민간기업에 의해 운영되거나 의존하고 있다. 이들의 보안 체계가 부실하다면 그 기업의 문제에 그치지 않고 국가 안보와 국민 안전에 치명적인 영향을 입힌다. 어떻게 해야 이 기업들의 사이버 보안 수준을 높일 수 있을까?

고민 결과 미국 정부는 각 기업이 스스로 보안 수준을 향상시킬 수 있도록 유도하는 방향을 선택했다. 오바마 대통령은 미국 국립표준기술연구소(NIST)가 그 기반을 만들도록 지시하는 행정 명령을 발표했다.[67] 그렇게 해서 탄생한 것이 NIST CSF NIST Cyber Security Framework다.*

NIST CSF는 기업이나 기관이 사이버 리스크 관리 체계를 구축하는 틀(프레임워크)을 제공한다. 본래 핵심 기반 시설을 보유한 민간기업을 위해 만든 기준이었지만 오늘날 세계 유수의 글로벌 기업들이 NIST CSF와 ISO 27000 시리즈를 기반으로 사이버 보안 프레임워크를 구축하고 있다.

* 이미 미국의 연방기관(Federal Agency)은 RMF를 준수하도록 정책 방향이 정해져 있었다. NIST CSF는 민간기업이 사이버 보안 수준을 스스로 향상할 수 있도록 프레임워크를 만드는 기반을 제공하며 각 기업의 특성과 환경에 맞도록 유연하게 적용할 수 있는 것이 장점이다.

RMF를 추진하다 보면 모르는 게 얼마나 많은 지 알게 돼 목표와 현실의 격차를 정량적으로 파악할 수 있다. 그런 깨달음의 결과가 그 기업의 보안 상태security posture다. 마치 건강검진 결과 전체적인 건강 지표를 볼 수 있듯이, 보안 상태는 기업의 보안 지표를 투명하게 보여준다.

객관적인 리스크 지표가 나오면 사이버 보안의 방향과 전략이 정해진다. 리스크를 줄이기 위해 보안 제품을 도입하고 프로세스를 강화한다. 투자와 자원이 한정되어 있으니 당연히 리스크가 큰 문제부터 해결해 나간다. 단시일 내에 해결이 어려운 이슈라면 리스크를 수용risk acceptance하고 리스크를 완화하기 위한 대책mitigation plan을 세운다.

체크리스트 방식과 RMF 방식이 보안 제품, 기술, 프로세스, 교육 등에 대해 내놓은 답을 보면 엇비슷해 보인다. 그러나 둘이 결과를 도출하는 방식은 확연히 다르다. 체크리스트 방식은 IT 시스템에 대한 통제와 방어에 초점을 맞추고 있어 실제 업무 환경을 판별하지 못한다. 입체적으로 벌어지는 위협을 포착하는 데도 한계가 있다. 반면 RMF는 사이버 보안을 비즈니스 관점에서 즉 조직 내의 자원과 업무 전반에 대한 총체적인 리스크로 바라보게 해주므로 훨씬 디테일하고 입체적이며 실용적이다. 또한 비즈니스에 초점을 맞추었기 때문에 환경 변화에 기민하게 적응해갈 수 있다.

사이버 보안 RMF는 어느 특정 부서에서 혹은 실무 선에서 구축하고 끝날 문제가 아니다. 업의 특성, 사업 모델, 조직 문화에 맞도록 설계하고 조직 구성원이 같이 참여해야 하며 최고경영자부터 이사회, 각 부서에 이르기까지 통일된 용어와 지표로 공유해야 한다. 또한 RMF는 하루 이틀에 금방 만들 수 있는 작업도 아니고, 한번 만들었다고 끝나는 작업도 아니다.

RMF는 보안 상태를 공유하는 약속이자 프로토콜이다. 한미 간 무기 체계나 공급 협력을 위해서도 RMF를 사용한다. 앞으로 글로벌 기업과 IT 요소가 들어 있는 제품이나 서비스를 거래하려면 RMF 개념을 적용해야 할 것이다. 사이버 보안을 RMF를 통해 지표화하는 것이 글로벌 표준이기 때문이다.

RMF는 리스크 수용 범위, 잔여 리스크residual risk, 리스크 완화risk mitigation와 같은 다양한 용어를 사용해서 리스크를 정량적이고 예측 가능하며 통제할 수 있게 해준다. 무엇보다 사이버 보안을 기술 언어가 아닌 경영 언어로 이사회, 경영진, 임직원, 고객, 투자자, 미디어와 서로 소통할 수 있게 해준다. 마치 사이버 보안의 링구아 프랑카lingua franca와 같다고나 할까?

글로벌 자동차 회사에서 CISO의 방문을 요청한 적이 있다. 독일 본사에서 파견된 CEO였는데 고객으로서 내가 속한 은행의 보안 체계에 대해 이런저런 질문을 던졌다. 그는 재무 출신 CEO임에도 사이버 리스크 관점에서 보안 전문가인 나와 대화를 하는 데 전혀 문제가 없었다.

VIP 고객인 미국의 투자 은행은 매년 서면질의로 IT와 보안 실태를 점검한다. 질문에 사이버 보안 비중이 계속 늘더니 지금은 70%가 넘는다. 범위는 정책, 실행, 거버넌스가 총망라되어 있으며 대면 질의와 상세한 입증 자료를 요구한다. 거의 보안 감사 수준이다. 그런데 흥미로운 점은 전혀 다른 기업이고 주재 국가가 다름에도 사이버 보안 수준을 이해하는 데 서로 어려움이 없다는 것이다.

이처럼 고객이 우리의 사이버 보안 수준을 걱정하는 시대가 되었다. RMF는 공급망에 참여하기 위해, 고객을 안심시키기 위해, 각 나라의 규제에 따르기 위해 자신이 설계해서 구축해야 하는 거버넌스 틀이다.

사이버 보안의 목표는 가시성과 거버넌스다. 가시성과 거버넌스라는 틀이 없으면 역동적이고 변화무쌍한 디지털 환경 변화 속에서 이런저런 기술에 휘둘리게 된다. 이를 도와주는 도구가 RMF다. 사이버 보안은 RMF라는 폿대를 갖고 보안 상태를 진단하고 잠재적 위협과 리스크를 식별해 끊임없이 줄여나가는 여정이다.

보안 등급의 세 가지 기준_CIA

아이디어나 기술이 부각되기 시작하면 장밋빛 미래를 그리면서 때로는 과열되어 이치에 맞지 않는 주장을 하는 경우를 본다. 블록체인이 한참 관심을 끌자 '블록체인을 도입하면 천문학적으로 들어가는 보안 투자가 필요 없다'와 같은 주장이 나온 적이 있다. 블록체인이 보안성을 내재하고 있어 기존의 보안 체계가 바뀐다는 것이다.

블록체인은 장부가 여러 곳에 분산돼 있고 과거로부터의 모든 기록이 체인과 해시 함수로 연결돼 있다. 여러 사람이 갖고 있는 장부를 모두 바꿀 수 없으니 원천적으로 위조가 불가능하다. 블록체인에 끌릴 만한 이유다. 그렇다면 이어지는 다음 질문은 여러 사람이 동일한 장부를 갖고 있는데 보안과 프라이버시가 보장되는가 하는 점이다.

보안 리스크의 잣대는 기밀성, 무결성, 가용성이다. 약어로 CIA 삼각축 CIA triad라고 부르는데 미국 첩보기관 이름과 같아서 기억하기 쉽다.

- 기밀성confidentiality: 권한이 없는 제3자가 정보를 보거나 탈취하지 못하도록 하는 것이다. 암호화, 접근통제, 인증 등의 보안 통제가 여기에 해당한다.
- 무결성integrity: 정보가 악의적으로 혹은 실수로 변경되지 못하도록 하는 것이다. 데이터 변조나 위조는 정보의 신뢰성이 달려 있는 문제이며 데이터 보호와 접근 권한과 같은 통제를 적용한다.
- 가용성availability: 정보나 서비스를 원하는 시간에 접근할 수 있는 가를 말한다. 디도스 공격이나 랜섬웨어는 대표적인 가용성 위협이다.

기업의 정보 시스템이나 데이터는 용도에 따라 CIA 등급이 다르다. 예를 들어 홈페이지에 게시된 정보는 공개가 목적이라서 기밀성이 필요 없다. 반면 홈페이지 정보가 틀리면 고객에게 잘못된 정보를 주게 되므로 무결성은 중요하다. 한편 홈페이지가 다운되거나 느려지면 고객이 필요한 서비스를 제대로 받을 수 없으니 가용성이 기본이다.

만일 대외비 문서라면 기밀성과 무결성이 핵심이라 가용성이 다소 떨어지더라도 강력한 암호화와 접근 통제를 구축해야 한다. 북한이 방글라데시 은행에서 8000만 달러를 훔친 것은 SWIFT 전문을 조작한 무결성 공격이다.

이처럼 내가 갖고 있는 자산과 서비스에 대해 각각의 CIA 등급을 정하는 것이 리스크 관리의 시작이다. 앞서 얘기했던 블록체인은 위변조가 불가능해 CIA 관점에서 보면 무결성이 우수하지만 반면에 장부가 공유된다는 점에서 기밀성은 약하다. 따라서 블록체인 기술만으로 서비스나 자산의 다양한 CIA 등급을 모두 만족시킬 수는 없다.

보통 사이버 보안이라면 정보 유출 방지가 중요해서 '보안=기밀'이라는 인식이 강하다. 1장에서 소개된 북한의 소니 픽처스 해킹이나 중국의 지적재산권 절도는 모두 기밀성을 공격한 것이다. 그러나 실제 환경에서는 무결성과 가용성이 더 치명적인 경우가 있다. 사이버 보안의 구루로 불리는 브루스 슈나이어는 흥미로운 예를 든다.[68]

"대부분 우리의 이슈는 기밀성입니다. 그러나 물리적 공간에서 컴퓨터가 영향을 끼치는 양상을 볼 때 무결성과 가용성이 더 심각한 문제입니다. 삶과 재산에 피해를 입게 되거든요. 이를테면 제 의료 기록이 유출되는 상황이 올까 우려됩니다. 그러나 저는 혈액형 기록이 바뀌는 게 더 걱정스럽습니다. 누군가 내 자동차를 해킹해서 차 안에서 이뤄지는 대화 내용을 엿들을까 우려됩니다. 그러나 브레이크가 작동되지 않는 상황이 훨씬 심각합니다."

사실 가용성 공격의 피해 규모는 천차만별이다. 스턱스넷은 이란의 핵무기 개발을 지연시켰으며 워너크라이 랜섬웨어는 영국의 의료 서비스를 마비시켰다. 우크라이나가 러시아의 침공 전에 정부시스템을 클라우드로 옮기지 않았다면 국민과 정부의 소통은 정지되는 암흑 사태에 처했을 것이다.

때로는 위협이 진화하면서 CIA 지표가 바뀌기도 한다. 예를 들어 랜섬웨어는 내가 보관하고 있는 파일을 사용하지 못하게 하는 전형적인 가용성 공격이다. 랜섬웨어가 극성을 부리자 기업들은 데이터 백업을 강화했다. 이제 데이터를 복구할 수 있으니 협박범과 협상할 필요가 없어졌다.

그러나 이를 지켜보고 있을 해커들이 아니다. 랜섬웨어로 파일을 잠그는 정도에 그치지 않고 아예 파일을 훔쳐버린 다음, 협상에 응하지 않으면 파일을 공개하겠다고 협박한다. 이제 랜섬웨어는 가용성에 더해 기밀성을 위협하는 존재가 됐다. 데이터 백업만으로는 부족하고 파일 유출을 막는 방어 체계 구축이 필요하다.

화재나 사고로 가용성에 심각한 문제가 생기는 경우를 대비해 재해복구체계Business Continuity Planning(BCP)를 만든다. 그런데 이제 해커는 BCP 인프라 자체를 같이 공격한다. 보통 BCP를 구축하는 데 집중하다가 BCP와의 연결 고리를 공격하는 해커의 치밀함을 놓치는 우를 범한다. 이처럼 CIA는 한번 정하면 고정되는 게 아니라 주변 환경 변화나 고도화되는 공격 전략에 맞추어 업그레이드해야 한다.

CIA는 보안 리스크를 정량적으로 판단하는 기준이다. 보안 점검과 거버넌스의 시작은 자신이 가지고 있는 IT 자산과 서비스에 대해 CIA를 기준으로 리스크를 식별하는 것이다.

사이버 보안을 바라보는 눈_Business Impact

2018 평창 동계올림픽은 한국의 아름다운 자연과 설경을 전 세계에 알렸고 한국의 장점인 안전과 친절, 성숙한 질서 의식이 돋보인 행사였다. 방문객은 추운 날씨 속에서도 웃음을 잃지 않았던 자원봉사자들을 극찬했다.

개회식과 폐회식에서 선보인 드론 퍼포먼스는 멋진 장면을 연출했다. 비록 강풍 때문에 개회식에서는 라이브로 진행되지 못했고 한국 독자적인 기술이 아니었지만 충분히 올림픽이라는 이벤트 효과를 높였다.

일반적으로 드론은 항공 기술이 주를 이룬다고 생각한다. 그런데 드론은 다양한 기술의 집합체다. 고도의 통신과 네트워크 기술, 주변을 감지하는 센서, 드론의 움직임을 결정하고 충돌을 방지하는 알고리즘 등이 모두 쓰인다. 배터리의 용량 한계라는 문제도 극복해야 한다. 무엇보다 항공, 기계, 소프트웨어, 전자 등 다양한 스펙트럼의 기술이 융합되어야 한다.

그러나 올림픽에서 멋진 장면을 만들어낸 이니셔티브는 이러한 기술의 조합이 아니다. '올림픽 개·폐회식 행사에서 밤하늘에 오륜기를 펼쳐 보이고 싶다'는 꿈이다.

이런 목표가 세워지면 그 시점에 가용할 수 있는 기술을 동원해 구현한다. 평창올림픽에서는 다양한 기술을 융합해 하나의 멋진 스토리로 보여주었다. 이처럼 기술은 우리가 과거에 만들지 못한 꿈을 현실로 실현하고 있다.

IT가 적용된 현장은 기술과 비기술 즉 비즈니스 영역으로 나뉜다. IT는 기술 영역에 속하지만 기술을 이용해 목표를 실현하는 것은 비즈니스 영역이다. 이를테면 드론 기기는 기술 영역에 속하지만 드론을 날려 밤하늘에 오륜기를 그리거나 정찰을 하거나 물건을 배달하는 것은 비즈니스 영역이다.

사이버 공격은 주로 기술 영역에서 이뤄진다. 악성코드로 시스템을 감염시키고, 시스템 권한을 취득하고, 데이터베이스에 접근해 중요 정보를 찾아내서 외부로 정보를 빼낸다. 피싱 메일로 사람을 속이는 사회공학적 기법도 있지만 대부분의 공격 작업은 기술 영역에서 진행된다.

그러나 사이버 위협으로 인한 피해는 비즈니스 영역에 해당한다. 고객정보를 탈취당하면 소비자에게 버림받고, 디도스 공격을 받으면 고객이 서비스를 이용할 수 없고, 설계도를 빼앗기면 기업 경쟁력을 상실하고, 랜섬웨어에 감염되면 범죄자와 협상해야 한다. 게다가 전 세계적으로 사이버 보안의 법적 요건이 강화되고 있다. 사고가 나면 엄청난 벌금이 부과되고 기업 평판이 심각한 훼손을 입는다.

기업만의 문제가 아니다. 무기를 움직이는 IT 시스템의 조종권을 빼앗기면 전쟁에 패배하고 정부 시스템의 데이터가 삭제되면 정부 기능이 마비된다. 의료 시스템이 조작되면 사람 목숨이 위협에 빠지고, 물류 시스템이 공격당하면 공급망이 멈춰 선다. SNS에 가짜뉴스가 퍼지면 국론이 분열되고 민주주의 체제가 위기에 처한다. 이미 이런 위협이 벌어지고 있음을 1장에서 사례를 통해 살펴봤다. 사이버 위협은 기술 영역에서 발생하지만 비즈니스 영역이 영향을 받는다.

그러나 여전히 많은 경영자와 리더가 사이버 보안을 기술 영역의 문제라고 국한해 바라본다. 그래서 사이버 보안은 IT 부서나 보안 부서의 일이지 자신과는 무관하다고 생각한다. 그러니 제대로 준비하지 않고 있다가 사고가 나면 우왕좌왕한다.

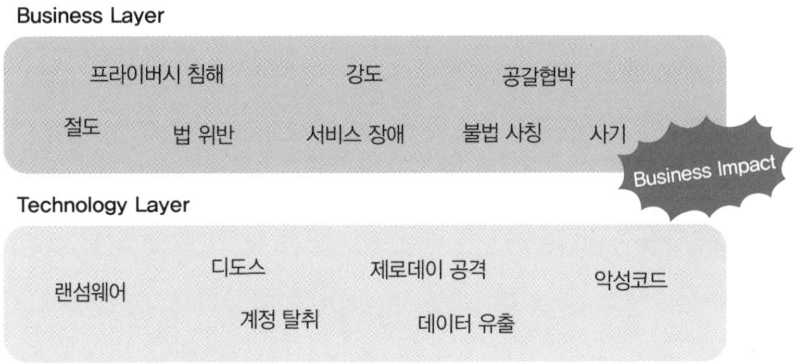

Business Layer

프라이버시 침해 강도 공갈협박

절도 법 위반 서비스 장애 불법 사칭 사기

Business Impact

Technology Layer

디도스 제로데이 공격 악성코드

랜섬웨어

계정 탈취 데이터 유출

▶ 사이버 위협은 발생하는 영역과 영향을 받는 영역이 다르다.

실제로 보안 사고가 난 어느 금융 회사 회장이 기자회견 자리에서

"그건 실무자가 할 일이지 내가 그걸 어떻게 다 알겠습니까?"

라고 변명해 기자들을 어리둥절하게 한 적이 있었다.

정보화로 많은 업무가 고도화되는 과정에서 IT는 비즈니스의 보조 기능을 수행했다. 그러나 디지털 전환으로 IT는 혁신을 주도하는 역할로 격상됐다. 기술이 비즈니스의 종속적인 위치에서 수평적이고 대등한 역할로 자리매김한 것이다. 사이버 보안도 기술 계층의 보호에서 비즈니스 시각으로, 더 나아가 위협으로부터 비즈니스가 얼마나 영향을 받는지에 대한 관점으로 바뀌어야 한다.

가령 특정 애플리케이션의 데이터가 제3자에게 노출됐을 경우(기밀성), 변조됐을 경우(무결성), 원하는 시간에 접근이 안 될 경우(가용성), 즉 C, I, A에 대해 어떤 영향이 있는지 계량화할 수 있다. 그렇게 나온 수치와 위협 시나리오를 분석한 내용을 합쳐 비즈니스 영향도 분석Business Impact Analysis(BIA)이라고 한다.

BIA 등급은 자산별로 어떤 위협에 민감한지에 대한 특성을 구분하는 기준이다. 사이버 리스크 관리 체계(RMF)는 기밀성, 무결성, 가용성을 기준으

로 선정된 BIA를 바탕으로 위협에 따른 손실을 예측하고 이를 경감할 대책을 구체적으로 제시할 수 있어야 한다.

BIA 결과 가장 높은 등급을 크라운 주얼Crown Jewel(CJ)이라고 부른다. 은행으로 보면 대고객 서비스의 첨병인 인터넷·모바일 앱, 송금 시스템, 딜링 시스템 등이 CJ에 해당한다.

CJ가 사고를 당하면 그 충격이 크기 때문에 가장 강력한 보안 통제를 적용한다. 데이터가 오가는 모든 과정을 암호화하고, 접근 권한은 이중 삼중으로 강화하고, 접속한 후의 모든 행위는 모니터링하고, 취약점이 발견되면 즉각 패치한다. 설사 침입자가 들어와도 반드시 사수해야 한다는 의지다.

리더는 나무 하나하나가 잘 자라도록 관리하는 역할만 수행해서는 안 된다. 리더는 그 나무들이 군집된 큰 산을 볼 수 있어야 한다. 산불의 위험을 줄이려면 건조한 날씨, 등산객의 담뱃불 등 모든 가능성을 예측하고 통제할 수 있어야 한다. 마찬가지로 비즈니스 전반에 산재한 잠재적 위협에 대해 가시성을 갖고 문제의 우선순위를 세워 전체를 지킬 방도를 마련해야 한다. 빛의 속도로 변화하는 IT 환경과 다양한 신기술에 일희일비하면 크나큰 위협을 놓칠 수 있다.

그러려면 기술과 시스템의 관점에서 벗어나 비즈니스의 렌즈로 위협에 따른 영향력을 예측할 수 있어야 한다. BIA는 사이버 사고의 피해를 예측해서 우선순위를 정하는 기준이다.

신동엽 가족이 받은 축복_Security Control

〈미운 우리 새끼〉라는 TV 예능 프로그램에서 사회자 신동엽 씨가 자기 가족 이야기를 하는 장면이 인상적이었다. 신동엽 씨의 형은 청각장애인이다.

그래서 가족 모두 수화를 할 줄 안다고 한다. 문제는 음성으로 주고받는 전화였다. 형이 소외되는 모습을 볼 때면 늘 답답하고 미안한 마음이 들었다고 한다.

그런데 어느 날 휴대전화 문자메시지 기능이 새롭게 나왔다. 보통 사람에게 문자메시지는 단순한 부가 기능이었지만 신동엽 씨 가족에게는 큰 축복이었다. 마치 커다란 장벽이 허물어지는 느낌이었을 것이다. 드디어 형도 대화에 참여할 수 있게 되자 문자메시지 기능이 나온 그날에 온 가족이 신나게 문자를 주고받았다고 한다. 얼마나 좋았겠는가?

그 후에 스마트폰이 개발되고 영상 통화 기능이 출시됐다. 이제는 서로 떨어져 있더라도 얼굴을 보면서 수화로 소통할 수 있게 된 것이다. 보통 사람에겐 상대방을 보며 대화가 가능하다는 정도의 의미지만 그 가족에겐 소통의 창을 활짝 넓혀주는 계기였다. 이처럼 기술은 어떤 사람에게 적용되느냐에 따라 가치value 차이가 엄청나다.

기업은 좋은 제품을 만들기 위해 기술 개발에 혈안이 돼 있다. 기술의 궁극적인 목표는 단순히 제품 기능을 추가하는 수준이 아니라 고객이 느낄 수 있는 가치를 창출하는 것이다. 마케팅 전략은 높은 가치를 얻을 수 있는 고객에게 무게를 둔다. 앞서 신동엽 씨의 형은 문자메시지의 가치를 남보다 크게 느낄 수 있었던 경우다.

우리는 사이버 방어 체계를 갖추기 위해 다양한 보안 제품을 도입한다. 문제는 보안 제품 도입에 많은 투자를 하면서 정작 그로 인해 얻는 가치에 대해서는 깊이 생각하지 않는다는 점이다.

보안 제품은 보안 통제의 한 수단일 뿐이다. 기업 입장에서는 사이버 리스크를 줄이는 게 중요하지 제품이나 기술 도입 자체가 목적은 아니다. 따라서 먼저 어떤 리스크가 있는지 판단한 뒤 리스크 감소에 필요한 보안 제품을 선택하는 방향으로 접근 방식을 바꾸어야 한다. 이 과정이 뒤바뀌면 의미 없는 보안 제품만 나열하게 될 수 있다.

평소 알고 지내던 어느 대학 교수를 우연히 상갓집에서 만났는데 자신이 최근 대학 전산 소장이 됐다며 잠깐 애기를 나누자고 했다. 그분은 컴퓨터 분야를 전공했지만 보안 기술이나 제품에 대해서는 잘 모른다며 재직 중인 대학에서 현재 사용하는 제품과 새로 도입하려는 제품의 리스트를 보여주었다. 어림잡아 20개~30개는 됐던 것으로 기억한다. 평생 사이버 보안 분야에 종사했지만 이름을 처음 들어보는 업체만 해도 30% 정도였다.

"이 제품이 다 필요한 거예요?"

"직원들이 필요하다고 하는데 잘 모르겠어요."

"대학에서는 무엇을 보호하는 것이 중요한가요?"

"글쎄요."

"일단 학적부처럼 보호할 대상부터 정하세요. 제품은 나중에 정해도 늦지 않습니다."

정작 지켜야 할 중요한 데이터와 시스템이 무엇인지, 어떤 리스크가 있는지에 대해 고민한 흔적이 적어 보여 적잖이 놀랐다. 그 대학은 담당 직원이 보안 제품이 필요하다고 하면 대체로 구매를 허용하는 형태로 보안 관리를 해온 것처럼 보였다. 직원들도 보안 제품을 설치하면 문제가 해결될 것으로 단순히 생각했던 것 같다. 어울리지 않는 제품이 제대로 검증되지 않은 채 방치되는 상황은 더 위험하다. 안전은 보안 제품의 개수나 기능에 좌우되는 것이 아니라 리스크를 감소시키는 가치에 있다.

1980년대까지만 해도 약국에서 직접 약을 제조했었다. 감기약이나 항생제는 별도의 처방이 필요하지 않아 한국은 항생제의 천국이라는 오명을 듣기도 했다. 그러다 보니 특정 성분에 대해 알레르기 현상이 나타나거나 잘못 조제된 약을 먹어 큰일을 당할 뻔하는 사례도 적지 않았다.

군대 내에서 감기에 걸리면 엄청나게 독한 약을 처방해주기도 했다. 워낙 약이 독해서 젊은 장병이 정신을 못 차릴 정도였다. 그나마 젊은 나이이기에 회복할 수 있었지, 아니었다면 부작용으로 크게 고생했을지도 모른다.

결국 의사 처방이 있어야 약을 받을 수 있는 제도로 바뀌었다. 환자의 건강 상태를 고려해 처방해야 안전을 확보할 수 있다. 의사가 어떻게 치료를 하는가? 여러 가지를 검사해 진단한 뒤 환자의 체질을 고려해서 약을 처방하거나 입원 치료를 하거나 수술을 한다. 사이버 보안도 여러 지표를 통해 보안 수준과 등급을 평가한 후 리스크를 줄이기 위한 적절한 보안 통제나 절차를 도입하는 것이 합리적인 순서다. 환자 치료가 투약과 안정화, 식이요법, 수술 등 다양하게 이루어지듯이 보안 통제도 기술, 프로세스와 사람의 직접적인 관리 삼박자로 이루어진다.

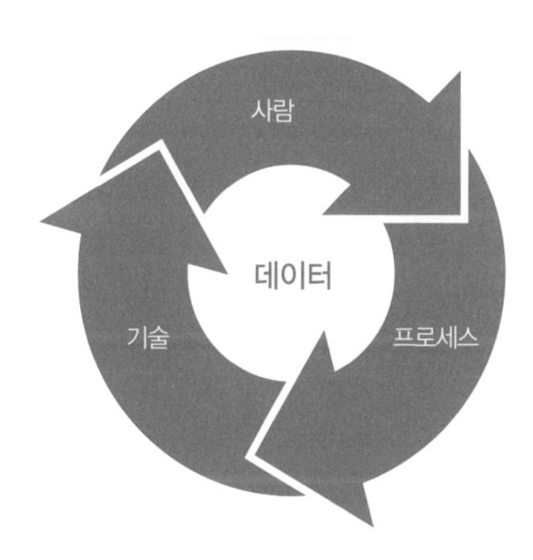

▶ 삼박자로 이루어지는 보안 통제

보통 보안 제품을 설치만 하면 보안 문제가 해결된다고 생각하는 경향이 있다. 물론 보안 제품은 중요하다. 그러나 목적 없이 막연하게 보안 제품을 도입해서는 안 된다. 하나의 제품이 제공할 수 있는 영역은 제한적이라 조직의 전반적인 리스크를 모두 해소하지는 못한다.

어느 강연에 가서 이런 내용을 설명하자 보안 담당자라는 분이 손을 들어 하소연한다.

"저희는 보안 사고 뉴스가 나오면 기껏해야 백신을 돌려 점검할 뿐입니다. 이래 갖고 되겠습니까?"

순간 좌중에는 폭소가 터져 나왔지만 참으로 안타까운 심정이었다. 꽤 중요한 업무를 하는 곳이었는데 아직도 적지 않은 기업에서 보안을 백신과 방화벽 정도로 인식하는 것처럼 보였다.

또한 보안 업데이트를 제때 안 하거나 정확하게 설정하지 않으면 무용지물이다. 해커는 보안 제품 자체를 무력화하려고 한다는 점을 유의해야 한다. '보안 제품을 설치했으니 이제 됐다'는 태도는 안이하다.

우리는 보안 통제security control의 본질을 놓치면 안 된다. 보안 통제는 리스크를 감소시키기 위한 방안이다. 보안 통제는 프로세스와 기술, 사람의 3대 요소를 타이트하게 결합함으로써 이뤄진다. 업무 매뉴얼에 확인·검증 절차를 넣을 수도 있고, 제품의 기능을 활용할 수도 있고, 사람이 수동으로 점검할 수도 있다. 어떤 결합으로 보안 통제를 구현할 것인가는 전적으로 그 조직의 선택이다. 요컨대 보안 통제의 목적과 성과 즉 그 가치를 정확히 측정할 수 있어야 한다.

유럽의 고성에서 배우는 교훈_Threat Model

사이버 보안 전문가 에릭 콜 박사는 유럽 고성의 방어 체계에서 배울 수 있는 지혜를 설명한다.[69]

성은 '해자'라는 깊은 연못으로 둘러싸여 있어 연못 위의 다리를 꼭 건너야 진입할 수 있다. 방어하는 입장에서는 다리만 집중적으로 막으면 된다.

아무리 많은 군인이 처들어와도 좁고 긴 다리를 건너갈 수 있는 사람의 수는 한계가 있다. 사이버 공간에서 여러 곳으로부터 트래픽이 몰려와도 차분히 네트워크 주소와 포트 규칙으로 통제하는 방화벽과 비슷하다.

▶ 성 주위를 연못(해자)이 둘러싸고 있다.

침입자가 성문을 통과하면 성 위의 수비병을 무너뜨려야 성을 장악할 수 있다. 그러려면 성의 좁은 계단을 올라가야 하는데 빛이 잘 들지 않아 공격자는 밑을 내려다보지 않고는 제대로 계단을 오를 수 없다. 반면 수비병은 평소에 자주 오르내린 계단이라 익숙할 뿐만 아니라 위에서 아래를 내려다보니 훨씬 유리하다. 게다가 계단은 오른쪽으로 감기는 나선형이다. 공격자는 오른팔이 벽에 걸려 칼싸움이 불편하지만 위에서 내려오는 수비병은 오른손이 자유롭다(물론 오른손잡이가 다수라는 가정이다).

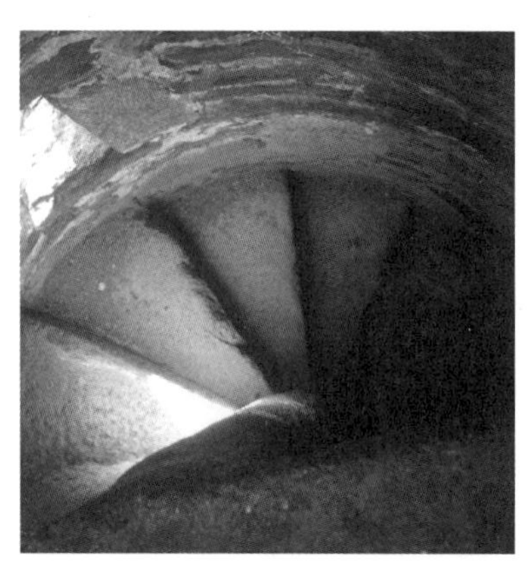

▶ 오른쪽으로 감기는 나선형 계단은 수비에 용이하다.

유럽 고성은 각종 공격 방법에 대한 '방어를 위한 설계design for defense'의 전형적인 모델을 잘 나타낸다. 사이버 공간에서도 잘 설계된 보안 통제는 해커의 움직임을 불편하게 한다. 칼과 창으로 싸우던 시절에는 성을 잘 설계하는 것이 방어의 기본이었다. 그러나 신무기가 발명되며 전쟁의 양상은 변했다. 비잔틴 제국의 콘스탄티노폴리스(오늘날 이스탄불)은 숱한 강대국의 공격에도 난공불락이었다. 지형적 이점도 있었지만 강고한 성벽으로 유명해 웬만한 대포로는 돌파할 수가 없었다. 그러나 1453년 오스만 제국은 헝가리 기술자가 제작한 거포를 사들여 천년의 요새를 무너뜨리는 데 성공했다.

근대와 현대를 거치면서 끊임없이 새로운 무기가 발명되고 전쟁의 옵션과 전술은 다양해졌다. 이를테면 공중 정찰로 적의 약점을 파악하고 미사일로 폭격하고 공수부대를 투하하고 내부 첩자를 활용한다. 파괴적이고 지능적인 무기로 무장한 육·해·공군이 개별로 혹은 합동 작전으로 공격 지점, 공격 일시, 침투 경로를 결정해서 공격한다.

사이버 공격의 형태도 입체적으로 발전했다. 초기에는 인터넷과 접점인 홈페이지를 파고들거나 외부에서 집중적으로 트래픽을 유발하는 디도스 공격이 위주였지만 공격 전술은 점점 고도화되었다. 예를 들면 직원을 속이는 피싱 메일로 악성코드를 투하하고 그 직원의 PC에서 핵심 데이터베이스로 은밀하게 접근한다bilateral move. C&CCommand&Control 서버에서 원격 조종하고 내부에 설치된 백도어를 이용해 비축한 사이버 무기를 써서 제로데이 공격을 감행한다.

앞에서 '지피지기 백전불태'가 사이버 공간에서는 적용되기 어렵다고 했다. 그렇지만 아무리 해커가 공격의 열쇠를 쥐고 있다고 해도 내가 아는 공간에서 내 자산을 대상으로 벌어지는 전쟁인데 마냥 휘둘릴 수는 없지 않은가? 공격자의 전술과 기법을 잘 이해해서 효과적으로 대응할 수는 없을까? 전 세계가 보안 위협과 사고 경험을 공유하고 지식이 쌓이면서 드디어 공격자 관점의 체계적 분석이 나오기 시작했다.

2011년 미국의 군수 기업 록히드 마틴은 군대 용어인 킬 체인kill chain* 을 사용해서 사이버 킬 체인cyber kill chain 모델을 제시했다. 사이버 킬 체인은 정찰reconnaissance부터 7단계로 구성되어 있는데 당시 화두였던 APTAdvanced Persistent Threat 공격에 초점을 맞추었다. 비록 디테일한 기술과 기법을 담기에는 한계가 있었지만 군사적으로 익숙한 용어인 킬 체인을 동원해서 사이버 공격 행위를 해석하는 시도로 의미가 있었다. 그래서 일선에서 공격을 방어하는 관제 요원들이 공격 단계를 설명하는 데 활용했다.

이어서 2013년 MITRE(마이터)에서 더욱 포괄적 관점의 사이버 공격 프레임워크인 MITRE ATT&CK** 을 발표했다. MITRE는 MIT의 링컨 연구소에서 분리한 비영리재단 싱크탱크로 미국 연방정부의 국방, 항공, 국토방위,

* 군사 용어 킬 체인은 쉽게 설명해 세 단계로 구성된다. ① 상황을 파악한 후 ② 무엇을 할지 결정한 다음 ③ 실행에 옮긴다.

** ATT&CK은 Adversarial Tactics, Techniques, and Common Knowledge의 약어로 '어택'이라고 발음한다.

사이버 안보 등 연구 개발을 집중 수행해왔다. MITRE ATT&CK은 공격 전술tactic, 기술technique에 기반해 매트릭스로 구성되어 있고 공격 그룹(예: 북한의 라자루스, 러시아의 APT28 등)별로 특성과 공격 사례를 분류해서 볼 수 있다.

무엇보다 MITRE ATT&CK은 다양한 실례를 반영할 수 있는 유연함과 확장성이 강점이다. 그래서 위협 정보를 지식 기반으로 한 오픈 커뮤니티 플랫폼으로 자리 잡았다. 사이버 킬 체인이 공격 흐름을 파악하는 데 적절한 반면 종합적인 통제 관점에서 분석하기에는 MITRE ATT&CK이 더 실용적이라는 평가를 받고 있다.[70]

사이버 리스크 관리 체계(RMF)가 자신이 보유하고 있는 IT 자산과 조직의 운영 모델을 바탕으로 리스크를 평가하는 것이라면, MITRE ATT&CK은 공격자 관점에서 매트릭스를 통해 위협 모델을 보여준다. RMF가 가시성과 거버넌스에 초점을 맞춘다면 위협 모델은 급변하는 공격 형태를 프레임화해서 공격에 대해 적절히 방어할 수 있는지 점검할 수 있다. RMF와 위협 모델은 점검과 공격이라는 서로 다른 시각에서 조직의 보안 수준을 파악하는 양대 축이다.

사이버 리스크 등급을 떨어뜨리기 위해 보안 통제security control를 적용하지만 실제 공격 기법을 막을 수 있는지 확신이 안 선다. 이때 MITRE ATT&CK의 매트릭스상에서 보안 통제가 어떤 공격 단계의 킬 체인을 차단할 수 있는지 알 수 있다.

최근에는 이러한 프레임워크를 적용하는 단계가 점점 앞당겨지고 있다. 대충 만들어놓고 그걸 지키는 것보다 앞서 설명한 유럽 고성의 예처럼 방어를 위해 설계하는 것이 훨씬 효과적이다. 그래서 프로젝트 설계 단계부터 위협 모델을 통해 단단하게 소프트웨어를 만들어간다. MITRE ATT&CK이나

OWASP*와 같은 국제 표준을 활용해서 잠재적 위협에 대비하는 것이다. 시간에 쫓기며 소프트웨어를 만드는 데 급급한 우리의 현실과는 격차가 크다.

이처럼 사이버 공격을 막기 위해 여러 단계의 방어망을 구축하는 것을 다중계층방어multi-layered defense라고 부른다. 한 계층이 뚫려도 다음 단계에서 막을 수 있는 형태다. 은행에서 금고에 들어가기 위해 몇 단계를 거치는 이치와 같다. 다중계층방어를 잘 설계하려면 RMF와 위협 모델을 기반으로 효과를 정량적이고 객관적 지표로 측정해야 한다.

사이버 공격은 전방위적으로 벌어지지만 위협 모델의 프레임워크는 공격과 방어가 어떤 상황으로 벌어지는지에 대한 가시성을 높이고 조직의 방어 수준을 체계적으로 구축할 수 있게 해준다. 사이버 공격이 조직적이고 고도화될수록 입체적인 방어 플랫폼을 구성해야 한다.

보안의 퍼스펙티브_Perspective

우리를 노리는 것은 외부의 해커만이 아니다. 기밀을 빼돌리려는 직원일 수도 있고 범죄를 공모한 협력 업체일 수도 있다. 공격자는 온라인과 오프라인을 넘나드는 공격 시나리오와 생태계를 가지고 있다. 중요한 것은 누가 공격자이든 뚜렷한 목표를 정해서 공격을 감행한다는 것이다.

따라서 우리가 초점을 맞추어야 하는 것은 비즈니스다. 만일 사이버 보안을 기술과 시스템 측면에서만 바라보고 있다면 이러한 비즈니스 상황을 인지할 수 없어 실제 위협을 놓칠 수 있다.

시각을 바꾸어야 한다. 과연 공격자라면 무엇을 노릴지, 어떤 방향으로

* Open Web Application Security Project의 약어로서 안전한 웹 애플리케이션을 만들기 위한 시큐어 코딩과 보안 리크스 정보 등을 제공한다.

접근할지, 공격의 맥락context을 예측하는 데 상상력을 총동원해야 한다. 비즈니스와 리스크 중심으로 보안의 퍼스펙티브를 바꾸어야 입체적이고 전방위적으로, 체계적으로 대응할 수 있다.

이 과정을 한 장의 그림으로 표현하면 다음과 같다.

- 모든 IT 자산을 정확히 파악하는 것은 기초다. 모르는 것을 지킬 수는 없다.
- 자산에 대한 CIA 평가를 통해 어떤 관점(기밀성, 무결성, 가용성)에 무게를 두어야 할 지 결정한다.
- 비즈니스 영향도는 정량적인 보안 등급과 더불어 비즈니스 측면에서 위협 시나리오를 예측한 정성적인 평가로 구성된다. 여기에서 조직이 가지고 있는 총체적인 리스크가 나온다.
- 리스크를 줄이기 위해 기술/제품, 프로세스, 사람의 3대 요소를 동원해서 보안 통제를 구성한다.
- 위협 모델에 대입해서 보안 통제의 효과성을 판단한다. 최종적으로 나온 잔여 리스크의 수준에 따라 추가적인 보안 통제를 구축하거나 모니터링을 강화한다.

리스크 관리 프레임워크는 보안 거버넌스의 틀이다. 기업이나 정부는 물론 국가도 이런 체계를 구성할 수 있다. 단지 업의 특성이나 규모에 따라 차이가 있을 뿐이다. 요컨대 전체 구성원이 사이버 리스크에 대한 공동 지표를 갖추어야 한다. 일단 방향성이 정립되면 어떠한 신기술이나 신종 위협이 나오더라도 당황하지 않고 의연하게 대처할 수 있다. 서로 다른 기업과 국가가 소통할 수 있는 거버넌스 체계를 갖추어야 보이지 않는 위협에 공동으로 대처할 수 있다.

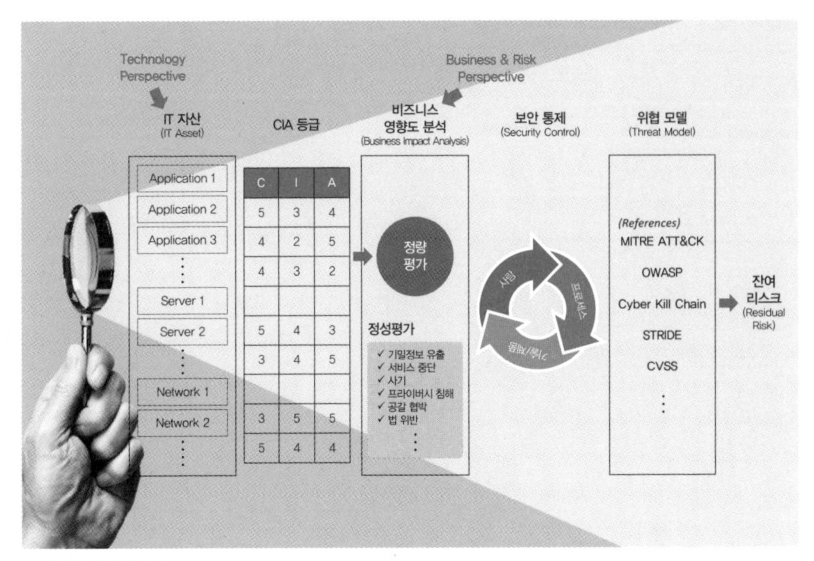
Technology Perspective
Business & Risk Perspective
IT 자산 (IT Asset)
CIA 등급
비즈니스 영향도 분석 (Business Impact Analysis)
보안 통제 (Security Control)
위협 모델 (Threat Model)
Application 1
Application 2
Application 3
Server 1
Server 2
Network 1
Network 2
C I A
5 3 4
4 2 5
4 3 2
5 4 3
3 4 5
3 5 5
5 4 4
정량 평가
정성평가
✓ 기밀정보 유출
✓ 서비스 중단
✓ 사기
✓ 프라이버시 침해
✓ 공갈 협박
✓ 법 위반
사람
프로세스
기술/제품
(References)
MITRE ATT&CK
OWASP
Cyber Kill Chain
STRIDE
CVSS
잔여 리스크 (Residual Risk)

▶ 보안의 퍼스펙티브

5장

빌드업

/

안전한 빌드업은 기본이다_Deterrence vs. Buildup

벤츠 자동차 한 대 값을 투자했는데 아이스크림 한 개 값이 남았다.

2022년 하룻밤에 50조 원이 증발한 암호화폐 테라와 루나 사태를 비유한 표현이다. 이렇게 말도 안 되는 상황이 벌어진 이유는 무엇일까? 근본적인 이유는 검증되지 않은 기술이 시장에 나왔고 여기에 투기적 욕망이 결합됐기 때문이다.

미국 유학 갔을 때 인상적이었던 것은 오랜 기간 선배들이 만들어놓은 소프트웨어 라이브러리였다. 나는 한국에서 대학을 다녔는데 프로그래밍을 제대로 해보지 못했다. 그때만 해도 한국의 전산 환경이 많이 뒤떨어져 있었다. 그런 유학생에게 먼 이국 땅에서 중대형 컴퓨터가 네트워크로 연결돼 씽씽 돌아가는 환경은 즐거운 충격이었다.

소프트웨어 라이브러리는 많은 가르침을 준 선생이었다. 뛰어난 코딩 기법, 친절한 매뉴얼, 가져다 쓰기 쉬운 인터페이스 등 배울 것이 많았다. 유학간 학교에서는 연구 결과물을 라이브러리에 형식에 맞추어 등록해야 했다. 그렇게 되면 내가 만든 알고리즘이 동료나 후배에게 냉정하게 평가받게 된다. 혹은 누군가 그 알고리즘을 활용해 더 발전시킬 수도 있다. 논문보다 더 소중한 학교의 자산일지 모른다는 생각이 들 정도였다.

이와 같은 협업 환경에서 오픈소스가 탄생했다. 오픈소스는 창의적인 아이디어를 실현하는 소프트웨어 개발자의 보고이자 디지털 혁신을 이끄는 동력이다. 오픈소스는 전 세계 개발자가 참여해서 소프트웨어를 만들고 공유하는 시스템이다. 그 곳에서는 치열하게 논의하고 심지어 면박을 받으면서 최상의 알고리즘이 형성된다.

소프트웨어 검증은 특정 기관이나 일부 전문가의 몫이 아니다. 코딩은 학교 교실에서 배우는 것보다 주위 친구나 선후배 또는 지구촌 어딘가에서 얼굴도 본 적 없는 코더가 날카롭게 지적하고 서로를 검증하는 커뮤니티 안에서 최상의 실력을 키울 수 있다. 그 속에서 최고의 결과물이 탄생한다.

루나와 테라에는 그런 검증 과정이 없었다. 창업자의 주장을 틀렸다고 지적할 수 없으면 오류가 덮어진다. 그러한 알고리즘 약점이 노출되자 폭락 사태가 벌어졌다. 암호화폐가 혁신이냐 투기이냐 논쟁이 계속되는 이유는 결국 투명한 기술 검증 프로세스가 부족한 원인도 있다.

안타깝게도 이는 한국의 소프트웨어에 대한 인식과도 관련이 있다. 한국에서는 뛰어난 소프트웨어 개발자가 나오면 셀럽 취급을 한다. '한국의 빌 게

이츠'라는 수식어가 붙었던 인물들은 언론에서 집중 조명을 받았다가 조용히 사라지곤 했다.

물론 천재성을 가진 인력은 중요하다. 그러나 천재 혼자서 모든 것을 만드는 게 아니다. 몇 명의 뛰어난 엔지니어와 평범하면서 중요한 역할을 하는 수많은 개발자의 고민과 헌신을 바탕으로 훌륭한 소프트웨어가 탄생한다. 그 기반에는 오픈소스와 같은 커뮤니티가 자리잡고 있다. 소프트웨어 인력의 저변이 확보돼야 하는 이유다.

소프트웨어를 보는 시각을 바꾸는 게 급선무다. 뛰어난 리더를 중심으로 시스템을 빌드하고 설계부터 구현, 테스트까지 전체 라이프사이클을 팀으로 해야 한다.

사이버 보안이라고 하면 공격을 저지deterrence하는 모습만 연상한다. 보안관제센터는 사이버 보안의 상징이다. 사이버 보안 관련 주요 어젠다는 악성코드, 해킹과 같은 공격자의 행위에 집중되어 있다. 물론 방어와 저지는 사이버 보안이라는 개념이 탄생한 이유다. 공격자가 있으니 방어자가 생긴 것이다. 만일 IT 자원이 한정된 공간에 갇혀 있고 큰 변화가 없다면 공격 저지가 절대적인 사이버 보안의 특성일 것이다.

그러나 컴퓨터와 IT 기기가 대중화되면서 업무 현장 곳곳에 IT가 스며들었다. 한편 디지털 전환 시대가 되면서 역동적이고 신속한 소프트웨어 개발이 중요해졌다. 테크 기업이 다양한 영역으로 빠르게 진출 가능한 배경에는 이런 수요를 발 빠르게 구현할 수 있는 소프트웨어 코딩 역량이 있다. 이제 '비즈니스는 소프트웨어'라는 공식이 업종을 가리지 않고 진행되고 있다.

수많은 디지털 기기와 소프트웨어의 확산은 취약점이 크게 늘어날 수 있음을 의미한다. 다시 말해 사이버 공격의 대상이 증가했다.

이런 환경 변화 때문에 사이버 보안의 또 다른 중심축이 중요해지고 있다. 안전한 환경과 소프트웨어를 빌드업하는 것이다.

우리는 지진과 같은 불의의 사태에 대비하기 위해 경보 체제에만 의존하지 않는다. 내진 설계로 안전한 건물을 만들고 주기적으로 점검한다.

사이버 공간도 다르지 않다. 빌드란 IT 자산이 안전하고 탄탄하게 구축되어 운영되도록 하는 것이다. 모든 컴퓨터 기기나 인프라가 제대로 설정되어 있고 소프트웨어가 허점을 보이지 않는다면 아무리 뛰어난 해커라도 방법이 없다. 해커가 사이버 공격의 열쇠를 쥐고 있지만 적어도 내가 가진 IT 자산을 안전하게 빌드업하는 것은 우리가 충분히 통제할 수 있는 영역이다. 공격을 저지하는 역량과 안전한 빌드업이 균형을 이뤄야 비로소 종합적인 사이버 보안 체계가 완성된다.

그러면 어떻게 안전한 빌드업을 할 수 있을까? 여러 가지 실행 방법이 있지만 여기에서는 기본적인 방향을 권하고자 한다.

첫째, 표준을 정립해 불확실성을 줄여야 한다. 박사 학위를 위한 마지막 졸업 관문이 있었다. 학위 논문을 표준 템플릿에 맞게 완성해서 학교에 등록하는 것이다. 학위 논문의 형식을 검수하는 풀타임 직원이 있었는데 퇴짜를 놓으면 통과할 때까지 다시 준비해서 가야 했다. 그녀는 페이지 여백을 재는 도구를 들고 각 페이지를 보면서 포맷, 폰트, 수식 표기, 참고 문헌, 도표 등을 꼼꼼하게 확인했다. 당시는 지금처럼 문서 편집 도구의 완성도가 높지 않아서 인쇄본을 만드는 과정에 다소 애로사항이 있었다.

졸업 준비와 구직으로 부산한 마당에 시간을 끌게 되니 "이렇게까지 형식에 집착할 필요가 있을까?"라고 속으로 불평했었다. 그런데 내 생각이 짧았다. 도서관에서 선배들의 졸업 논문을 보니 어느 것을 집어도 형식이 동일해서 눈에 금방 들어왔다. 문서 형식의 표준이 이렇게나 가독성을 높여주는지 미처 몰랐다.

소프트웨어 라이브러리를 등록할 때도 매뉴얼, 파라미터parameter 표시, 네이밍, 코딩 스타일을 표준 형식에 맞추어야 한다. 그래야 다른 학생과 쉽게 공유하면서 효율적으로 협업할 수 있기 때문이다.

제대로 검증되지 않은 제품이나 서로 다른 버전의 소프트웨어를 사용하는 것은 사이버 리스크를 높인다. IT 자산은 소모품이 아니다. 정확하게 설치하고, 유지하고, 모니터링해야 하는 소중한 기술 집합체다. 어떻게 그 많은 버전과 종류의 제품을 일일이 관리하겠는가? 그래서 표준 정책과 제품, 기술을 정하는 원칙이 중요하다.

둘째, 모든 IT 자산은 도입부터 운영, 폐기에 이르는 전체 라이프사이클을 단단하게 유지해야 한다. 기술 용어로 하드닝hardening을 한다고 한다. 이를테면 설치 시 사용된 디폴트 패스워드default password는 교체되었는지, 표준 설정은 확인되었는지, 검증되지 않은 소프트웨어가 설치되지 않았는지, 불필요한 설정은 없는지 등을 점검한다.

"프로젝트가 급하니 일단 건너뛰고 나중에 고칩시다."

이런 문화 속에서는 부실이 나올 수 밖에 없다. 일단 마무리하고 나중에 할 것인가? 일은 끊임없이 밀려오고 일할 수 있는 인력은 항상 부족한 상황에서 검증할 여유는 나중에도 없다.

검증 단계는 아주 많다. 소프트웨어의 경우 개발한 코드를 반영하기 전에 취약점 점검을 돌리거나 동료에게 검증peer review을 맡긴다. 만일 치명적인 취약점이 발견되었다고 하자. 그런데 이 서비스가 내일까지 출시되어야 한다면 어떻게 하겠는가? 신규 서비스가 바로 매출과 직결되는 상황이라면 CEO와 사업본부장은 어떤 판단을 하겠는가? 이럴 때 원칙에 따라 출시를 연기하는 결정을 내릴 수 있어야 한다.

그렇지만 실상은 그 반대인 경우가 많다. 심지어 유명한 IT 기업에서도 적당히 타협하는 경우를 보았다. 해커는 단 하나의 취약점만 있어도 파고든다. 철저한 보안 정책으로 '괜찮겠지'라는 판단의 여지를 없애야 한다.

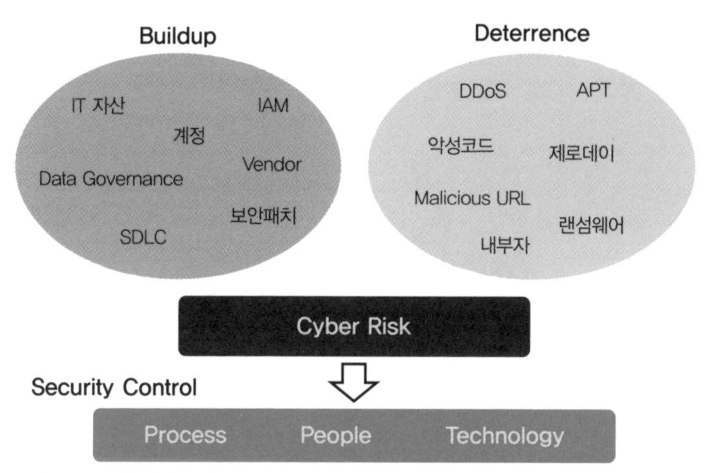

▶ 빌드업 *vs.* 저지, 사이버 리스크, 보안 통제

공격 저지가 외부와의 전쟁이라면 안전한 빌드업은 조직 내부와의 싸움이다. 그래서 리더의 확고한 신념과 보안에 대한 인식이 필수다. 공격을 저지하는 것은 보안팀을 격려하고 지원해주는 정도가 리더의 역할이다. 이에 비해 안전한 빌드업을 위해서는 경영진과 전 직원이 철저하게 규칙을 준수하도록 조직 문화를 바꾸어야 한다. 그래서 빌드업에는 강력한 리더십이 요구된다.

기초가 허무하게 무너질 때_Foundation

유럽을 여행하다 보면 로마 제국의 흔적을 곳곳에서 발견할 수 있다. 스페인 세고비아에 웅장하게 서 있는 수도교의 자태를 보면 당시 제국의 위용을 짐작할 수 있다. 2000년 전에 로마는 이미 높은 수로를 활용해 공공장소, 목욕탕 등에 깨끗한 물을 공급했다. 시민이 사용할 물이라서 청결과 위생 유지가 관건이었다. 그러려면 물이 고이지 않고 계속 흐르게 해야 하는데 로마는 경사각을 정확하게 계산하는 기술을 갖고 있었다.

▶ 스페인 세고비아 수도교

문제는 수도교가 성벽 위를 지나 시내로 들어간다는 점이다. 시내로 향하는 수도교는 로마를 침입하려는 적에게 좋은 수단이다. 그 길을 곧장 따라가면 로마가 나올 뿐더러 성벽 방어를 피해 넘어가기에 유리했다. 로마가 강대국일 땐 크게 문제되지 않았지만 쇠퇴의 길을 걸으면서 수도교를 통과하는 적의 침입에 두려움을 느끼기 시작했다. 결국 로마로 들어오는 모든 수도의 취수구를 폐쇄하고 시내로 들어오는 어귀의 갱도를 벽돌과 시멘트로 막아버렸다.

성벽 위에서 성으로 진입하는 수도교의 모습을 보면서 직업병이 도졌다. 방화벽을 넘어 소프트웨어가 업데이트되는 장면을 연상하면서 미소 지은 기억이 난다. 소프트웨어는 수시로 업데이트된다. 소프트웨어와 인터넷의 연결 구간에 방화벽이 있지만 소프트웨어 업데이트는 방화벽을 거치지 않는다. 만일 업데이트되는 경로로 악성코드가 들어가면 어떻게 될까?

한때 국민 SNS였던 싸이월드는 3500만 명이 넘는 회원정보 유출 사태로 무너지고 말았다. 그 시작은 한 무료 소프트웨어의 업데이트 경로로 내부에 침투한 악성코드에서 비롯됐다.

수도교가 성벽을 넘어오듯이 방화벽을 넘어가는 업데이트 경로는 내부에 합법적으로 들어가는 수단이다. 그러다 보니 소프트웨어 기업은 해커의 공격 목표가 된다. 그 회사의 업데이트 서버를 장악하면 해당 소프트웨어를 사용하는 기업에 잠입하는 길이 열리기 때문이다. 소프트웨어의 코드 서명키를 탈취해 정식 버전인 양 당당하게 침입하는 형태는 훨씬 위험하다.

어느 날 그룹 본사 위협 첩보threat intelligence팀이 국내 소프트웨어 기업의 코드 서명키가 탈취됐다는 정보를 입수했다. 인터넷뱅킹이나 정부 서비스를 이용할 때 고객들이 설치하는 소프트웨어 중 하나였다. 관련 기관에 문의하니 '그걸 어떻게 알았냐'며 극비 정보임을 강조했다. 이미 해외에 다 알려졌는데 그게 무슨 극비 사항인가?

놀라웠던 반응은 서명키가 탈취된 기업을 먼저 걱정한 모습이다. 해킹 당한 사실이 알려지면 기업이 어려움에 처할 거라며 안타까워했다. 하지만 번지수가 틀렸다. 훔쳐진 코드 서명키로 악성코드가 뿌려질 경우 수많은 기업과 개인 사용자가 피해를 당하는 게 문제의 본질이다. 테러리스트가 상수도 근원지에 몰래 들어가서 독극물을 풀었다면 그 물을 먹는 시민의 안전이 우선이다. 어떻게 시설 관리 책임자의 징계 여부를 먼저 떠올리는가?

소프트웨어 코드 서명의 원리는 '등기우편'과 유사하다. 등기우편은 발신인이 보낸 우편물이 수신인에게 정확히 배달되도록 우체국이 보증한다. 만약 우체국이라는 제3자를 거치지 않고 소프트웨어를 직접 주고받는다면 어떻게 내용물을 보증할 수 있을까? 이런 문제를 방지하는 목적으로 디지털 서명 기술이 사용된다. 소프트웨어 업체가 자신의 암호키로 코드 서명해서 보내면 고객 PC는 그에 해당하는 공개키로 확인한다. 스마트폰 앱이나 운영체제도 모두 이런 과정을 거친다. 우리가 소프트웨어 업데이트를 할 때 이런 작업이 뒤편에서 수행되고 있는 셈이다. 만일 해커가 자신이 만든 악성코드를 훔친 코드 서명키로 서명해서 보낸다면?

'늑대와 일곱 마리 아기 양'이라는 동화를 예로 들어보겠다. 엄마 양이 음식을 구하러 간 사이에 늑대가 문을 두드리며 열어달라고 했다. 아기 양은 늑대가 내는 거친 목소리와 문 틈으로 본 시커먼 앞발에 이상함을 느끼며 문을 열어주지 않았다. 늑대는 흰 반죽과 밀가루로 위장한 뒤 다시 아기 양을 찾아왔는데 늑대를 엄마로 착각한 아기 양은 결국 문을 열어주고 말았다. 그런데 만약 늑대가 엄마가 갖고 있던 열쇠를 훔쳐서 열고 들어온다면? 굳이 위장까지 하며 속이려고 노력할 필요가 없지 않은가?

소프트웨어의 코드 서명키로 서명하면 사용자는 그 회사 제품이라고 믿고 설치한다. 악성코드를 보내도 의심 없이 설치한다는 얘기다. 만일 인터넷 뱅킹이나 전자정부서비스에 필요해 전국민이 사용하는 소프트웨어라면? 악성코드 감염으로 전 국민이 피해를 입고 사회적 혼란이 발생하게 된다. 특정 기업이나 기관에 몰래 침입해 은밀하게 숨어 있으면서 치명적인 공격을 준비하는 상황은 생각만 해도 끔찍한 시나리오다.

2022년 12월, 북한의 드론이 대낮에 서울의 상공을 휘젓고 다니자 대한민국은 경악을 금치 못했다. 드론이 작고 빠르게 움직이기 때문에 제대로 대응하지 못했다고 한다. 그나마 실물을 눈으로 볼 수 있으니 뒤늦게라도 상황을 파악할 수 있다. 이에 반해 사이버 공간에서는 코드 서명키를 탈취해 중요한 시설에 잠입하더라도 눈으로 보지 못해 알 길이 없으니 더욱 무서운 상황이다.

어떤 회사가 코드 서명키를 탈취당했다면 곳간 열쇠를 빼앗긴 격이다. 그런데 우리는 사용하는 제품의 코드 서명키가 탈취됐다는 소식을 접해도 별로 심각하게 생각하지 않는다. 정작 우리 안방을 제집 드나들 듯이 오가는 상황이 벌어지는 데도 무관심하다.

소프트웨어 기업이 해킹을 당하면 그 기업의 제품을 사용하는 모든 고객이 위험에 처한다. 그래서 코드 서명키의 보관과 관리는 소프트웨어 기업에겐 생명이다. 아무리 비싼 보안 장비를 구입하고 초대형 관제센터를 구축하더라도 기초가 무너지면 대책을 세우기 어렵다. 해외 언론에 코드 서명키가 탈취된 한국발 뉴스가 나오면 보안 전문가로서 부끄럽다. 우리의 보안 수준이 이것밖에 안 되는가? 스스로의 생명을 지킬 수 없는 기업은 소프트웨어를 제공할 자격이 없다.

우리는 상상을 초월할 정도로 소프트웨어로 연결되어 돌아가는 사회에 살고 있다. 소프트웨어가 서로 간에 안전하게 연동하고 결합하기 위한 약속을 지켜야 상생할 수 있는 생태계가 마련된다. 이것조차 지켜지지 않는다면 디지털 전환은 모래성과 같다. 우리는 신뢰의 생태계를 만들 준비가 되어 있는가?

음식에 독이 들어간다면?_Software Supply Chain

엽기적인 고유정 사건은 사회적으로 큰 충격을 주었다. 졸피뎀이라는 수면제를 카레에 넣어 건장한 체격의 30대 전 남편을 무력화한 후 살해한 수법은 경악 그 자체다. 음식에 소량의 약이 들어갈 경우 보통 사람이 판별하기가 쉽지 않다. 옛날에는 왕이 먹는 음식을 맛보는 기미상궁이나 내시가 있었지만 현대 일반인이 음식 하나하나를 신경 쓰며 먹을 수는 없다. 우리는 이처럼 은밀하게 해를 당할 수 있는 위험한 세상에 살고 있다.

소프트웨어 개발은 음식을 만드는 과정과 유사하다. 치명적인 약이 들어가도 모르는 것처럼 악성 행위를 하는 코드를 몰래 집어넣더라도 인지하기가 쉽지 않다. 만일 증권사의 트레이딩 알고리즘이 해킹에 의해 교묘하게 조작된다면 어떤 사태가 벌어지겠는가? 그날의 거래가 무효 처리되는 데 그치지 않는다. 이미 이루어진 거래에 대한 대규모 소송이 불 보듯 뻔하다. 신뢰는 바닥에 떨어지고 아무도 거래하지 않으려고 할 것이다. 증권사로서는 사망 선고를 받은 셈이다.

이처럼 소프트웨어 비중이 커지면서 경계선 보안과는 다른 차원의 고민이 생겼다. 소프트웨어의 안전성과 무결성이다. 마치 가족들이 매일 먹는 음식이 믿을 만한지 고민하는 것과 같다.

어느 기업으로부터 제공받은 소프트웨어에서 악성 행위가 발견된 적이 있었다. 다행히 검수 단계에서 발견됐고 그 회사의 CEO는 화들짝 놀라 임원들과 같이 달려왔다. 그들도 실수를 인정했다. 다른 곳에서 가져온 소프트웨어 라이브러리에서 발생한 것으로 판명 났는데 만일 그 상태로 서비스됐을 상황을 상상하면 끔찍하다.

2020년 12월 미국의 사이버 보안 기업 파이어아이가 해킹을 당했다고 발표했다.[71] 탈취된 것은 파이어아이가 고객 시스템의 취약점을 발견하기 위해 모의 해킹하는 도구였다. 한 마디로 공격 도구다. 보안 전문 기업으로 정평이 나 있는 파이어아이의 모의 공격 도구는 막강했다. 그런 도구가 공격자에게 넘어간 것이다.

최고의 보안 실력을 갖춘 회사가 어떻게 공격을 당했을까? 텍사스 주에 있는 IT 기업 솔라윈즈 제품을 이용한 게 화근이었다.[72]

솔라윈즈는 네트워크를 관리하고 모니터링하는 제품을 공급하고 서비스하는 회사로 정부기관과 '포춘 500'에 이름이 오른 대기업이 널리 사용하고 있었다. 해커는 솔라윈즈 소프트웨어에 백도어가 들어가도록 조작해서 소프트웨어를 업데이트할 때 고객 시스템에 다운로드되게 했다. 보안 전문가들은 솔라윈즈와 같은 촘촘한 보안 통제를 뚫은 해킹 기법에 놀라움을 금치 못했다.

파이어아이 해킹은 빙산의 일각에 불과했다. 소프트웨어를 사용하는 모든 고객이 공격 영향권에 들어갔다. 감염된 백도어를 다운로드한 기관만 1만 7000곳이 넘는다.[73]

문제는 솔라윈즈 공격으로 침해를 당한 고객들의 면면이다. 미국 핵무기 비축량을 관리하는 국가핵안보국(NNSA), 국토안보부, 법무부, 에너지자원부, 재무부를 총망라했다. 또한 AI 반도체를 만드는 엔비디아, 마이크로소프트, 인텔, 시스코 등 빅테크 기업도 포함돼 있었다. 한마디로 미국의 안보와 안전을 책임지는 정부기관과 첨단 기술을 대표하는 기업들이 공격당한 것이다.

일반인은 솔라윈즈 제품을 접할 일이 없다. 또한 네트워크 모니터링을 위해 사용하는 특수 용도 소프트웨어라서 어느 정도 시스템 권한을 허용할 수밖에 없다. 그렇기에 일단 잠입에 성공해서 은밀하게 숨어들 수만 있다면 공격자가 할 수 있는 행위의 범위가 아주 넓다.

워낙 치밀하고 은밀한 공격 방식에 피해 당한 기업은 크게 당황했다. 마치 집주인이 화들짝 놀라 문 앞에 바리케이드를 쳤는데 그제서야 악당이 이미 집 안에 들어가 찾기 어려운 곳에 숨어 있다는 걸 알게 된 공포 영화의 한 장면과도 같다.[74]

소프트웨어는 여러 소프트웨어가 연동돼 돌아간다. 각 소프트웨어는 제작자에 의해 꾸준히 업데이트된다. 만일 업데이트하는 과정에, 즉 공급되는 과정에 불순물이 들어가면 전체 시스템이 영향을 받는다. 이를 소프트웨어 공급망 공격software supply chain attack이라고 한다.

컴퓨터 제품을 하나 만들 때에도 수많은 부품이 들어간다. 만일 그 부품 중에 불량품이 있다면 컴퓨터가 제대로 돌아가지 않는다. 따라서 안정적이고 고품질의 제품 생산은 신뢰할 수 있는 부품을 적기에 납품할 수 있는 공급망에 의해 좌우된다. 소프트웨어도 마찬가지다. 오히려 하드웨어 부품보다 유기적으로 작동하고 수시로 업데이트되기 때문에 공급망을 관리하는 것이 훨씬 어렵다. 솔라윈즈 공격은 대표적인 공급망 공격 사례다.

1장에 소개한 낫페트야도 우크라이나에서 독보적인 시장 점유율을 자랑하는 회계 소프트웨어 업데이트 과정에 악성코드를 잠입시켜 배포한 소프트웨어 공급망 공격이다.

음식은 원재료와 레시피, 손맛에 의해 결정된다. 우리는 가족에게 맛있고 영양소가 풍부한 음식을 주고 싶은 마음에 늘 새로운 메뉴를 연구한다. 또한 신선하고 청정한 재료를 쓰고 가능한 한 인공조미료를 피한다. 때로는 완성된 음식을 배달로 시키기도 하고, 음식 재료를 배달받아 요리에 사용하기도 하며, 잔치 음식 만들기를 도와주는 사람을 부르기도 한다.

마찬가지로 우리가 사용하는 소프트웨어는 다양한 소스로부터 여러 형태로 공급받는다. 자체 개발하거나, 패키지를 구매하거나, 라이브러리를 사온다. 요컨대 그 과정을 투명하게 통제할 수 있느냐가 더욱 중요해지고 있다.

어떤 하드웨어 제품에 들어있는 부품 리스트를 BOMBill of Material이라고 한다. 마찬가지로 소프트웨어를 구성하는 요소를 SBOMSoftware Bill of Material이라고 한다. 이제 소프트웨어 공급망에 대해서도 SBOM을 통해 품질과 신뢰도를 판단하고 있다.

안정된 사이버 거버넌스 체계를 보유하고 안전한 소프트웨어를 제공하는 기업만이 참여할 수 있는 생태계가 형성되고 있다. 산업만의 문제가 아니다. 국가 간의 안보 협력, 금융 네트워크, 물류 시스템supply chain 등이 모두 해당한다.

미국의 대통령 행정 명령 14028에서는 소프트웨어 공급망 보안을 강조하고 있다. 미국 대통령이 자국의 국방과 정부의 안정을 위해 설정한 기준이다. 그만큼 핵심 소프트웨어의 신뢰도가 중요하다는 의미다.

소프트웨어를 제대로 만드는 것이 보안을 위한 우선적인 투자다. 가족을 위해 건강한 음식을 만들 듯이 안전하고 신뢰할 수 있는 소프트웨어를 만들고 검증하고 테스트하는 체계를 구축해야 한다. 소프트웨어 생태계의 건강은 사이버 보안과 직결된다.

호텔 금고와 목욕탕 사물함_Identity Access Management

오래 전 일본 출장 중에 생긴 일이다. 중요 물건을 호텔방 금고에 집어넣고 비밀번호를 설정한 뒤 외출했다. 미팅을 마치고 돌아와서 비밀번호를 입력했는데 금고가 열리지 않았다.

'분명히 내가 등록한 번호인데…'

아마 비밀번호를 설정하면서 숫자를 잘못 눌렀던 것 같다.

호텔 프론트에 연락했더니 조금 후 호텔 매니저가 꽤 무거운 장비를 든 기술자를 데리고 나타났다. 마스터키만 있으면 금방 열릴 것이라고 단순히 생각했는데 두 명이나 올라오니 괜히 민폐를 끼친 것 같아 미안했다. 기술자는 가져온 장비로 이리저리 조작하더니 금방 금고를 열었다.

요즘은 탈의실에서도 비밀번호를 입력하는 사물함을 많이 볼 수 있다. 이용자가 문을 열지 못하고 있으면 탈의실 관리자가 금세 마스터키를 갖고 와서 열어준다. 때로는 문을 열어 달라고 부탁한 사람이 사물함의 주인인지 제대로 확인하지도 않는다.

일본 호텔의 금고가 구식이라 장비까지 필요했는지 모르겠지만 어쩌면 마스터키 하나로 관리되는 탈의실보다 안전하다는 생각이 들었다. 일단 내가 묵고 있는 방에서 발생한 일이니 적어도 내가 금고 안 물건 소유자라는 사실은 입증된 셈이다. 또한 매니저 입회하에 금고를 열어주었기에 기술자의 단독 범행이 힘들다.

반면에 탈의실은 다른 사람이 사물함 주인인 척 열어 달라고 할 수도 있고 관리자가 마스터키로 고객의 사물함을 몰래 열어볼 수도 있다. 사물함 주인의 신원을 제대로 확인하지 않거나 관리자가 악의적으로 행동하는 것은 마스터키 관리 부실로 발생할 수 있는 리스크다.

물론 많은 사람이 북적대는 장소라 사고가 날 확률은 높지 않다. 사람 사는 세상인데 그렇게까지 팍팍하게 할 필요 있느냐고 되물을 수도 있다. 서로를 못 믿으며 사는 현실에 마음이 답답하지만 안전불감증으로 크고 작은 낭패를 당할 수 있음을 잊어서는 안 된다.

호텔방 금고와 사물함 키를 사용하는 모습은 시스템에 접근 권한을 부여하는 컴퓨터 구조와 비슷하다. 컴퓨터는 계정을 통해서만 시스템이나 데이터에 접근할 수 있다. 아무리 뛰어난 해커라도 계정이 없으면 아무것도 할 수 없다. 계정을 탈취하는 것, 즉 그 계정에 접근하는 ID와 패스워드를 확보하는 것은 해킹에서 필수다.

모든 IT 자산(PC, 서버, 애플리케이션, DB 등)에는 계정이 있고 계정과 인증을 통해 사용 가능하다. 우리는 아침에 출근하면 컴퓨터를 켜고 ID와 패스워드를 입력해 컴퓨터 시스템에 들어간다. 이메일, 애플리케이션, 인사관리 시스템 등 서비스에 접속할 때마다 인증을 거친다. 계정을 생성하고 권한을 부여하는 일체의 활동을 IAMIdentity Access Management이라고 한다.

해커는 들키지 않고 몰래 사용할 수 있는 계정을 찾는다. 이를테면 회사를 떠난 사람의 계정leaver, 장기간 사용하지 않는 휴면 계정dormant, 타 부서로 옮겼는데도 삭제하지 않아 남아있는 계정mover 등이다. 테스트를 하기 위해 임시로 만든 계정도 해커가 노리는 먹잇감이다. 이런 불필요한 계정이 남아 있지 않도록 즉시 삭제하는 것이 계정 관리의 기본이다.

제일 중요한 계정은 마스터키에 해당하는 관리자admin 즉 루트root 계정이다. 루트 계정은 해당 시스템에 대해 모든 권한을 가지기에 슈퍼 사용자super user 혹은 일반 사용자 계정과 구별하는 의미에서 특권 계정Privileged ID(PID)이라고 부른다.

해커는 일단 침입에 성공하면 권한 상승을 노린다. 따라서 특권 계정을 탈취하려는 행태는 당연하다. 해커가 특권 계정을 얻는다면 그 시스템의 자원을 모두 장악한 것과 같다. 해커와 방어자는 PID를 뺏고 빼앗기지 않기 위해 치열한 전쟁을 벌인다.

사실 특권 계정은 시스템을 업그레이드하거나 설정을 바꾸거나 소프트웨어 배포와 같은 작업에 사용하기 때문에 IT 시스템을 다루는 기술자들 외에는 그다지 사용할 일이 없다. 문제는 그 작업이 빈번히 이뤄지고 복합적인 관계가 있어 모니터링하고 검증하는 게 쉽지 않다는 점이다. 특권 계정의 사용 범위를 최대한 축소하고, 사용하지 않을 때는 디지털 금고에 넣어두고vaulting, 모든 PID 작업을 모니터링하고 확인하는 세밀한 절차가 필요하다.

IAM의 또다른 축은 인증이다. 컴퓨터가 나온 초창기부터 패스워드에 의존하는 방식은 한계가 있었기에 새로운 인증 방식이 나오리라고 기대했다. 그러나 40년~50년이 지난 오늘날에도 여전히 패스워드 방식이 가장 널리 사용되고 있다. 비록 기억에 의존하는 약점은 있지만 언제든지 바꿀 수 있는 편리함 때문이다.

반면에 지문이나 홍채 같은 생체 정보는 인간 고유의 특성이라 바꾸지 못한다. 그 사람의 유일한 특성으로 인증하니 가장 확실하다고 말한다. 하지만 역으로 생각하면 평생 바꿀 수 없는 정보이기에 생체 정보가 유출되면 치명적인 상황에 놓이게 된다. 만일 인증을 위해 생체 정보를 보관한다면 이것을 완벽하게 보호할 자신이 있는가?

그래서 OTPOne-time Password와 같은 다중인증Multi-factor Authentication(MFA)을 통한 추가 인증 방식이 안전하면서도 실용적인 방안으로 채택되고 있다. 요즘에는 개인의 스마트폰을 이용한 MFA가 보편화되고 있어 편리한 측면이 있다.

IT 환경이 개방적으로 바뀌면서 원격 접속과 클라우드 서비스가 활발해졌다. 이제 정보 시스템을 성 안에 가둬두고 사용하는 방식이 큰 도전을 맞이했다. 성벽이 낮아지고 있다는 뜻이다. 이런 환경에서 그 사람의 정체성identity에 대한 정확한 식별과 접근 권한access privilege, 통제는 더욱 중요해지고 있다.

최근 각광받는 제로 트러스트의 시작도 탄탄한 계정과 권한 관리다. 여러 가지 보안 기술 중에서 IAM은 사이버 보안의 시작이자 뿌리다.

적벽대전 승패의 갈림길_Third Party

'삼국지'의 하이라이트라고 할 수 있는 적벽대전 편에는 조조가 이끄는 위나라의 100만 연합군이 장강을 따라 오나라를 침략하는 장면이 나온다. 고대 전쟁의 속성상 조조의 군대에는 위나라에서 데려간 사람보다 점령지에서 차출한 군인들이 더 많았을 것이다. 비록 위나라가 군사 규모나 위용 면에서 적을 압도했으나 일사불란하게 움직이기는 힘들었을 터다. 게다가 조조의 군사들은 물에서 싸운 경험이 적어 피로가 쌓이고 질병에 시달리는 상태였다.

오나라의 도독 주유는 이런 상황을 이용한다. 현사 방통을 보내 위나라 대군의 배를 모두 묶어두라고 권고한 것이다. 그러면 마치 땅 위에서 지내는 효과가 있어 병사들이 훨씬 익숙해할 거라는 이유에서다.

연환계 함정이었는데 조조는 속아 넘어갔다. 위나라의 배가 모두 묶이자 주유와 유비의 연합군은 북풍이 불 때 화공을 시작했다. 배가 모두 묶인 상태라서 불은 순식간에 번졌고 미처 도망가지 못한 위나라 대군은 전멸했다. 배를 연결해놓으면 배의 흔들림이 줄어들어 병사들의 고충을 개선하는 긍정적인 측면이 있다. 그러나 예상치 못한 화공을 만나면 한꺼번에 무너지는 엄청난 대가를 치르게 된다.

수많은 컴퓨터가 연결돼 있는 네트워크 사회는 편리함을 준다. 또한 다른 기업과 실시간으로 정보를 주고받으니 사업이 역동적으로 전개된다. 어차피 비즈니스는 혼자 할 수 없다. 디지털 혁신이 급속하게 추진되는 배경에는 개방적인 기업 생태계와 네트워크 환경이 자리 잡고 있다. 그러나 제휴와 사업 확장이라는 긍정적인 측면의 이면에는 취약한 곳 하나만 뚫려도 전체가 무너질 수 있는 연환계의 위험이 도사리고 있다.

미국의 대형 유통점인 타깃Target은 7000만 명의 고객정보 유출로 그 동안 쌓아 올린 명성이 단번에 무너져 내렸다. 해커의 공격은 냉동 계약 업체 직원 중 한 명의 PC를 피싱 메일로 감염시키는 것에서 시작했다. 협력 업체 PC에서 타깃의 내부 시스템에 침입한 것이다. 이 사고는 '타깃이 타기팅되었다Target is targeted'는 우스갯소리와 함께 사례 발표에 널리 쓰였다.

이외에도 협력 업체를 통한 공격 사례는 무수히 많다. 어찌 보면 보안 장치가 잘 갖추어진 대기업을 직접 침투하는 것보다 상대적으로 느슨한 협력 업체로 우회하는 전략은 지극히 상식적이다. 그래서 다양한 협업과 네트워크 시대에 협력 업체 보안은 아무리 강조해도 지나치지 않다. 제3자third party 혹은 벤더 관리vendor management가 사이버 보안의 어젠다로 등장하는 이유다.

개인정보를 위임받아 처리하는 개인정보 수탁 업체는 개인정보보호법에 따라 매년 두 번씩 위탁 업체로부터 점검을 받아야 한다. 한번은 은행의 수탁 업체 중 한 곳에 서비스 종료End of Service(EOS)가 다가오는 컴퓨터가 있음을 알게 됐다. 모든 식료품이나 약품에는 유효기간이 있다. 유효기간이 지난 음식은 사람에게 치명상을 입힐 수도 있다. 언뜻 영원히 쓸 수 있을 것 같은 IT 기기에도 유효기간에 해당하는 EOS가 있다. EOS가 됐다면 취약점이 나오든 말든 제조사는 신경 안 쓰겠다는 것이다. 설사 취약점이 나오더라도 조처할 방법이 없다.

그 회사는 몇 년 전부터 경고를 받았지만 차일피일 미루다가 제품을 교체하지 않았다. 결국 우리는 비즈니스 관계를 끊었다. 사업 부서에서는 다른 은행에서도 이용하고 있고 오랫동안 거래한 기업이니 웬만하면 계약을 유지하고 싶어 했다. 그러나 그 기업은 IT 투자 여력이나 의지가 없어 보여서 나는 단호히 계약 종결을 선언했다. 고객정보를 그런 기업에게 맡길 순 없었다. 이처럼 자신을 관리하지 못하면 오랜 비즈니스 관계도 단번에 깨질 수 있다.

ATM 중에는 은행이 공동으로 사용하는 ATM이 있다. 고속도로 휴게소나 편의점에 있는 ATM이 이에 해당한다. 2017년에 ATM 제휴 업체 중 하나가 해커에게 장악돼 ATM에 집어넣은 카드정보를 외부로 유출한 사건이 발생했다. ATM은 근본적으로 PC다. 단지 터치스크린으로 동작하도록 특별 제작된 키오스크 형태를 갖추었을 뿐이다. 당시 사고당한 ATM에서 사용된 PC는 유효기간이 지난 윈도우 XP를 사용하고 있었다. EOS된 운영체제의 취약점을 노린 것이다.

은행들은 뒤통수를 맞았다. 고객에게 즉시 알리고 카드를 일일이 재발급하느라 애를 먹었다. 은행 잘못도 아니고 자신의 소유도 아닌 ATM이 해킹됐는데 그 피해는 고스란히 금융 회사 고객의 몫이 됐다. 그 후 은행이 ATM 제휴 업체를 직접 보안 점검하도록 규제가 강화됐다.

기업에 파견되거나 용역 업무를 하는 외주 인력의 경우는 어떠한가? 조언차 어느 정부기관을 방문한 적이 있다. 그 기관은 별도의 특수망을 사용하기 때문에 해킹은 불가능하다고 담당 임원이 자랑했다. 특수망과 연결되는 고리에 문제가 없는지 물어보자 완강한 태도로 그럴 리 없다고 단언했다. 그래서 분위기를 바꾸기 위해 가벼운 질문을 던졌다.

"특수망 안에 있는 컴퓨터는 누가 관리하나요?"

"직원들이 직접 관리합니다."

"서버가 한두 대가 아닌데 이 인력으로 가능합니까?"

그는 실무를 담당하는 직원을 쳐다봤고 직원은 눈치를 보며 실토했다.

"사실 서버 관리나 소프트웨어 업그레이드는 외부 용역 업체 직원들이 들어와서 수행합니다."

"용역 업체 직원들은 어떻게 특수망 안에 있는 컴퓨터를 업데이트합니까?"

"노트북이나 USB를 갖고 들어옵니다."

만일 이 기관을 해킹하려면 시나리오는 뻔하다. 협력 업체 직원을 매수하거나 협력 업체 시스템을 해킹해서 USB를 이용해 특수망 서버에 악성코드를 심는 것이다.

내가 실망했던 것은 자신감을 표출한 그 임원의 모습이었다. 그의 상관인 최고책임자는 그 사람의 말만 듣고 안심하지 않았겠는가? 나는 평생 보안 문제를 다루었지만 한 번도 장담해본 적이 없다. 사이버 보안에서 완벽은 없기 때문에 항상 두렵다.

적어도 고위 책임자라면 IT 자원이 어떻게 운영되는지 질문해야 하지 않는가? 시스템 유지보수 업무에 대한 무관심은 스스로의 보안을 무너뜨리는 결과를 초래한다.

우리는 협력 업체, 위·수탁 업체, 외주 파견 및 용역 업체, 앞 장에서 언급한 소프트웨어 공급 업체 등 다양한 기업이나 그 기업에 소속된 사람들과 연결된 세상에 살고 있다. 자원을 주고받는 공급망은 사이버 공격의 대상이다. 성공 확률이 높기 때문이다. 아무리 주변에 방어 체제를 철저하게 하더라도 허가증을 갖고 당당히 대문으로 물건을 갖고 들어오는 공급 업자에 의해 단숨에 무너질 수 있다.

어느 약사의 프로다운 행동_Assurance

장인 어른이 허리가 불편해서 대형 병원에 모시고 간 적이 있다. 진료를 마치고 근처 약국에 가서 처방전을 제출했는데 약사가 난감한 표정을 지었다. 증상에 대해 몇 가지 물어본 후 약사가 물었다.

"허리 치료가 처음이신데 투약하는 양이 많네요. 아직 증상이 심하지 않고 연세도 많으신데 일단 병원에 확인해보는 게 좋겠습니다."

병원으로 가서 확인해보니 약의 하루 섭취량이 틀렸다는 사실을 발견했다. 하마터면 과다 투여로 부작용이 날 뻔했다.

참으로 고마운 약사였다. 이런저런 일로 약국에 가곤 하지만 처방전의 오류를 지적한 약사는 처음이었다. 사실 나는 약사가 그저 처방전을 보고 약을 찾아주는 일을 한다고 여겼다. 심지어 '단순한 일처럼 보이는데 왜 어렵게 약사 공부를 하지?'라고 생각한 적도 있었다. 부끄럽게도 내가 완전히 틀렸다. 약사는 약이 부여되는 과정에서 이를 확인하는 전문적인 2차 검증자인 것이다. 설사 의사가 실수하더라도 이를 검증하는 것이 약사의 미션 중 하나다.

이처럼 우리 사회의 각종 시스템은 확인하고 검증하는 구조로 돌아간다. 하물며 민감하고 시시각각으로 변하는 업무를 수행하면서 2차, 3차로 검증하는 것은 당연하다.

한국이 글로벌 기업에서 꼭 배웠으면 하는 체계가 3단계 방어선The three lines of defense 모델이다. 1차 방어선은 매일 업무를 처리하면서 점검하는 현업 부서다. 2차 방어선은 1차에서 이뤄진 업무를 독립적으로 검증한다. 최종 3차 방어선은 감사audit 역할이다.

▶ 3단계 방어선 모델

이를테면 IT를 구축해서 관리하고 소프트웨어를 개발하고 운영하는 IT 부서는 1차 방어선에 해당한다. 사이버 보안은 독립적으로 리스크를 통제하고 1차 방어선의 문제점을 교정하는 2차 방어선에 해당한다. 보안을 담당하는 부서가 IT 부서에서 독립돼야 하는 이유가 여기에 있다. 리스크 측면에서는 전혀 다른 방어선에 서 있지 않은가?

이 구분을 엄격하게 지키지 않으면 상충된 결과가 나타난다. 방어를 하면서 감사를 한다면 그 감사가 제대로 이루어지겠는가? 한참 영업 일선에서 고객 만나느라 바쁜 직원에게 알아서 하라고 맡겨놓는다면 무엇이 그에게 우선 순위겠는가? 3단계 분리가 엄격히 지켜질수록 통제력은 높아진다.

CISO와 CPO를 독립적으로 구성하도록 법 개정이 이루어졌다. 조직도를 그렇게 만들었다고 해서 독립되는 건 아니다. 법적으로 구색을 맞추는 것과 실제로 운영하는 것은 다르다.

이를테면 IT 부서의 최고 임원이 IT 부서에서 보안팀을 독립시키고 후배 임원을 CISO에 앉힌 후 몇 년만 고생하라고 부탁한다고 가정해보자. CISO에 임명된 임원이 언제 돌아갈지 모르는 IT 부서의 수장에게 "노(No)"라고 할 수 있을까? 평생 한솥밥 먹고 사회생활을 같이 한 사이에 철저한 통제가 이루어지겠는가?

말콤 글래드웰의 책 『아웃라이어』에서는 대한항공 801편이 괌에서 추락한 이유 중 하나가 부기장과 기장이 서로를 견제하지 못했기 때문이라고 설명한다. 한국적인 문화 즉 선후배 관계가 냉정한 판단을 못한 이유라는 것이다. 직책에는 권한과 책임이 따른다. 서로 다른 관점이 균형을 맞출 수 있어야 리스크를 줄일 수 있다. 사실 확인과 검증, 감사는 조직을 받쳐주는 신뢰의 골격이다. 아무리 평소 믿고 지내는 동료라 하더라도 예외는 없다.

아메바 경영으로 유명한 이나모리 가즈오는 존경받는 기업가다. 그는 교세라를 창업해 세계 100대 기업으로 키웠으며 KDDI를 일본 굴지의 통신회사로 발전시켰다. 80세에 가까운 고령에도 일본항공(JAL)을 맡아 과감한 체질 개선으로 극적인 V자 회복을 만들어내 1155일의 기적을 만들었다. 특히 그는 주옥 같은 메시지로 많은 경영인의 멘토가 되고 있다.

그는 저서 『이나모리 가즈오의 회계 경영』에서 이중 체크의 중요성을 다음과 같이 소개한다.

"사람의 마음은 매우 커다란 힘을 갖고 있으면서도 사소한 계기로도 잘못을 범하는 나약한 면모도 갖고 있다. 그러므로 사람의 마음을 바탕으로 경영할 생각이라면 사람의 마음이 가진 나약함으로부터 사원을 지키려는 의지가 필요하다."

이어서 이중 체크의 목적을 명확하게 제시한다.

"이중 체크란 회사 내의 각종 업무에서 사람과 조직의 건전성을 지키는 '보호 메커니즘'이다. 어떤 사정이 있더라도 결코 소홀히 해서는 안 된다."

이중 체크 시스템은 많은 기업에서 사용된다. 그러나 이를 조직 문화에 깊이 녹여 넣기는 쉽지 않다. '사람을 소중히 생각하는 직장'과 '사람의 마음을 바탕으로 경영한다'는 확고한 경영 철학에 바탕을 두고 있기에 이나모리 가즈오의 실행력은 돋보인다.

보안 제품을 보는 시각도 냉정해야 한다. 보통 보안 제품을 설치하면 문제가 해결된 것으로 단정하는 경향이 있다. USB를 통제하는 보안 제품을 설치했다고 USB를 우회하는 해킹이 일어나지 않을까? 침입 방지 시스템(IPS)을 설치했다면 침입을 다 막을 수 있을까?

몰래 침입한 강도가 제일 먼저 하는 일은 자동 경보 시스템을 끄거나 CCTV에 찍히지 않도록 조치하는 것이다. 사이버 공간을 침입하는 해커가 무엇부터 할 거라고 생각하는가? 당연히 보안 제품의 약점을 찾아서 무력화시키려고 할 것이다. 우리는 보안 제품을 통제 수단으로 설치하는 동시에 과연 이 제품이 제대로 동작할지 의심하는 자세를 가져야 한다

신뢰하되 검증하라(Trust, but verify).

러시아 속담이다. 그러나 사이버 보안은 '아무것도 신뢰하지 않는다zero trust'가 원칙이다. 사람이 제대로 했더라도 은밀한 악성코드에 의해 눈뜨고 당하는 세상인데 하물며 사람, 기계, 소프트웨어, 협력 업체 간에 이루어지는 복잡한 과정을 어떻게 신뢰하겠는가? 그래서 확인과 모니터링에 기반한 이중 삼중 방어 체계가 사이버 보안의 기본 골격이다. 따라서 사이버 보안의 목표는 한걸음 더 나아간다.

아무 것도 신뢰하지 말고 끊임없이 검증하라.

치명상을 피하라_Cyber Resilience

아널드 슈워제네거가 바이오 로봇 모델 T-800으로 나오는 영화 〈터미네이터〉는 기발한 스토리로 신선한 충격을 주었다. T-800만 해도 가공할 만한 파워로 인간이 맥을 못 쓰는데 〈터미네이터 2〉에는 더욱 강력한 모델인 T-1000이 등장한다.

T-1000은 액체 형태의 금속이라 자유자재로 변형할 수 있어 불사조처럼 살아난다. 이를테면 T-1000은 총에 맞았을 때 잠시 주춤하지만 총격이 지나간 자리가 다시 메꿔지면서 본래 모습으로 다시 쫓아온다. 화염 속에 녹아버리거나 얼어붙어서 산산이 깨어져도 조그마한 파편이 모여 원상 회복한다. 그래서 인간은 T-1000이 회복하는 시간인 몇 초 이내에 최대한 빨리 도망쳐야 한다. 뛰어난 그래픽 기술로 T-1000에게 쫓기는 장면을 실감나게 연출한 〈터미네이터 2〉는 터미네이터 시리즈 중에서 최고의 히트작이 됐다.

싱가포르에서 IT 인프라의 재해복구와 비즈니스 연속성(BCP) 분야의 글로벌 전문가로 활동 중인 박철한 파트너를 만난 적이 있다. 그가 〈터미네이터 2〉 영화를 본 적 있느냐고 대뜸 물었다. 당연히 재미있게 봤다고 얘기하자 그의 설명이 이어졌다.

"〈터미네이터 2〉에 등장하는 T-1000이 사이버 복원력cyber resilience 개념을 설명하는 모델입니다."

T-1000은 불에 녹아도 총을 맞아도 심한 공격을 받아 충격으로 부서져도 다시 조합되어 원래 형태로 돌아간다. 마치 화재가 나거나 전기가 나가거나 사이버 공격을 받아 정보 시스템이 주춤해도 본래 상태로 복구하는 것과 같다.

▶ 영화 〈터미네이터 2〉에 등장하는 T-1000

데이터센터에 화재가 나거나 전기가 나가면 잠시 시스템이 끊어질 수 있다. 그러나 바로 이중 전원 장치나 백업 시스템으로 원상 복귀된다. 해킹에 의해 악성코드가 감염되고 침입한 흔적이 발견될 수 있다. 그래도 중요 시스템이나 핵심 데이터에 피해가 번지지 않도록 방어 태세를 갖추면서 바로 백업이나 복구 대책에 들어간다. 궁극적으로 원상태로 신속하고 정확하게 복원되는 모습이 각종 충격에서 회복되는 T-1000과 닮았다는 얘기다. 너무나도 정확한 비유에 감탄했던 기억이 난다.

사이버 공격이나 물리적 재해에 관계없이 비즈니스 본연의 업무가 원위치로 회복하는 기능을 사이버 복원력 즉 레질리언스라고 한다. 레질리언스는 리스크가 제로가 될 수 없다는 가정에서 시작한다. 어차피 사고가 날 수밖에 없다면 피해를 최소화하고 본래 상태로 신속하게 복원하는 것이 현실적인 목표다.

"이 세상에는 두 가지 기업만 있습니다. 해킹을 당한 기업과 해킹당한 사실을 모르는 기업입니다."[75]

2012년 RSA 콘퍼런스 연설에서 FBI의 로버트 뮬러 국장의 간결한 메시지는 충격적이었다. 훗날 시스코 CEO인 존 체임버스를 비롯해 많은 리더가 비슷한 말을 했다. 요컨대 해킹의 현실이 어느 기업이나 기관에게 동떨어진 이야기가 아닌 엄중한 현실이라는 것이다. FBI 국장이 공개 석상에서 실없는 농담을 하겠는가?

빌 게이츠의 상담 고문인 에릭 콜은 한발 더 나아가 자극적인 비유를 했다.

"당신이 총을 맞아야 한다면 다리에 맞겠습니까 아니면 가슴에 맞겠습니까? 물론 총을 안 맞고 싶겠지만 그것은 옵션에 없습니다."[76]

당연히 다리에 부상을 입을지언정 목숨을 내놓을 수는 없다. 마찬가지로 해커가 인프라에 일부 침입하더라도 핵심 정보를 지킬 수 있다면 그나마 다행이다.

코로나19 바이러스는 치명적이다. 그러나 코로나19 바이러스 자체가 생명을 앗아가는 것은 아니다. 바이러스에 감염되면 기저질환이 악화되거나 합병증이 생기거나 폐렴에 걸려서 사망에 이르게 된다. 인플루엔자가 사람을 죽게 만드는 원인도 같다. 건강한 사람은 자신이 바이러스에 걸린 지도 모르고 지나간다.

사이버 보안도 다르지 않다. 가장 중요한 점은 치명상을 막는 것이다. 무엇이 치명상인가? 고객정보가 유출되고 서비스가 장애를 일으켜 비즈니스가 중단되고 기업의 극비 사항이 외부로 유출되는 것 아닌가? 이외에도 각 업의 특성에 따라 치명상을 피해야 할 핵심 자산은 다르다.

군부대라면 원할 때 무기가 작동될 수 있어야 한다. 병원에서는 수술 중에도 환자의 정확한 의료 데이터에 접근할 수 있어야 한다. 금융기관은 고객 계좌가 사기를 당하지 않도록 거래를 보호해야 한다. 학교라면 학생의 성적과 관련 서류가 위조되거나 유출되지 않도록 철저히 관리해야 한다. 이처럼 업종에 따라 우선순위는 다르다.

인간의 몸은 치명적인 손상을 입지 않도록 작동하고 있다. 예를 들어 바이러스가 침입하면 면역 시스템이 동작해서 열이 나게 하고, 피가 나면 응고되어 출혈을 막는다.

몸의 면역 시스템이 동작하는 것처럼 사이버 보안은 새로운 이벤트를 탐지하면 그에 맞는 방어 태세로 전환하고 자정 기능을 작동시켜 피해를 최소화해야 한다. 핵심 자산인 크라운 주얼에 대한 철통 방비 태세와 인프라를 복원할 수 있는 기능을 구축해야 한다.

당연히 철통 방어를 원하겠지만 현실은 점점 반대로 간다. 사업을 벌이는 부서나 최고경영자는 거래와 네트워킹이 활발해야 기업 가치를 높일 수 있다. 디지털 전환으로 더욱 역동적인 협력을 추구한다. 개방과 네트워킹이 활발해질수록, 디지털 의존도가 높아질수록, 공격 대상이 점점 늘어나면서 철통 방어가 어려워진다. 당연히 리스크를 관리하면서 레질리언스에 초점을 맞추게 된다.

레질리언스는 그 기업에 국한되는 게 아니다. 기업이 참여하는 전체적인 비즈니스 생태계 측면에서 고려해야 한다. 카카오 서비스가 멈추면 카카오톡만 안 되는 게 아니다. 그 위에서 전개되는 금융, 배달, 상거래가 모두 정지된다. 디지털 네트워크로 연결되는 생태계는 장점만 있지 않다. 서로 연결되는 사회일수록 가용성이 위협을 받으면 충격이 크다. 더욱 입체적인 관점에서 사이버 레질리언스를 추구할 수 있어야 한다.

6장

한국이 부족한 것은

/

사고당한 경험도 실력이다_Root Cause Analysis

어느 기업에서 해킹을 당해 포렌식 전문가를 출동시킨 적이 있다. 악성코드가 작동되면서 권한을 상승해 데이터베이스로 향하는 경로는 어느 정도 파악이 됐다. 문제는 어떻게 악성코드가 잠입했는지 알 길이 없었다. 피싱 메일이 흔한 방법인데 증거를 찾을 수가 없었다. 마침 그 기업의 고객 게시판이 눈에 들어왔다. 사고 당시에 내부망과 연결됐던 정황이 발견됐다. 그래서 게시판 관련 로그를 조사하게 해달라고 요청했지만 거절당했다. 게시판 시스템은 다른 계열사 소유라 접근할 수 없다는 것이 이유였다.

그러나 진짜 이유는 다른 데 있었다. 얼른 조사를 끝내고 싶은 마음이 컸던 것이다. 다행히 데이터가 유출되지 않았고 책임질 부서와 담당자가 정해졌으니 이 정도에서 마무리하기로 했다고 한다. 원인을 밝혀야 한다고 거듭 요청했지만 완강했다. 고객의 결정이니 어쩔 도리가 없었다. 결국 보안 사고의 근본 원인을 밝히지 못한 가운데 어정쩡하게 조사가 끝났다.

보안 사고 현장에 가보면 이런 상황이 종종 벌어진다. 아니 오히려 큰 사고일수록 끝까지 문제의 근본 원인을 밝힌 일이 별로 없던 것 같다. 경찰에서 더 이상 문제 삼지 않는다면 내부적으로 책임자를 적당히 문책하고 끝내려고 한다. 남은 일은 홍보 부서에서 언론에 노출되지 않도록 잘 관리하고 민사 소송이 들어올 경우 로펌이 대응하게 하는 수순이다.

복잡다단한 기술과 시스템으로 돌아가는 현대 사회에서 재난 사고는 종종 벌어진다. 문제는 사고 후 대책이다. 일찍부터 사고 위원회가 발전한 영미권과 달리 한국에서는 사고 조사 위원회 대신 검찰 수사가 그 공백을 메워왔다. 해외에서는 재난 조사를 기술적 조사와 사법적 조사로 분리하는 원칙을 채택하고 있지만 한국의 재난 조사는 사법적 조사가 기술적 조사를 포괄하는 방식으로 자리 잡았다고 한다.[77] 사법적 처벌에만 초점이 맞춰지면 구조적인 원인을 밝혀서 재발 방지 대책을 마련하는 데 미흡할 수밖에 없다.

글로벌 보안 기업들은 자신들이 분석한 내용을 활발하게 공유하고 공개하는 모습을 볼 수 있다. 그중에서 앞서 말했듯이 맨디언트는 중국, 북한, 러시아와 같은 공격 행위자를 용감하게 지명하는 기업으로 유명하다. 사실 미국 정부에서는 은근히 민간기업이 나서주기를 기대한다. 왜냐하면 중국이나 러시아의 소행이라고 정부가 공식 입장을 밝히면 외교 문제로 비화할 수 있기 때문이다. 어쨌든 보안 사고를 숨기려 드는 한국의 문화와는 다르다.

맨디언트의 창업자 캐빈 맨디아를 만났을 때 궁금해서 직접 물어본 적이 있다.

"어떻게 포렌식 분석 자료를 활용할 수 있습니까?"

"우리는 사고 분석을 해서 근본 원인을 밝히는 대신에 기업이나 각종 기관이 그 데이터를 비즈니스에 활용할 수 있다는 동의를 해줍니다."

이러한 합의 덕택에 사고 경험이 무형 자산으로 쌓인 것이다. 구글이 맨디언트 인수에 약 7조원을 투자했는데 이 금액은 누적된 사고 경험의 데이터 값이었다.

그런 점에서 북한발 사이버 공격을 가장 많이 받는 한국에서 북한발 공격 침해지표Indicator of Compromise(IoC)를 잘 활용하지 않는 현실이 안타깝다. 이 책에서 해외 사례가 많고 한국 사례가 부족한 데는 이런 연유도 있다. 랜섬웨어 워너크라이, 소니 픽처스 해킹 등 각종 사고 사례를 분석한 수많은 논문과 보고서를 볼 수 있다. 그런 경험이 방어 실력을 높여준다.

우리는 경험 데이터를 잘 활용한 예를 알고 있다. 병원이다. 우리나라의 유방암 재발률은 현저히 낮다고 한다. 그 이유가 많은 임상실험 결과, 수술할 때 마진margin을 더 두는 게 안전하다는 판단에 기인한다. 수많은 경험치를 잘 활용했기에 의료 수준을 높일 수 있었다.

때로는 침해당한 기업이 보안 로그를 삭제하기도 한다. 증거 인멸이다. 포렌식 결과 자신들의 치부가 모두 드러나는 게 두렵기 때문이다. 사고를 당한 기업의 심정은 이해하지만 근본 원인을 밝히지 못하면 제2, 제3의 피해가 발생할 수 있다. 포렌식 목표는 타임라인별로 발생한 모든 이벤트를 정리하는 것인데 로그가 없으면 중간중간 빈 영역이 생긴다. 그런 부분은 정황 판단이라는 애매하고 비과학적인 수단을 사용해 메워야 한다.

무엇보다 사이버 위협 리스크를 인정하지 않는 사회적 분위기 탓이 크다. 리스크를 어느 정도까지 감내할 수 있느냐를 리스크 성향risk appetite이라고 한다. 만일 기업 경영진에게 사이버 위협 리스크를 어느 정도 수용해야 한다고 보고하면 무슨 말을 들을까? 아마도 "도대체 어떻게 관리했길래 그걸 이제서야 보고하나?"라며 면박부터 하지 않을까?

언젠가 이런 가이드라인을 제시하는 고객과 정책기관 고위 인사를 만난 적이 있다.

"개인정보 유출은 한 건도 나오면 안 됩니다."

"악성코드가 하나라도 발견되면 안 됩니다."

이토록 폐쇄적인 의견을 내놓는 사람들이 리더라니 답답한 심경이다. 이들의 조직에서 사고가 나면 어떻게 하겠는가? 일단 숨기려고 들 것이다. 문제 해결은 현실을 정확히 판단하는 것에서 출발하는데 근본 원인을 알아내려고 하지 않고 현실을 감추기에 급급하면 제대로 대책을 세울 수가 없다. 겉으로는 완벽한 보안을 구축한 척하지만 속으로 곪고 있는 것이다.

앞서 아폴로 1호의 사고 후 대응도 크게 다르지 않았다. NASA와 NAA는 서로 책임을 전가했고 급기야 감정 싸움으로 번졌다. 그러나 프랭크 보먼은 달랐다. 잘못을 인정해야 그다음 길이 보인다.

취약점은 제로가 될 수 없고 취약점을 100% 조치하는 일도 불가능하다. 요컨대 취약점을 파악하고 영향도와 심각성을 판단해 이를 완화하기 위한 방안mitigating control을 세우는 것이 사이버 리스크 관리의 기본 절차다.

리스크는 현실이다. 비현실적인 인식으로 현실을 바라봐선 안 된다. 경직된 문화는 상상력의 싹을 자르고 사고를 은폐하거나 리스크를 숨기려는 조직은 망가지기 마련이다. 문제의 원인을 철저하게 파악하고 절차가 투명하며 리스크에 대한 상상력을 발휘하는 조직이 건강함을 유지할 수 있다.

소프트웨어 인력과 생태계_Software Ecosystem

소프트웨어 취약점은 사이버 공격의 시발점이다. 만일 소프트웨어가 완벽하다면 아무리 뛰어난 해커라도 어쩔 도리가 없다. 그러나 이 세상에 그런 소프트웨어는 없다. 마이크로소프트나 구글 같은 세계적인 소프트웨어 기업도 예외가 없다. 이에 소프트웨어 취약점을 신속하게 발견하고 조치하는 것은 사이버 보안의 필수적인 기본 업무 즉 BAUBusiness as Usual이다.

그렇게 취약점이 중요하다면 애당초 소프트웨어를 잘 만들면 되지 않겠는가? 당연하다. 소프트웨어를 만들어놓고 취약점을 찾는 것보다 취약점이 적은 소프트웨어를 만드는 게 우선이다. 그러면 어떻게 해야 소프트웨어를 잘 만들 수 있을까?

무엇보다 소프트웨어 인력이 우수해야 한다. 소프트웨어는 전문 기관이 평가하고 등급을 매길 수 있는 대상이 아니다. 소프트웨어는 다른 소프트웨어 개발자나 사용자 또는 고객에 의해 평가받고 생존하고 성장한다. 또한 소프트웨어 코딩은 선배나 후배 혹은 친구와 프로젝트를 같이 하면서 배울 때 부쩍 실력이 는다. 우수한 소프트웨어 엔지니어는 이런 환경에서 양성된다.

우리나라는 소프트웨어 인력의 절대적인 숫자가 모자란다. 출생률 저하로 인구가 줄고 있고 그중에서 IT 인력이 태부족이며 기술 전공 이민자도 극히 드물다. 반도체 인력 부족을 우려하지만 사실 IT 인력 전체의 문제다. 설상가상으로 대기업이나 테크 기업이 소프트웨어 개발자를 대량 스카우트하면서 인력 쏠림 현상마저 심해졌다. 중소기업 심지어 중견기업은 인력난에 몸살을 앓고 있다. 이러한 불균형은 보안 측면에서 매우 우려되는 상황이다. 하나의 약한 고리가 전체를 위협할 수 있기 때문이다. 그 이유를 알려면 소프트웨어 생태계를 이해해야 한다.

어떤 상품이나 서비스는 여러 경로를 거쳐 마련된 소프트웨어 조합으로 탄생한다. 내부 인력이 직접 코딩하거나, 오픈소스를 활용하거나, 패키지로 사오거나, 파견 인력을 동원해 용역 개발하거나, 인터페이스(API)를 통해 다른 소프트웨어 서비스와 제휴한다. 이제는 ChatGPT가 만들어준 코드도 추가될 것이다. 이렇게 소프트웨어 공급망이 형성된다.

소프트웨어 강점은 이런 여러 요소를 유기적으로 묶어내는 유연성에 있다. 문제는 각 소프트웨어 품질이 고르게 받쳐주어야 한다는 것이다. 만일 99%를 잘 만들어도 어느 작은 부분에서 심각한 취약점이 생기면 전체가 위태로워진다.

소프트웨어 인력의 저변이 약하면 고급 인력이 적을 것이고 소프트웨어 완성도가 떨어질 수밖에 없다. 보안 수준은 소프트웨어 생태계의 건강 여부에 달려 있다. 사실 소프트웨어 인력과 보안 인력은 DNA가 다르지 않다. 소프트웨어를 모르고 사이버 보안을 한다는 것은 말이 되지 않는다.

최근 학생들이 반도체와 컴퓨터 전공 대신에 의사와 변호사를 선호한다고 한다. 남의 간섭을 받지 않고 사회적으로 인정받으며 은퇴가 없는 라이선스 직종이기 때문이라고 한다. 사실 의사와 변호사는 다른 나라에서도 인기가 있다.

문제의 핵심은 왜 미국이나 중국, 이스라엘과 달리 한국에서는 엔지니어의 길을 원하지 않는가이다. 정부에서 인력을 양성하겠다고 아무리 외쳐도 젊은이들의 반응은 시큰둥하다. 그들은 고된 업무에 시달리며 이른 나이에 회사를 떠나간 선배들의 삶을 익히 보았다. 그렇다고 돈을 많이 벌거나 사회적 리더에 오른 롤 모델이 흔치 않다.

친구처럼 지내던 이스라엘 외교관이 있다. 그의 아내는 소프트웨어 개발자였는데 그가 한 말이 충격적이었다.

“한국에서는 소프트웨어 개발자 인건비가 왜 이렇게 낮습니까? 내 아내는 이스라엘이나 미국에서 소프트웨어 개발자로 일해왔는데 한국 기업의 보상이 너무 적어서 그 대우를 받을 거면 하지 말라고 했습니다. 그렇게 낮은 대우를 받으며 누가 소프트웨어 개발을 합니까?”

한마디로 적은 보상 탓에 좋은 인력이 한국에서 일하기 힘들 거라는 지적이다. 게다가 지금은 능력만 있으면 얼마든지 해외 진출이 가능한 세상이다. 실제로 뛰어난 인력이 한국을 떠나는 모습을 여러 번 지켜보았다. 해외에서 산다는 게 쉽지 않은데 더 높은 보상과 커리어를 위한 결정을 내린 것이다.

우리는 젊을 때 돈을 많이 벌어 빨리 은퇴하고 싶은 기업 환경을 만들어야 한다. 그러려면 소프트웨어 인력에 대한 인센티브가 차별적으로 주어지고 스타트업으로 성공한 사람이 많아지고 기술 리더가 사회를 이끄는 모습을 볼 수 있어야 한다. 롤 모델이 있어야 젊은이들이 도전하는 선순환의 길로 들어설 것이다. 그러나 우리는 그런 리더를 인정할 준비가 되어 있는가?

인력과 더불어 중요한 요소는 소프트웨어 품질 관리 체계다. 웅장하고 아름다운 디자인의 건축물이 가능한 이유는 과학적인 설계와 공법 덕분이다. 마찬가지로 소프트웨어가 안전하게 돌아가려면 철저한 품질 테스트와 보안성 검증 체계를 갖추어야 한다.

소프트웨어 개발은 코드 설계부터 완성, 유지보수까지 체계적인 라이프사이클, 즉 SDLCSoftware Development Lifecycle로 구성돼야 한다. 과연 우리의 소프트웨어 개발 현장은 이런 체계로 충분한 인원과 시간을 갖추고 있는가? 아직도 무리한 개발 일정과 고객의 요구를 수용하며 데드라인에 쫓겨 허겁지겁 개발하고 있지는 않는가?

우리나라 건설 업체들은 중동을 비롯한 해외 공사를 맡으면서 글로벌 표준을 내재화할 수 있었다. 그러나 소프트웨어 기업들은 대부분 국내 사업에 의존하는 실정이다. 프로젝트에서 소프트웨어 개발은 최종 단계에 집중되어 있다. 아키텍트의 가치를 인정하지 않는 풍토와 빠듯한 스케줄 속에서 보안성을 검증하는 것은 사치일지 모른다. 이러한 후진적이고 열악한 환경이 소프트웨어 품질을 떨어뜨리고 보안 취약점을 생성한다.

우리나라에는 유난히 애플리케이션이 다양하고 숫자도 많다. 고객의 맞춤형customization 요구를 일일이 반영하기 위함이다. 본래 설계 단계에 고려하지 않았던 기능을 추가해달라고 요구하기도 한다. 이렇게 땜질식으로 소프트웨어를 개발할수록 부실해질 가능성은 높아지는데 아랑곳하지 않는다. 소프트웨어 개발을 단순한 프로그래밍이라고 간주하기 때문이다. 외국 기업에는 말도 꺼낼 수 없는 요구를 국내 소프트웨어 기업에게 요구한다. 인내와 자제 없이 소프트웨어를 만들어내면 보안 취약점만 커질 뿐이다.

디지털 전환이 화두다. 디지털 전환이 무엇인가? 한마디로 소프트웨어와 데이터 중심으로 돌아가는 기업을 만들겠다는 것, 즉 소프트웨어 회사가 되겠다는 의미다. 디지털 전환을 위해서는 우수한 소프트웨어 인력과 거버넌스 체계를 갖추는 게 기본이다.

정부와 민간의 협력_Secrecy vs. Sharing

2013년 6월 영국 일간지 가디언이 폭탄 뉴스를 게재했다. 기사 주요 내용은 '미국 국가안보국(NSA) 프리즘 프로그램, 애플과 구글 등 사용자 데이터 들여다봐'였다.[78] 제보자는 NSA 하청 업체인 부즈 알렌 해밀턴에서 NSA의 네트워크 보안을 담당하던 에드워드 스노든이었다. 근무지였던 하와이를 떠나 홍콩에 거주하던 스노든은 결국 고국을 등지고 러시아로 망명한다.

스노든의 폭로 이후에 제보가 이어졌고 관련 내용이 연일 언론의 헤드라인을 장식했다. '정부의 감시 vs. 프라이버시' 논쟁은 몇 달간 뜨거웠다. 스노든은 애국자인가 아니면 변절자인가? 결국 버락 오바마 대통령이 NSA 개혁에 대한 입장을 밝히는 수준으로 일단락됐지만[79] 소문으로만 떠돌던 NSA의 실체가 전 세계에 알려진 계기가 됐다.

보안은 첩보나 국방과 같은 특수 영역의 전유물이었다. 군대에서 '통신보안'은 절대 양보할 수 없는 성역이다. 첩보원 곧 스파이는 존재 자체가 국가 기밀이다. 미국 영화에도 종종 등장하는 NSA는 철저히 베일에 쌓여 있다. 국가 안보상 중요한 업무를 수행하기 때문에 파워가 막강한 반면 극비 조직이라서 우스갯소리로 NSA를 'No Such Agency'라고 부르기도 한다.

제2차 세계대전에서 독일과 일본의 암호 해독을 담당했던 조직은 전쟁을 승리로 이끄는 데 크게 기여했다. 그러나 평화는 바로 오지 않았다. 미국과 소련은 대립하며 냉전 체제를 형성했고 중국은 죽의 장막을 치며 고립 정책을 펼쳤다. 첩보 활동은 적이나 테러리스트로부터 국가 안보와 시민 안전을 지키는 데 필수적이다. 이에 해리 트루먼 미국 대통령은 1953년 NSA를 만들었다. NSA는 러시아를 중심으로 한 소비에트연방(소련, 현 러시아)의 첩보를 알아내는 전문 기관으로서 소련과 통신 신호 감청 전문가로 구성된 엘리트 집단이었다.

그런데 세계 정세가 급격히 바뀌었다. 1980년대 말 소비에트연방이 붕괴된 것이다. 1990년대에 정보통신과 컴퓨터가 대중화됐고 2000년대 인터넷과 모바일 시대가 열리면서 전 세계 통신 인프라가 거의 통일됐다. 이제 첩보 수집에 필요한 감청 대상은 특정 채널이나 공중에 떠다니는 전파가 아니라 유무선 네트워크로 오가는 데이터다. 음성과 영상도 데이터의 한 형태다. 디지털로 처리되는 인터넷전화, 넷플릭스, 유튜브는 아날로그 방식의 전화, TV, 라디오의 자리를 차지했다. 또한 소련만 첩보 대상이 아니다. 이런 시대 변화에 따라 NSA 구성원은 소련과 암호 전문가에서 컴퓨터 해커로 변신했다.

문제는 패킷 속에 테러리스트나 적국에 관한 첩보뿐 아니라 민간인 정보가 섞여 있다는 점이다. 이로 인해 국가 안보와 프라이버시의 경계가 모호해지는 상황이 발생했고 스노든의 폭로는 여기에 불을 질렀다.

국가에 필요한 첩보 활동이 인권을 침해하지 않는다고 누가 장담하겠는가? 이것은 국민 안전과 인권 중에 어느 한 쪽을 선택할 문제가 아니다. 투명한 법적 절차와 세밀한 운영 방침으로 법치주의 원칙을 실행해야 한다. 만일 그런 원칙과 사회적 합의가 만들어지지 않아 소모적인 논쟁과 혼란이 계속된다면 국가 안보와 국민 안전이 모두 위협을 받게 된다.

폐쇄성은 첩보만의 특성이 아니다. 보안의 특수성이 요구되는 분야가 있다. 이를테면 군부대와 무기 시스템, 공장의 첨단 설비, 통신과 전력 기반 시설은 폐쇄적으로 운영된다. 높은 철책과 삼엄한 경계가 있어 일반인은 들어가지 못한다. 그런데 그곳에서 사용하는 디지털 통신 인프라와 시스템은 정부기관이 100% 통제할 수 있는 게 아니다. 민간기업의 협조 없이 불가능하다.

그런 곳에서는 자신들의 네트워크가 완전히 분리돼 있고 장비도 다르다고 주장한다. 과연 그럴까? 그곳 사무실에서 사용하는 PC와 서버는 누가 제공하고 유지 보수하는가? 민간기업 아닌가? 컴퓨터와 서버 대다수는 한국에서 제조하지도 않는다. 아마도 설치되는 제품에 대한 보안성 검증도 쉽지 않을 것이다. 그것이 현실이다.

게다가 무기를 통제하거나 전력 설비를 조종하는 장비도 근간은 컴퓨터다. 범용 목적이 아니고 특정 목적에 맞춰져 있을 뿐 컴퓨터 구조는 모두 같다. 해커가 각각의 특성을 파악하는 시간과 노력이 차이 날 뿐이다.

이란의 핵무기 개발 시설은 물리적으로 디지털 네트워크가 완전히 격리돼 있다. 그럼에도 사이버 공격으로 핵무기 개발을 저지하는 데는 PC의 윈도우 취약점 4개와 핵무기 설비를 조종하는 지멘스 장비의 취약점 3개면 충분했다.

이런 상황에서 사이버 보안은 민관군 협력이 없으면 불가능하다. 해커는 비슷한 수법으로 공공, 금융, 국방, 민간, 의료 등 여러 영역을 넘나들며 공격하고 있는데 방어하는 측에서 부처별로, 기업별로 각자 대응하기에 급급하면서 서로 정보를 공유하지 않는다면 승부는 보나마나 뻔하다. 독자적으로 모든 것을 구축하고 싶어도 쉽지 않다. 예산은 차치하더라도 좋은 인력을 구하기 어렵기 때문이다. 전 세계적으로 사이버 보안은 인력 공급과 수요 격차가 가장 심한 분야이고 고도의 전문성이 요구된다. 따라서 민간 전문가에게 기댈 수밖에 없다.

미국은 1990년대부터 국가 안보 관련 사항에 보안 기업 CEO나 개인 전문가를 참여시키고 있다. 이들은 사이버 무기 제작에도 참여한다. 물론 철저한 신원보증과 비밀취급인가security clearance 절차를 거친다. 자문위원으로 가끔 회의에 참석하는 우리와는 차원이 다르다. 미국이라고 왜 기관별로 영역 다툼이 없고 남들과 공유하기를 꺼리지 않겠는가? 그만큼 관료적이고 경직된 조직으로는 입체적인 사이버 공격에 대응하기 어렵다고 결론이 났기 때문이다.

이에 국가 차원에서 민관군이 비밀을 공유하는 협력과 공유 플랫폼을 구축해왔고 이제 그런 플랫폼을 바탕으로 동맹국가와 다각적으로 연대solidarity를 확장하고 있다. 미국 NSA나 CISA에는 탄탄한 기술적 배경과 보안 전문성을 갖춘 리더가 포진해 있다.

미국이나 영국, EU에서 사이버 보안을 담당하는 정부기관 사람을 만나보면 한 목소리로 '공공과 민간의 파트너십'이 사이버 안보의 토대라고 주장한다. 과연 한국은 상대방 국가의 공공, 첩보, 금융, 외교, 민간의 사이버 공유 플랫폼에 대응할 시스템과 인력, 리더를 갖추고 있는가?

정부, 금융, 민간기업의 사이버 관련 이슈는 별개가 아니다. 같은 컴퓨터를 쓰고 취약점이 동일하고 공격 형태가 비슷하다. 따라서 공공이나 민간을 막론하고 국가를 지키고 기업을 보호하고 시민 안전을 위해서는 협력해야 한다. 그 과정은 투명하고 상호간의 신뢰를 바탕으로 하고 문제 해결은 프로페셔널해야 한다.

정치인의 큰 목소리_Priority

일본 나카소네 총리는 1980년대에 미국의 레이건 대통령과 미일 동반 시대를 열었던 인물이다. 2002년 그가 설립한 세계평화연구소Institute for International Policy Studies(IIPS)*에서 주최한 사이버 보안 국제 포럼에 초청받은 적이 있다.

저녁 리셉션에는 나카소네 전 총리가 직접 나와서 일일이 인사를 했는데 언론에서만 보던 원로 정치인의 겸손함이 인상적이었다.

"한국이 정보통신 분야에서 앞서 있다고 들었는데 많이 가르쳐주기 바랍니다."

당시 한국은 초고속 인터넷 환경을 빠르게 도입하면서 IT 산업과 벤처 창업이 활기를 띄우고 있었다. 한국이 속도감 있게 발전해가면서 일본이 뒤쳐지는 상황을 의식했던 것 같다.

이틀간 진행된 포럼에서는 미국·유럽·일본의 보안 정책 전문가, 학자들과 일본의 정치인이 함께 활발하게 토론했다. 그런데 첫날 오후 해프닝이 있었다.

* 2018년 나카소네평화연구소(NPI)로 개명

마이크를 잡은 일본 의원이 심각한 표정을 지으며 목소리를 높인 것이다.

“얼마 전에 정부 홈페이지가 해킹당해 장관의 얼굴이 바뀐 적이 있습니다. 이렇게 정부를 능욕하는 행위는 절대로 있을 수 없는 일입니다. 국가적으로 대응해야 합니다.”

그는 상당히 화가 나 있었다. 그가 열변을 토하고 나자 순간적으로 토론장 분위기가 썰렁해졌다. 정적을 깬 것은 유럽에서 온 한 여성 보안 전문가였다.

“젊은 해커들이 장난 삼아 홈페이지를 바꾸는 것은 어제오늘의 일이 아닙니다. 정부나 기업의 위신을 떨어뜨리지요. 하지만 치명적인 것은 아닙니다. 우리가 더 걱정해야 할 위협은 많습니다. 예를 들어 기밀정보 유출이나 서비스 장애로 인한 혼란입니다. 우리는 무엇이 조직의 중대한 위협인지 우선순위를 정해서 바라보아야 합니다.”

정치인의 눈에는 정부 홈페이지의 사진이 바뀐 것이 가장 중대한 보안 문제로 보였을 것이다. 눈에 보이니까 그럴 수 있다. 그러나 실상은 보이지 않는 곳에서 일어나는 사고가 더 치명적이다.

2009년 한국 국회에서도 비슷한 광경을 목도할 기회가 있었다. 나는 국정감사장에 출석하라는 통보를 받았다. 7·7 디도스 공격에 대처했던 상황을 질문하겠다는 것이다.

회의는 오후 2시에 시작했고 6시가 다가오자 의원들의 질문이 끝나가고 있었다. ‘이제 집에 갈 수 있겠구나’라고 생각하며 앉아 있었는데 그것이 끝이 아니었다. 저녁 식사 후에 추가 질의가 있다는 것 아닌가? 설상가상으로 의원당 질문 시간이 늘어난다고 했다. 결국 밤 12시가 되어야 끝난다는 얘기다. 국회의원들은 들락날락했지만 참고인들은 하루 종일 국정감사장의 좁은 의자에 앉아 있어야 한다. 질문도 하지 않으면서 바쁜 기업인을 왜 불렀는지 모르겠다고 서로 투덜대며 앉아 있었다.

그런데 저녁 식사 후 어느 국회의원이 갑자기 주변을 정리하더니 와이파이 해킹을 시연했다. 그러더니 안랩의 CEO는 발언대로 나오라며 목소리를 높였다.

"이렇게 공공장소에 있는 와이파이가 뚫리는데 국가적으로 심각한 문제 아닙니까? 어떻게 해야 합니까?"

참으로 생뚱맞았다. 내가 국정감사에 불려온 목적과 전혀 관련 없는 내용인 것은 차치하더라도 왜 이 주제가 갑작스레 등장했는지 알 수 없었다. 그 국회의원은 IT나 보안을 잘 알거나 관심을 가진 분도 아니었다. 아마도 언론의 관심을 끌기 위해 시연을 준비한 것 같다.

어떻게 답변했는지 잘 기억나지 않지만 어차피 그 질의 응답은 한 정치인의 일회성 쇼에 불과했다. 물론 와이파이 접속Access Point(AP)을 잘 관리하는 것은 중요하지만 국정감사에서 시급하게 다룰 보안 문제인가?

사이버 보안은 일회성으로 터뜨리기에 매력이 있다. 일본 정치인처럼 문제의 방향을 잘못 짚을 수도 있다. 안타까운 것은 사회적으로 영향력이 있는 분들의 무책임한 발언은 문제의 본질을 왜곡시킨다는 점이다.

어느 기관 보안 책임자의 하소연을 들은 적이 있다. 보안 감사를 받았는데 이런 저런 계정을 내놓으라고 하더니 특정 문제점을 침소봉대한 감사보고서를 내더라는 것이다. 그 계정은 탈취하거나 생성하기 어렵도록 철저한 관리 체계가 마련되어 있는데 그런 건 전혀 언급하지도 않고 감사 실적만 챙기더라며 볼멘 소리를 했다.

'털어서 먼지 안 나는 사람 없다'는 말이 있다. 정직하게 살아온 사람은 털어서 먼지가 안 나올 수 있다. 그러나 사이버 보안은 털어서 문제가 안 나올 수 없다.

눈에 보이는 물리적 공간의 통제는 가능하다. 이를테면 군부대를 드나들려면 위병소를 거쳐야 하고 헌병이 방문객을 일일이 체크한다. 각종 센서와 경비병이 있어 물샐틈없는 방어가 가능하고 발각될 경우 엄중한 처벌이 내려진다. 누가 감히 군부대에 몰래 침입하겠는가?

반면 사이버 공간은 눈에 보이지 않는다. 심지어 내 앞에 있는 컴퓨터 안에서 벌어지는 상황도 잘 모른다. 한편 디지털 기기, 시스템, 애플리케이션, 데이터는 급증하고 취약점은 끊임없이 발견되며 환경은 시시각각 바뀐다.

"물샐틈없이 보안 조치를 해놓고 있습니다."라는 보안 담당자의 보고를 듣고 싶을 것이다. 물리적 공간에서는 가능할지 모르지만 사이버 공간에서 그렇게 말한다면 실상을 모르거나 거짓말을 하고 있는 것이다. 거듭 말하지만 사이버 보안의 리스크는 제로가 될 수 없다. 최고책임자부터 모든 직원까지 함께 노력해도 벅찬 것이 현실이다.

나는 규제 산업인 은행에 와서 감사나 2차, 3차 검증이 얼마나 중요한지 실감했다. IT 분야에서는 거의 경험하지 못했다. 독립적인 조직에서 다른 시각으로 문제점을 찾아내는 것은 보안 상태security posture의 건강성을 위해 중요하다.

그러나 문제점observation을 찾아냈다고 큰 소리만 치는 것은 도움이 안 된다. 사이버 보안은 여러 가지 위협의 가능성을 우선순위에 기반해 접근해야 한다. 감사나 검증도 동일한 시각을 가져야 한다. 문제의 객관적인 리스크를 평가하고 근본 원인root cause을 차분히 규명해서 실질적인 개선에 초점을 맞추어야 한다.

보안 운영을 담당하든, 감사를 수행하든, 국민의 대표가 지적하든, 사이버 보안 수준을 높인다는 목표는 같은 배를 탔다는 공동체 의식이 대전제가 되어야 한다. 목소리 크다고 해서 우선순위가 뒤바뀌거나 왜곡되면 더 큰 재앙이 닥칠 수 있다.

현장에 답이 있다_Security Practice

19세기 중반 새뮤얼 모스가 발명한 전신telegraph은 산업적으로나 국가 인프라 측면에서 획기적인 모멘텀이었다. 그 이전에는 사람이 움직이는 속도에 따라 정보 전달이 결정됐다. 걸어서 가든 말을 타고 가든 기차를 타든 사람에서 사람으로 전해지는 구조였다.

전신이라는 신기술로 인해 멀리 떨어진 지역 간에 실시간으로 메시지를 주고받게 됐으니 그 광경은 놀라움과 충격이었다. 전신 보급으로 뉴스가 신속하게 전달되고 여러 도시에서 증권 거래가 동시에 진행되며 열차 운행 상황을 신속하게 알려주는 등 과거에는 볼 수 없던 장면이 곳곳에서 연출됐다. 오늘날 인터넷과 스마트폰 혁명처럼 사회 전반에 활기가 넘쳤다.

전신을 처리하는 사무실은 최신 기술 장치를 기반으로 정보가 오가는 허브였는데 그 곳에서 일을 배우던 두 젊은이는 아이디어를 얻어 훗날 위대한 기업가가 됐다. 전신 메신저였던 앤드루 카네기는 강철 수요가 커질 것이라는 고급 정보를 접하고 철도 산업에 눈을 뜨면서 '강철왕'이 됐고, 전신 기기의 전기 기술에 관심을 가졌던 토머스 에디슨은 각종 전기 제품을 만들어낸 '발명왕'이 됐다.

미국의 비즈니스 역사를 담은 책 『Americana』에서는 두 거부의 인생 전환점을 다음과 같이 서술하고 있다.[80]

"카네기는 메시지를 전달받는 사람들과 교감할 수 있는 재능을 갖고 있었다. 에디슨은 전신 사무실에서의 시간을 통해 전신 기기의 역학과 동작을 배울 수 있었으며 이로 인해 전기, 화학, 기계, 수신용 테이프, 전선을 접하게 됐다."

한 사람은 시장을 바라보며 비즈니스 현장으로 달려갔고 또 다른 사람은 기술을 파고들었다. 이후 전신은 전기 기술이 상용화된 최초의 제품으로 사회 전반에 영향을 미쳤다. 이처럼 문명의 혜택을 누리는 데는 기술을 가치로 승화한 기업가의 공헌이 있었다.

미국은 과학 기술을 자본, 사람, 기업가 정신과 결합해 사업화하는 데 강점을 가진 국가다. 기술과 아이디어가 연구실에 머무르지 않고 실현되어 세상에 나오도록 끊임없이 인센티브를 제공했다. 기업의 창의력과 혁신을 장려하는 사회적 분위기는 실리콘밸리로 맥을 이어왔다. 1970년~1980년대 불이 붙은 디지털 혁명은 실리콘밸리를 중심으로 미국 주요 도시에서 창업 열풍을 불러 일으켰다. 오늘날 테크 산업을 미국이 독점하는 비결은 끊임없는 창업과 도전의 역사에 있다.

실리콘밸리 스타일의 벤처 생태계는 전 세계로 확장되어갔다. 이스라엘은 대표적인 창업 국가로 자리매김했고 영국은 핀테크의 진원지가 됐다. 한국도 젊은이들이 창업의 불씨를 살려나가고 있다.

현대 문명은 뛰어난 기업가entrepreneur가 땀과 노력으로 빚어낸 결과다. 산업혁명으로 영국은 해가 지지 않는 제국이 됐고 영국의 식민지에서 벗어난 미국은 철도, 전기, 자동차, 정보통신, 컴퓨터 산업을 창출하면서 세계를 주도하고 있다. 일제강점기와 6·25 전쟁으로 폐허가 된 한국이 빈곤을 벗어나 경제 강국으로 발전한 것도 동분서주한 기업가들의 열정 덕택이다. 새로운 일자리를 창출하는 사람도 기업가다.

시대별로 기술과 환경은 달랐지만 변함없는 사실은 현장에 기반한 아이디어와 기술이 사업의 시작이라는 점이다. 여기에 기업가의 열정과 끈기로 기술은 제품과 서비스로 실현된다. 카네기와 에디슨이 활동한 시대나 빌 게이츠와 스티브 잡스가 패러다임을 바꾼 시대나 한국의 이병철이나 정주영 같은 전설적인 기업가들의 활약이나 이 공식은 똑같다.

미국에서 안랩의 신제품을 좋아한 적이 있다. 고객의 목소리를 정확히 알기 위해 실리콘밸리에서 제품 기획 전문가를 컨설턴트로 고용했다. 그도 우리 제품의 콘셉트가 좋고 기술 차별성이 있다며 미국 시장에서 통할 가능성이 있다고 좋아했다. 그런데 우리 제품을 직접 사용해보고 일부 고객의 반응도 알아보더니 UX(사용자 경험) 구조를 완전히 뜯어고칠 수 있는지 문의해왔다. 도대체 어떤 연유로 그럴까 알아보니 한국과 미국 고객의 특성이 다르다는 점이 근본 원인이었다.

미국 고객은 제품을 결정한 사람이 제품을 직접 사용한다. 한번은 미국의 어느 중장비 회사에서 우리 제품을 테스트하고 싶어 했다. 중장비 회사라 전문가가 있을까 생각했는데 완전 오판이었다. 그 회사의 보안 책임자는 무려 20년이 넘는 IT와 보안 전문가로서 직접 보안 체제를 운영하고 있었다. 그는 자신이 원하는 기능을 직접 체크하면서 이런 데이터가 나타나야 한다고 구체적으로 지적했다.

반면 한국에서 제품을 결정하는 고객은 직접 보안 제품을 사용하지 않는다. 제품 설치와 운영은 그 기업의 계열사 직원이나 파견 업체 직원 혹은 부하 직원이 한다. 보안 담당자의 위상 차이를 보여주는 부분이다. 한국에서는 윗사람이 좋아하는 디자인을, 미국에서는 현장 기술자가 직접 사용할 기능을 원한다. UX가 다른 이유는 현장에서 사용하는 스타일에 있었다.

고등학교 시절 영어 시험에 잘 출제되던 practice라는 단어가 있다. 예를 들어 '변호사 사무실을(병원을) 개업하다'에 해당하는 영어 표현은 practice law(medicine)다. 영어 단어 practice의 사전적 의미는 실행, 연습인데 왜 변호사나 의사에 이 동사를 쓸까?

기업에서는 프랙티스practice라는 표현이 자주 등장한다. 베스트 프랙티스best practice, 비즈니스 프랙티스business practice 등 앞에 오는 단어에 따라 광범위하게 사용된다. 사이버 보안을 실행할 때에도 보안 프랙티스security practice 라는 말을 사용한다. 실제 현장에서 어떻게 운영되고 있는가를 의미하는 말이다.

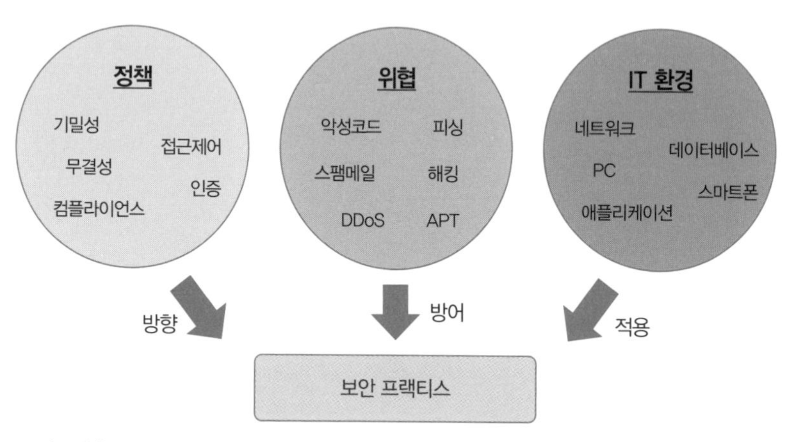

▶ 보안 프랙티스

사이버 보안의 실상은 현장의 프랙티셔너practitioner가 제일 잘 안다. 어떻게 업무가 돌아가는지, 조직이 어떻게 운영되는지 알아야 한다. 보안 문제로 부서 간의 갈등을 불러 일으키거나, 법적 문제의 해석으로 왈가왈부하는 경우가 있다. 그럴 때 해결의 열쇠는 프랙티셔너가 제시하게 된다. 실제 현장에서 벌어지는 상황을 정확히 알고 있기 때문이다. 현장을 정확히 알아야 제대로 지휘할 수 있다.

어느 은행의 CISO가 정부 위원회에 참석하고 나서 이런 소감을 말했다.

"현장에서 보면 단순한 문제인데 기술과 현장을 모르는 분들은 너무 어렵게 얘기하세요."

사이버 보안은 생각보다 조직과 권력의 힘이 작용하는 분야다. 좋은 기술과 아이디어로 결정되는 기업 환경과 다르다. 어느 국가를 막론하고 법과 정책, 정부와 정치인, 각 부처 간에 미묘한 갈등이 있다. 안보와 범죄, 치안과 인권이 관련되어 있기 때문이다. 각 문제를 해결하는 열쇠는 현장에 있다. 탁상공론이 아닌 실용적이고 실질적인 방향이 우리를 앞으로 나아가게 해준다. 프랙티셔너의 리더십이 절실한 이유다.

결국 사람의 문제다_Skill Set

1980년대 TDX 교환기 국산화는 한국 ICT 역사의 획을 긋는 업적으로 꼽힌다. 그 주역인 오명 박사는 『30년 후의 코리아를 꿈꿔라』에서 그때의 상황을 생생하게 설명한다.

"당시에는 백색전화와 청색전화 제도가 있었다. 청색전화는 전화국에 신청해서 받는 전화였고 백색전화는 사고팔 수 있는 전화였다. 백색전화 권리금이 250만 원이 넘었다. 웬만한 서민 주택보다 비싼 가격이다."

한국은 교환기의 원천 기술을 확보해 규모의 경제를 이뤄냈다. 회선 수가 급증하면서 전화기 가격이 크게 떨어졌고 집집마다 전화기를 놓는 풍경이 벌어졌다. 이처럼 전화기 대중화에 기여한 TDX 프로젝트는 또 다른 성과를 거두었다. 바로 기술 인력의 양적 질적 양성이다. 당시 불철주야 연구했던 기술자들과 참여 인력들은 훗날 사업가, 연구 기술자, 전문경영인 등 다양한 모습으로 초고속통신망, CDMA, 네트워크 장비 같은 전자통신 발전에 기여했다.

TDX 성공에 힘입어 컴퓨터 국산화를 위한 주전산기 프로젝트가 추진됐다. 특히 '타이컴'이라는 브랜드의 중형 컴퓨터는 공공기관을 중심으로 많이 보급됐다. 당시는 기업에서 중형 컴퓨터를 활발하게 도입하던 시기라 컴퓨터 국산화에 대한 의지가 높았다. 그러나 반도체나 통신 장비와 달리 컴퓨터는 독자적인 하드웨어만으로는 충분하지 않다. 다양한 소프트웨어가 돌아가는 비즈니스 구조를 갖추어야 하는데 기술 격차와 소프트웨어 생태계를 실현하지 못해 난항을 겪었다. 결국 정부의 각종 지원에도 불구하고 주전산기는 TDX만큼 명성을 얻지 못했다. 심지어 '천덕꾸러기'라는 오명을 들으면서 현장에서 조용히 사라져갔다.

외산 컴퓨터를 대체하지 못했다고 해서 완패라고 단정지을 수 있을까? 아니다. 비록 컴퓨터 국산화라는 뜻은 못 이뤘지만 주전산기 프로젝트도 TDX처럼 기술 인력 양성에 기여했다. 어떤 제품이든 처음부터 끝까지 만들어본 경험은 중요하다. 그래야 자기 실력의 한계를 깨달을 수 있고 선진 제품을 경외의 눈길로 바라보게 된다. 두려움이 있어야 자신을 냉철하게 보는 판단력이 생긴다. "따라잡을 수 있다"라고 주먹을 불끈 쥐며 외치는 모습을 보면 정작 따라잡겠다는 '무엇'을 잘 모르는 경우가 많다. 물론 열심히 도전하는 자세는 칭찬할 만하지만 전략도 없이 과시하는 태도는 현실적인 방안이 아니다.

컴퓨터를 잘 사서 운영하는 것도 실력이다. 직접 만들어봐야 제품을 선택하는 혜안도 생긴다. 이러한 실력을 바탕으로 전자정부와 전산화 작업에 박차를 가했다.

컴퓨터 인력의 저변 확대는 컴퓨터가 중요하다는 사회적 공감대를 이끌어냈고 이는 끊임없이 창출되는 신산업에 힘이 됐다. 1980년대부터 일어난 컴퓨터 붐은 많은 젊은이를 매료시켰으며 네이버, 카카오 같은 대표적인 기업의 탄생을 불러일으켰다. 기반 기술은 패러다임 변화에 능동적으로 적응할 수 있게 도움을 준다. IT 대중화는 컴퓨터 기술이 각종 기기에 자리잡는 것을 의미한다. 주전산기보다 20년 후에 나온 스마트폰은 주전산기보다 복잡한 구조를 지닌 고성능 컴퓨터다.

주전산기 프로젝트에서 유닉스 운영체제를 경험한 것은 오픈소스인 리눅스 운영체제로 이어졌고 그 실력이 오픈소스 기반으로 형성된 스마트폰, 보안 장비, 클라우드 등으로 맥을 이어가고 있다. 적어도 주전산기의 씨앗이 '컴퓨터'라는 시대적 테마를 각인시키는 데 큰 역할을 했다. 이런 모멘텀으로 많은 젊은이가 컴퓨터에 관심을 가지면서 인력의 저변이 확산되었고 대한민국을 IT 강국으로 이끄는 견인차가 되었다.

그렇다면 4차 산업혁명이라는 장밋빛 청사진이 나오는 현 시점에 우리의 인력은 준비되어 있는가? 디지털 시대에 고급 일자리는 STEMScience, Technology, Engineering, and Mathematics, 즉 과학·기술·공학·수학 분야에서 나온다. 특히 수학과 통계가 알고리즘으로 구현되면서 고수준의 인공지능(AI)을 구현할 수 있게 되었다. 기술이 대중화되고 오픈소스 문화로 민주화된 가운데 STEM에 대한 지식과 경험은 중요한 스킬셋이다.

산업화 시대에는 자본과 기업가의 욕망이 발전을 가져왔다. 제국주의 시대였기에 식민지로부터 자원을 수탈하고 노예를 부리고 노동자를 억누르는 게 가능했다. 현대 사회로 오면서 경영이 전문화되고 교육과 노동의 질이 향상됐으며 디지털 시대는 개인의 역량이 기업의 가치에 지대한 영향을 준다. AI를 활용하는 방법을 만들어내는 주체도 사람이고 혁신을 통해 진보의 방향으로 이끄는 주체도 사람이다. 사람의 잠재된 역량을 최대한 발휘할 수 있도록 사회 구조, 교육, 경제의 틀이 바뀌어야 한다.

사이버 보안 인력은 전 세계적으로 수요와 공급이 크게 차이가 나는 분야다. 특히 사이버 보안의 특수성 때문에 정부기관 특히 첩보기관이나 군사 분야에서 우수 인력에 대한 요구가 많다.

2000년대 초반 미국 보안 기업 ISSInternet Security System의 공동 창업자이자 CEO인 톰 누난이 한국 심포지엄에서 초청 연설을 하려고 내방했다. 그는 2006년 IBM에 13억 달러(1조 5000억 원)를 받고 회사를 매각하면서 수천억대 자산가가 됐다. 그 회사 직원이 몇 십 명일 때부터 친구처럼 비즈니스를 같이 해온 나로서는 그렇게 성공한 모습을 보면 자랑스러웠고 한편으로 부러웠다.

ISS는 미국 공군에 침입 탐지 시스템을 납품하면서 큰 돈을 벌었다. 당연히 미국 국방이나 공공 분야와 많은 일을 하고 있었고 그도 정부 고문으로서 많은 활동을 하고 있었다. 행사 전에 티타임을 하던 중 정부 고위 인사가 갑자기 물었다.

"미국 정부는 우수한 보안 인력을 유지하기 위해 어떤 노력을 기울이고 있나요?"

"우수한 인력은 정부에 잘 안 갑니다. 테크 기업만큼 보상을 해줄 수 없기 때문이지요. 그래서 우리 같은 민간기업과 계약해 일을 많이 합니다."

한국의 고위 인사는 미국 정부가 우수 인력을 많이 보유하고 있다고 가정하고 질문한 것인데, 마침 중간에서 통역을 해주던 나로서는 난감했다. 다행히 행사가 시작되어 대충 얼버무리고 자리에서 일어났다.

어느 국가든 공무원의 연봉은 한계가 있다. 물론 소명의식을 가지고 국가를 위해 일하는 훌륭한 분도 많이 봤다. 그럼에도 민간기업과 격차가 커지는 것은 피할 수 없는 현실이다. 그래서 미국에서는 부즈 알렌 같은 전문 민간기업을 아웃소싱해서 그 문제를 해결한다.

공공과 민간의 교류도 활발하다. 공공기관을 은퇴해서 큰 사업가로 변모하기도 하고 양쪽을 오가면서 커리어를 추구하기도 한다. 개인의 전문 역량이 중요한 사이버 보안 분야에서 소중한 경험을 은퇴와 동시에 사장하는 것은 국가적으로도 손해다. 사이버 보안 역량은 그 조직에 가두지 말고 각 개인의 역량을 레버리지할 수 있어야 한다. 물론 이러한 보안 역량은 법적 책임과 윤리적 행동 내에 있어야 한다.

1990년대부터 사이버 인력을 10만 명 양성한다는 표어가 있었고 나도 적극 동조했다. 당시 나는 사이버 보안 인력의 수요가 앞으로 커질 것으로 예상했다. 내 예상은 오늘날 훨씬 뛰어넘었다. 나는 앞으로도 사이버 보안 인력 수요가 더욱 커질 것으로 확신한다. 모든 것이 디지털로 돌아가는 시대에 사이버 보안이 중요하다는 것은 너무나도 명확하지 않은가? 한국이 작은 시장이라고 걱정하지 않아도 된다. 해외로 진출하는 인력도 있을 것이고 한국을 보안 서비스의 허브로 만들면 된다.

다만 선결 요건이 있다. 1990년대 10만 인력 양성이 왜 실패했는지, 한국에서는 왜 고급 일자리가 되지 못했는지 철저하게 분석해야 한다. 글로벌 시장에서 요구하는 인력 계획을 세워야 한다. 막연히 교육을 통해 양성하면 된다는 식의 생각은 버려야 한다. 시장에서 원하는 인력, 보안에 대한 인식을 바꾸어야 올바른 인재 양성의 길이 열린다.

왜 IT 분야에는 여성이 적을까?_Diversity

세 명의 흑인 여성에 대한 실화를 그린 영화 〈히든 피겨스〉의 배경은 우주 탐사를 연구하는 NASA다. 1961년에 미국은 로켓에 사람을 태워 지구 궤도를 도는 프로젝트를 준비하고 있었다. 문제는 우주비행사가 안전하게 귀환하는 것이었다. 그런데 착륙 지점을 정확하게 계산하기 위해 도입한 IBM 컴퓨터에서 계속 에러가 발생해 결괏값을 믿을 수가 없었다. 전통적인 IBM의 드레스 코드인 하얀 와이셔츠 정장을 말끔하게 차려 입은 백인 기술자들은 쩔쩔매고 있었다.

▶ 영화 〈히든 피겨스〉

당시 계산 업무는 흑인 여성이 수기로 하고 있었고 도로시 본이 그 부서를 이끌고 있었다. 어느 날 우연히 IBM 컴퓨터가 돌아가는 광경을 본 그녀는 시대가 바뀌리라는 걸 직감했다. 그래서 프로그래밍 언어 포트란FORTRAN을 독학으로 마스터하고 같은 부서원에게도 배우도록 독려했다. 몰래 전산실에 들어가 프로그램 에러를 해결하기도 했다.

로켓 발사 일은 다가오는데 여전히 IBM 프로그램이 제대로 작동하지 않아 애를 먹고 있을 때 NASA의 재촉에 다급해진 IBM은 도로시에게 도움을 호소했다. 도로시는 부서원을 모두 옮겨 달라는 단 한 가지 조건을 내걸었고 결국 뜻은 이루어졌다. 도로시는 영화 속 다른 주인공인 수학자 캐서린 존슨과 같이 뛰어난 활약을 펼쳤고 우주비행사 존 글렌은 성공리에 임무를 마친 뒤 무사히 귀환했다. 도로시는 훗날 NASA 전산 실장을 역임한 전설이 됐다.

▶ 메리 잭슨(왼쪽), 캐서린 존슨(가운데), 도로시 본(오른쪽)

어느 IT 전문가 모임에 가봐도 여성은 소수다. 여성 CIOChief Information Officer나 CISO는 손에 꼽을 정도다. 현재 몸담고 있는 은행에는 여성 직원이 많은 편이지만 IT 부서는 여성 비율이 낮다. 과거 일했던 IT 기업에서도 여성 인력은 마케팅, 콜센터, 디자인 등 일부 분야에 집중돼 있었다. 미국 실리콘밸리에서도 양상은 비슷하다. 왜 유독 IT 분야에는 여성이 적을까?

사실 컴퓨터의 범용적 용도를 최초로 제시한 사람은 에이다 러브레이스라는 백작 부인이다. 그녀는 아버지인 영국 시인 바이런의 DNA를 받아서인지 인문학적 상상력이 타고났다. 그녀는 찰스 배비지가 개발한 '해석 기관Analytical Engine'의 계산 기능을 본 뒤 무엇이든 저장하고 조작하고 처리하고 활용할 수 있는 미래의 컴퓨터상을 제시했다. 또한 프로그래밍 명령을 통해 다양한 작업을 수행한다는 소프트웨어 개념을 만들었다.[81] 오늘날 스마트폰으로 음악, 텍스트, 동영상, 사진 등 수많은 콘텐츠를 다루는 세상이 된 것은 180년 전 에이다 러브레이스의 상상력 덕택이다.

최초의 컴퓨터 에니악ENIAC은 1946년 포탄 궤적을 계산하기 위해 만들어졌다. 에니악의 하드웨어를 설계하고 운영한 엔지니어는 모두 남성이었다.

그런데 에니악을 작동시키는 프로그래밍을 여섯 명의 여성이 주도했다는 사실을 아는가?

이처럼 여성이 컴퓨터 역사에 족적을 남겼건만 왜 컴퓨터를 기피하게 됐을까? 1970년~1980년대 나온 PC가 그 원인으로 지목된다. 기업에서 사용하는 컴퓨터는 IBM과 같은 대기업이 만들고 있었으나 PC는 기계를 다루는 취미에 푹 빠진 마니아들의 장난감이었다. 부품을 땜질하고 조작할 수 있어야 하며 기계어 프로그래밍은 기본이었다. 그들은 차고나 자기 방에 틀어박혀 기계를 조립하고 작업하면서 그들만의 커뮤니티에서 아이디어를 나누었다. 속칭 긱geek이나 너드nerd로 불리는 남성들이 PC 세계를 독점하면서 IT가 남성 위주 문화로 정착됐다.

지금은 회사 내 모든 책상에 컴퓨터가 놓여 있지만 1970년~1980년대만 해도 컴퓨터는 아주 비싼 기계라 개인이 장만할 엄두를 못 냈다. 그래서 삐걱거리더라도 동작하는 하드웨어를 만들어보는 게 유행이었다. 키보드에서 두드리는 알파벳이 화면에 나오는 것을 보며 신기해했던 시절이다.

그 후 생겨난 IT 벤처기업도 양상은 비슷했다. 헝클어진 머리로 24시간 작업하는 게 벤처기업의 상징이었다. 미국 애틀랜타에서 방 하나를 빌려서 창업한 두 친구는 훗날 회사를 팔아 수천 억대 자산가가 됐는데 지금도 햄버거를 먹지 않는다. 근처에 버거킹 매장밖에 없어서 질리도록 먹었다고 한다. 이처럼 IT 분야의 창업은 남성만의 기질을 나타내는 전유물처럼 보였다.

그러나 시대가 바뀌었다. 이제 컴퓨터를 취미 삼아 만드는 사람은 없다. 컴퓨터는 집적화, 경량화돼 더 이상 단순 조립 대상이 아니다. 뛰어난 성능의 스마트폰을 손에 들고 다니는 시대에 컴퓨터는 더 이상 남성의, 전공자만의 전유물이 아니다. 누구든지 프로그래밍을 배워서 창의적인 앱을 만들 수 있다. 오히려 여성의 섬세함이 더 성공적인 비즈니스를 만들어낼 수 있다.

물론 아직 실리콘밸리에서 소프트웨어 산업을 이끄는 리더는 주로 젊은 백인 남성이라는 점을 지적하기도 한다. 그들의 문화적 감각에 의해 디지털 문명이 지배될 거라는 우려도 크다. 컴퓨터가 미국에서 발명됐고 여전히 미국이 IT 산업을 주도한다는 것은 엄연한 사실이다. 그러나, IT에 문화적 색채가 가미될수록 점점 다양성이 소중해질 것으로 기대한다.

남성과 여성의 비율 자체보다 중요한 요소는 다양성을 수용하는 조직 문화다. 나이가 들었다고 모두 꼰대가 아니듯 젊다고 해서 모두 혁신적이진 않다. 요컨대 비슷한 생각을 하는 사람 위주로 모이면 한계가 있다는 것이지 특정 연령대나 성별에 따라 선입견을 갖는 태도는 바람직하지 않다.

특정 학교 출신들로 구성된 스타트업이 처음에는 팀워크를 자랑하다가 기업이 성장하는 데는 걸림돌이 되는 경우를 많이 보았다. 회사가 끈끈한 정으로 뭉쳐진 형님, 아우 관계로 운영된다면 그 학교 출신이 아닌 사람에게는 커다란 장벽이 느껴질 것이다. 학연이나 지연으로 얽힌 인력이 많아질수록 벽은 더욱 깨기 어렵다. 고객이 다양하고 시장의 요구가 다양한데 제품과 서비스에 다양성이 담겨 있어야 하지 않겠는가? 자기가 만드는 것에 대한 애착은 필요하지만 집착은 위험하다.

편한 사람끼리 사는 것은 인간의 본성이다. 나도 IT와 보안 업계를 떠나 금융이라는 전혀 다른 세상에 왔을 때 불편했다. '50대 중반에 이런 실험을 해야 하는가?'라고 생각했다. IT는 속도가 생명인 데 반해 은행은 규제 산업이라서 많은 문서를 보는 데 시간이 든다. 한번은 "내가 은행에 와서 지난 6개월 동안 본 문서가 평생 본 문서보다 많은 것 같다"라고 동료 임원에게 농담 삼아 얘기한 적도 있다.

창의력과 융합이 중요한 시대에 다양한 개성과 전문성을 가진 사람들이 있어야 융합이 의미가 있지 않겠는가? 일사불란하게 명령을 따르는 조직에서 창의력은 제한될 수밖에 없다. 디지털 환경은 벽을 허물기 쉬운 환경이다. 다양성은 디지털 기업이 갖추어야 할 필수 덕목이다.

특히 사이버 보안이 오히려 여성에게 적합한 커리어라는 생각이 든다. 사이버 보안의 스펙트럼은 아주 다양하다. 해커와 자웅을 겨루는 기술력이 필요한 분야도 있지만 사이버 보안을 리스크의 관점에서 설명하고 경영의 언어로 커뮤니케이션하는 분야도 있다. 또한 보안 통제의 2차 검증과 보안 감사, 보안 정책과 법적 해석도 늘어나고 있다. 이런 역량을 발휘하는 데는 여성의 강점이 크다.

심지어 기술을 전공하지 않았더라도 문제가 없다. 사실 사이버 보안이 기술적인 문제에서 시작했지만 기본 개념은 크게 변하지 않았다. 현재 내가 일하고 있는 부서에도 기술을 전공하지 않은 여성들이 현장에서 보안의 개념을 깨우치고 보안 전문가로 활발하게 활동하고 있다. 특히 글로벌 표준이 영어 문서로 많이 되어 있어 영어 커뮤니케이션에 자신이 있다면 충분히 도전해볼 만한 영역이다.

해외에서는 여성 보안 전문가를 많이 만날 수 있다. 미국의 공공기관과 기반시설을 관할하는 CISA의 수장도 여성이다. 한국에서도 여성 인력이 사이버 보안에 참여해서 여성 특유의 섬세함과 유연함으로 리더로 성장할 수 있기를 기대한다.

정보보호 산업을 위한 고언_Cybersecurity Industry

사이버 보안 관련 산업과 기술은 역동적으로 발전했다. 보안 시장은 거침없이 성장했고 억만장자가 탄생했으며 스타트업과 벤처기업을 향한 투자와 기업 간 인수합병이 활발하다. 기업은 보안 조직을 강화하고 위상을 높였다.

사물인터넷, 빅데이터, AI 등 신기술이 나타나면 어김없이 공격 기법이 진화한다. 디지털 전환과 데이터 급증은 보안 위협 대상을 확대시킨다. 결국 사이버 보안은 인력과 투자가 성장하는 분야다. 여기까지는 미국과 이스라엘 중심의 글로벌 동향이다.

한국의 상황은 어떨까? 물론 한국도 괄목할 만한 발전을 이루었다. 정보보호 산업은 크게 성장했고 국민의 보안 인식도 높은 편이다. 한국은 세계에서 가장 많은 북한발 사이버 공격을 견뎌내면서 방어 체계를 만들어냈고 정부에서도 사이버 보안에 대한 적극적인 지원을 약속한다.

그런데 불쑥불쑥 마음이 답답함을 느낀다. 우리만 따로 떨어져 있는 느낌이다. 보안 사고가 발생하면 애써 축소하고 지구촌 어딘가에 심각한 사고가 나도 남의 일 취급한다. 법의 요건인 CISO와 CPO를 임명하지만 권한을 주지 않고 1년~2년간 책임만 지게 하는 회사가 대다수다. 뛰어난 인재가 해외로 떠나거나 전공을 바꾸는 모습을 볼 때면 착잡하다.

많은 사람이 정보보호 산업을 키워야 한다고 한다. 맞는 말이다. 나도 창업을 했고 가장 큰 보안 기업 CEO로 지내며 보안 제품의 국산화에 공헌했다. 한국은 독자적인 사이버 방어 체제를 갖추고 있고 적지 않은 보안 기업이 코스닥에 상장돼 있다.

그러나 보안 시장이 생긴 지 어언 30년이 됐건만 세계에서 인정받는 유니콘 기업은 하나도 없다. 한국 보안 시장을 일으켰던 한 사람으로서 부끄럽다. 기술이 인정받지 못하는 건가 아니면 역량 미달인가? 혹 방향이 틀린 건 아닌가?

한때 사이버 보안 관련 창업과 투자 열풍이 뜨거웠지만 지금은 시들하다. 우선 한국 시장은 너무 작다. 한국 정보보호 산업의 전체 규모는 미국의 보안 기업 한 곳의 매출에도 미치지 못한다. 게다가 오늘날 한국 시장의 주류를 이루는 보안 제품은 1980년~1990년대에 발명된 제품이 대다수다.

해외로 눈을 돌려보자. 누가 세계를 이끄는 보안 기업인가? 마이크로소프트, 구글, 아마존, IBM, 시스코 등 어디에서 많이 들어본 이름 아닌가? 세계적인 빅테크 대기업들이다. 이들은 수많은 유니콘 기업을 인수하면서 보안 스타트업 생태계를 활성화시키고 있다.

주목할 점은 환경 변화다. 인터넷 검색, SNS, 스트리밍이 클라우드 환경에서 일어나고 있고 사진이나 동영상을 클라우드에 백업하는 건 상식이 된 지 오래다. 이제 기업의 IT 환경은 클라우드가 기본이다. 마이크로소프트의 사티아 나델라 CEO는 2025년까지 기업 업무의 95%가 클라우드에서 이뤄질 것이라고 장담하고 있다.[82]

클라우드를 데이터센터의 아웃소싱 정도로 생각한다면 큰 착각이다. 클라우드를 활용하면 비용을 줄일 수 있다는 주장도 꼭 맞는 건 아니다. 클라우드는 디지털 혁신을 빠르게 실험하고 구현하도록 하는 소프트웨어 환경이다. 그렇다면 소프트웨어에 최적화된 환경을 원하지 않겠는가? 당연히 그 속에는 사이버 보안이 포함돼 있다.

누가 신기술과 혁신의 클라우드 환경을 안전하게 제공하느냐가 관건이다. 이것이 빅테크 기업이 사이버 보안에 총력을 기울이는 이유다. 한국의 정보보호 산업이 나무 하나 심고 키우는 데 공을 들이는 사이에 빅테크 기업들은 아예 안전한 숲을 조성했다. 새로운 환경은 새로운 기회를 제공하기에 스타트업의 창의력을 불러일으킨다. 그런데 우리는 여전히 옛날 운동장에서 뛰고 있는 느낌이다.

냉정한 현실을 인정해야 한다. 정보보호 산업이 세계에서 인정받으려면 실리콘밸리에 깃발을 꽂아야 한다. 이스라엘 스타트업은 애당초 이스라엘 시장을 겨냥해 탄생한 게 아니다. 모든 자원을 총동원해 실리콘밸리 투자자와 전 세계 시장의 수요에 맞춘다. 그들의 목표는 유니콘이 되어 나스닥에 상장하거나 미국의 빅테크 기업에 인수되는 것이다.

K-리그 경쟁 상대는 프리미어리그다. 젊은 축구 유망주들은 언젠가 프리미어리그에 입성하는 꿈을 꾼다. 마찬가지로 IT 산업이 경쟁 상대로 삼아야 할 곳은 실리콘밸리다.

IT의 본고장 실리콘밸리에서 IT 표준과 방향이 정립된다. 클라우드가 맞냐 틀리냐의 논쟁은 의미가 없다. 현재 전 세계 기업이 클라우드를 지향하고 있고 모든 제품이 클라우드 형태로 제공되고 있다. 심지어 폐쇄적인 특성을 가진 보안 제품조차 기본 운영 환경이 클라우드다. 클라우드가 디폴트default이고 자체 데이터센터에 물리적으로 설치하는 온프레미스on-premise용은 옵션인 경우가 늘어나고 있다.

보안이 중요하므로 클라우드로 가면 안 된다고 주장하는 사람이 있다. 그렇다면 미국 CIA는 왜 클라우드를 사용하는가?[83] 왜 조 바이든 미국 대통령이 정부기관 시스템을 클라우드로 이전하라고 지시하는가? 미사일 폭격을 맞고도 정부 시스템을 차질 없이 운영하는 우크라이나의 클라우드 이전 결정은 틀렸는가? 클라우드를 일방적으로 옹호하려는 게 아니다. 글로벌 표준을 따라가야 혁신적인 보안 기술과 통제를 따라갈 수 있다. 글로벌 표준을 도외시한 국내용 제품은 해외에 나갈 곳이 없다는 게 엄연한 현실이다.

오히려 우리가 발상을 바꾸는 건 어떨까? 이를테면 과감히 클라우드 체제로 바꾸어 미국 빅테크 생태계 속에서 상생을 취하는 것이다. 자존심이 상할 순 있어도 기회를 창출하기에 더 좋은 방법일지 모른다. 싱가포르는 자체 보안 제품이 하나도 없지만 전 세계에서 최고의 보안 인재를 끌어모아 아시아의 허브로 자리잡았다. 전 세계 CISO가 보안 신기술을 찾아 가는 곳은 이스라엘이다. 이런 나라에서는 사이버 보안 일자리가 끊임없이 만들어지고 있다.

안랩 CEO 시절, 고객인 삼성전자의 임원이 농담처럼 한 얘기가 한동안 뇌리를 떠나지 않았다.

"우리는 올림픽에서 뛰고 있는데 언제까지 전국체전에 머물러 있으려고 합니까?"

미국은 물론 싱가포르, 호주, 캐나다로 이주한 국내 보안 인력을 지켜보며 과연 한국의 사이버 보안 전략은 무엇인지 의문이 든다. 산업화 시대처럼 국내 산업을 육성해서 국산화를 하는 것인가? 자체 방어 능력 육성인가? 안전한 디지털 사회인가? 양질의 일자리인가? 확실한 것은 한국 시장만으로는 글로벌 기업이 될 수 없다는 사실이다.

이스라엘은 자타가 인정하는 창업 국가다. 특히 사이버 보안 분야의 스타트업이 활발한데 8200부대가 그 원천이다. 8200부대는 이스라엘의 방위군Israeli Defense Forces(IDF)의 사이버 전담 엘리트 부대로서, 고등학교에서 뛰어난 인재들을 스카우트해 집중적으로 사이버 첩보와 사이버 전쟁에 가담시킨다.[84] 여기에 선택되면 의무복무 기간 동안 엄청난 기술력과 경험을 얻고 이들에 의해 창의적인 스타트업이 탄생한다.

1000개 이상의 하이테크 스타트업을 8200부대 출신들이 만들었다고 한다.[85] 이스라엘 사이버 보안 기업의 창업자나 CTOChief Technology Officer 가운데 이 부대 출신을 흔하게 만날 수 있다. 체크포인트, 팰로앨토 네트웍스 등 세계적인 보안 기업도 8200부대 출신의 작품이다. 과거에는 8200부대 출신이라는 것이 일종의 금기어였는데 이제는 오히려 몸값을 올리는 브랜드가 되었다.

미국과 이스라엘은 국방 분야에서 개발된 첨단 기술이 민간 분야에서 꽃을 피우는 토양을 가지고 있다. 물론 우리도 사이버 보안 기술 개발에 투자하고 스타트업을 장려해야 한다. 허나 이러한 환경적 차이를 무시해서는 안

된다. 우리 산업을 냉정하게 분석해야 미래를 도모할 수 있다.

한국은 이스라엘과 다른 점이 있다. IT를 두려워하지 않고 잘 사용하는 tech savvy 문화와 혁신 서비스를 만들어내는 창의력이 있다. 달리 표현하면 IT의 원천 기술 개발보다 응용에 더 탁월한 역량을 발휘한다. 사이버 측면에서는 북한의 극렬한 공격도 많이 경험했고 자체적으로 기술 개발도 가능하다. 요컨대 이런 잠재력을 어떻게 응집시킬 수 있느냐에 미래가 달렸다.

우리가 사이버 보안 역량의 경쟁 우위를 갖추면 보안의 허브로서 보안 인력 양성 국가로 충분히 자리매김할 수 있다. 그러기 위해서는 세계 시장과 글로벌 표준에 맞는 전략을 만들어야 한다. 미래를 보고 세계를 봐야 길이 열린다.

7장

융합의 마인드

/

눈에 보인다고 내 것인가?_Physical vs. Cyber

30대 직장인 A 씨는 최근 은행에서 문자메시지 한 통을 받았다. A 씨 명의로 해외 계좌 접수 신청이 들어왔으니 본인이 아니면 연락을 달라는 내용이었다. 전화를 건 곳에선 금융감독원에 재산보호신청을 해야 한다고 안내했다. 이후 A 씨는 휴대전화로 전화를 거는 곳마다 보이스피싱 조직원과 연결됐다. A 씨가 금감원이나 검찰 관계자라고 생각한 상대방은 모두 가짜였다. 보이스피싱 일당에게 속아 500만 원을 송금하기 직전에야 피싱 범죄라는 사실을 알아챌 수 있었다.[86]

보이스피싱 범죄 기법은 날로 진화한다. 최근에는 스미싱을 이용해 통화를 장악하는 수법을 많이 사용하고 있다. 문자메시지 안의 링크를 클릭하는 순간 악성코드가 설치되면서 그 이후 모든 통화는 범인의 전화로 우회된다. 설사 금융감독원(금감원)이나 은행에 신고하더라도 실제 통화는 사칭하는 범인과 하게 되는 꼴이다. 국정원, 대검 특수부, 금감원, 경찰청 등 사칭하는 기관도 다양하다. 범죄 시나리오가 워낙 치밀해서 일단 올가미에 걸려들면 사기범을 진짜로 믿게 된다.

어떤 사건이 발생하면 사실 여부를 파악하기 위해 믿을 만한 사람이나 기관을 찾아간다. 보이스피싱이 의심되어 금감원이나 경찰에 신고하는 것은 그런 시도의 일환이다. 그런데 정작 연락이 닿은 상대방이 진짜가 아니라면? 설상가상으로 자신을 노리는 악당이라면 어떻게 되겠는가? 상대방이 진짜인 줄 알고 모든 걸 얘기할수록 점점 악당의 손아귀에 깊이 빠져들게 된다.

우리는 전화나 컴퓨터라는 도구를 이용해 소통한다. 그런데 사람과 사람이 대화하는 사이에 있는 도구가 악의적 목적으로 조종되면 진짜와 가짜가 뒤섞여 살아가는 혼란이 벌어진다. 보이스피싱은 그런 지능적 범죄의 대표적인 예다.

스마트폰을 단지 전화기의 기능이 확대된 기기라고 생각하면 큰 오산이다. 스마트폰은 컴퓨터다. 그것도 인터넷이라는 신뢰할 수 없는 공간과 항상 연결돼 있는 컴퓨터다. 통화는 컴퓨터에서 작동하는 하나의 서비스일 뿐이다. 악성코드에 의해 스마트폰이 장악되면 그것은 더 이상 내 것이 아니다. 손에 전화기를 들고 있다는 것과 통화하는 것은 별개의 문제다. 전화기라는 물건은 나의 소유지만 스마트폰에서 이뤄지는 일거수일투족은 내 것이 아닐 수 있다.

컴퓨터 화면에 보이는 데이터는 진짜일까? 인터넷뱅킹으로 A에게 100만 원을 보내고 모니터에서 이체 결과를 확인했다. 그런데 실제로는 B에게 60만 원, C에게 40만 원을 보내고 화면에는 A에게 100만 원 보낸 것으로 조작할 수 있다. 소위 '메모리 해킹' 기법이라고 한다. 물론 해커가 컴퓨터를 장악했을 때 가능하다. 사람들은 눈에 보이는 데이터를 진짜라고 생각하지만 모니터에 보이거나 프린터로 나오는 데이터는 소프트웨어가 만들어 보여주는 결과일 뿐이다. 컴퓨터를 장악한 해커는 맘대로 데이터를 날조해서 보여줄 수 있다.

컴퓨터는 크게 하드웨어와 소프트웨어로 나뉜다. 눈에 보이거나 손에 잡히는 실체 이를테면 PC 본체, 키보드, 모니터가 하드웨어이고 기계를 움직이게 하는 것이 소프트웨어다. 인간의 명령에 따르게 하거나 시스템을 돌아가게 하는 것은 소프트웨어의 역할이다. 우리가 문서 작업을 할 때 파일을 불러내고 편집하고 저장하는 것은 소프트웨어다.

하드웨어는 내가 만지고 볼 수 있다. 내가 갖고 있는 한 소유가 바뀌지 않는다. 그러나 소프트웨어에 의해 움직이는 사이버 공간은 그렇지 않다. 해커가 원격 조종하는 코드에 의해 컴퓨터가 동작한다면 어떻게 그것이 나의 것이라고 할 수 있는가? 내가 손에 들고 있고, 내가 누르는 번호로 전화가 연결되고 내 눈으로 화면을 보고 있지만 사이버 공간에서 실제로 실행하는 것은 전혀 다를 수 있다. 물리적 소유와 사이버 공간의 소유는 엄밀하게 구분해야 한다.

산업화 시대에는 눈에 보이는 기계와 공장, 빌딩이 기업을 상징했다. 연기를 뿜어내는 높은 굴뚝과 거대하게 들어선 건물은 힘의 과시이자 상징이었다. 정보화 시대가 돼서도 서버가 진열된 데이터센터나 대형 스크린을 갖춘 관제센터는 대표적인 투어 코스다. 그런데 실제 모든 행위가 이뤄지는 곳은 눈에 보이지 않는 사이버 공간이지 겉으로 보이는 장비가 아니다.

산업화 시대에 익숙한 분들은 눈에 안 보이면 와닿질 않는다고 한다. 그러니 눈에 전혀 보이지 않는 클라우드 서비스는 상당히 낯설다.

"내 눈에 보이지도 않는데 클라우드 사업자를 어떻게 믿고 시스템을 맡길 수 있습니까?"

흔히 받는 질문이다. 그러면 나는 역으로 질문한다. "사장님 책상 위에 있는 컴퓨터는 믿으세요?"

눈 앞에 보인다고 해서 반드시 내 것은 아니다. 수많은 중대형 서버로 가득한 전산실과 엔지니어가 화려한 그래픽으로 작업하는 모습이 회사의 자랑이라며 뿌듯해한다. 그러나 실제로 그 기업의 자산은 그 속에서 돌아가는 소프트웨어와 데이터다. 소프트웨어는 유기적으로 돌아가고 인터넷과 연결되기도 한다. 컴퓨터는 내 눈에 보이지만 정작 중요한 자산인 소프트웨어와 데이터는 내 것이 아닐 수도 있다는 얘기다. 더 무서운 것은 그 사실을 모르고 있다는 점이다.

은행 대여 금고에 중요 서류나 귀중품을 보관하는 이유가 무엇인가? 은행이라면 방범이 잘 돼 있고 믿을 수 있기 때문이다. 혹시 은행이 털리더라도 계약에 따라 합리적인 보상을 받을 수 있다. 그렇다면 IT 시스템을 클라우드 사업자에게 맡기고 그들이 잘 관리하기를 바라는 것과 무엇이 다른가? 대여 금고는 은행 소유지만 그 안의 물건은 고객 소유다. 마찬가지로 클라우드 인프라는 클라우드 사업자의 소유지만 그 속에 있는 데이터는 고객의 것이다. 오히려 클라우드 사업자가 갖춘 인프라를 이용해 자신에게 부족한 부분을 보강할 수도 있다.

내 앞에 있어서 안심이라는 인식에서 벗어나 무엇이 비용 효율적 측면에서 좋은지 판단해야 한다. 이를테면 제대로 IT를 관리하기 어려운 중소기업이라면 클라우드 사업자의 보안 체계를 사용하는 것이 실용적일 수도 있다.

내가 갖고 있다고 해서 반드시 내 뜻대로 움직이는 것은 아니다. 사이버 공간을 통제하려면 물리적 공간과 분리해서 생각하는 방식에 익숙해져야 한다.

공급자에서 소비자의 시대로_Business Model

방송은 국가에서 라이선스를 부여하는 과점 사업이다. 방송사는 주파수 대역을 받아서 방송 전파를 송출할 권한을 가진다. 프로그램 기획과 시간대별 구성은 전적으로 공급자인 방송사에 달려있다. 시청자는 주파수를 부여받은 방송 중에서 채널을 선택할 수 있고 TV는 방송 전파를 받아서 보여주는 수신기다.

그런데 TV가 변했다. TV가 인터넷에 접속되면서 동영상 스트리밍 서비스(OTT)가 콘텐츠 경쟁에 참여하기에 이르렀다. 방송 채널은 여러 옵션 중 하나일 뿐이다. 심지어는 리모컨에 '넷플릭스'로 직접 연결되는 버튼도 있다. 일개 스트리밍 플랫폼이 대형 방송사보다 영향력이 높다는 것인가? 이미 일부 프로그램은 유튜브로 동시에 생중계하고 있다. 코로나19로 인한 사회적 격리 기간에 종교 행사가 온라인으로 진행될 수 있었던 것도 유튜브의 역할이 크다.

소비자의 선택이 방송 채널에서 동영상 플랫폼으로 확장되는 현상은 거스를 수 없는 대세다. 콘텐츠가 디지털화되면 편집하고 유통하는 게 수월하다. 동영상도 클립clip으로 쪼개지고 다른 클립이나 콘텐츠와 결합해서 소셜 미디어로 뿌려진다.

정보경제학 분야의 권위자인 에릭 브린욜프슨과 앤드류 맥아피는 저서 『제2의 기계 시대』에서 디지털 콘텐츠의 특성을 다음과 같이 설명한다.

> 정보통신 기술이라는 범용 기술은 아이디어를 조합하고 재조합하는 근본적으로 새로운 방법을 낳았다. (중략) 우리는 이전에는 결코 할 수 없었던 방식으로 옛 아이디어와 최근 아이디어를 뒤섞고 또 뒤섞을 수 있다.[87]

방송의 영어 표현인 브로드캐스트broadcast는 불특정 다수에게 일방적으로 전파를 보낸다는 의미다. 공급자 중심의 사업임을 공공연하게 밝히는 셈이다. 그러나 이제 키는 시청자에게 넘어갔다. 시청자는 방송사가 송출하는 시간에 맞추어 TV 앞에 앉아 기다리는 수동적 입장에서 TV, PC, 스마트폰 등 다양한 기기를 이용해 편한 시간과 장소에서 콘텐츠를 선택하는 주인공이 됐다. 미디어의 공통 연결 지점은 스크린이다. 사업 모델이 뒤집어진 것이다.

통신 사업도 비슷한 경로를 걸었다. 과거에는 교환국이 세워진 곳이 지역의 중심이었다. 그곳에서 통신망이 형성돼 가정과 사업 현장으로 연결됐다. 음성 통신은 사업의 핵심이었고 데이터 통신과 인터넷 서비스는 부가 기능이었다. 오늘날 전화기를 들여놓고 개통되기를 노심초사 기다리는 사람은 없다. 소비자의 관심은 초고속 인터넷 연결이고 전화통신은 하나의 서비스일 뿐이다. 통신 사업 모델은 변형됐다.

산업화 시대에는 공급자가 상품을 전시해놓고 고객이 찾아오기를 기다리면 됐다. 은행 상품만 보더라도 보통예금, 모기지, 신용카드, 펀드 등 서비스별로 구분해 판매한다. 정부의 민원센터도 서비스별로 창구를 분리해 운영한다. 콜센터로 전화했을 때 ARS에서 제시한 번호도 서비스로 구분돼 있다. 이처럼 공급자가 서비스를 주도해왔다.

그런데 모바일 환경으로 바뀌면서 주도권에 변화가 생겼다. 고객은 스마트폰으로 다양한 앱을 사용해 세상을 바라본다. 기업은 고객의 관심을 파악해서 가치 있는 상품이나 서비스를 제안하려고 노력한다. 이제 공급자가 원하는 것을 팔던 시대에서 고객이 원하는 것을 파는 시대로 바뀐 것이다. 공급자에서 수요자로 중심 축이 이동했다.

이로 인해 기존 사업 모델이 뒤집히고 있다. 플랫폼 기업은 디지털 고객과의 접점에서 우위를 차지했다. 그 후 기존 기업과의 힘겨루기는 곳곳에서 발견된다. 디지털 기업은 기존의 사업 구조를 해체unbundling하겠다고 벼르고 전통 기업은 디지털 조직으로 변하겠다고 디지털 전환을 선언한다.

금융 서비스도 예외가 아니다. 은행의 시작은 고객과의 접점이다. bank의 어원은 15세기 bench(벤치)를 놓고 환전하는 banca(방카)에서 유래했다. 교역이 증대하고 신대륙을 개척하고 공장을 만들면서 송금, 대출, 보험과 같은 다양한 금융 서비스가 생겨났는데 모두 고객 접점을 중심으로 이루어졌다. 고객 접점인 지점을 늘려갈수록 금융 규모가 커졌다. 그래서 금융기관은 탄탄한 지역 거점이 중요했다.

그러나 디지털 시대를 맞이하며 ATM, 인터넷뱅킹, 모바일뱅킹 같은 비대면 채널이 등장했다. 비대면 거래의 비중은 점점 늘어 전체의 90%를 훨씬 넘는 거래 건수를 차지한다. 1980년~1990년대 목 좋은 빌딩 일층에 넓게 자리잡고 있던 은행 지점은 입구 널찍한 공간을 ATM에 내놓더니 이제는 2층, 심지어 3층으로 밀려나고 있다. 은행은 방대한 데이터를 분석해서 활용하는 디지털 기업으로 변신하고 있다. 비즈니스 모델이 뒤집힌 방송과 통신의 데자뷔 아닌가?

공급자에서 소비자로 축이 이동하면서 개인정보에 대한 인식 변화가 커졌다. 공급자 시대에는 마케팅과 서비스를 위해 개인정보를 마음껏 수집하고 활용했다. 그러나 소비자가 중심이 되면서 개인의 권한이 중요해졌다. 개인정보보호법의 정신은 개인정보를 어떻게 수집해서 활용했는지에 대해 서비스 제공자가 투명하게 밝혀야 한다는 것이다. 수정이나 삭제를 원하면 바로 조치를 해야 한다.

과연 공급자 입장에서 만든 정보 시스템이 이런 법적 요구사항을 제대로 반영할 수 있을까? 개인 고객의 의사가 즉각적으로 반영되려면 정보 구조 측면에서 대대적인 재설계가 필요하다.

책 『기술의 시대』에서는 프라이버시 권리 장전이라고 불리는 EU의 GDPR(개인정보 지침)에 맞추기 위해 마이크로소프트가 어떻게 대처했는지를 설명하고 있다.[88]

"고객들은 자신의 정보를 하나의 통일된 방식으로 볼 수 있는 단일한 절차를 기대할 것이고, 이런 일을 효율적으로 해내려면 이쪽 끝부터 저쪽 끝까지 우리 회사의 모든 서비스에 걸친 단일하고 새로운 정보 구조를 만드는 수밖에 없었다."

마이크로소프트가 단일한 정보 구조를 만드는 데는 2년이 꼬박 걸렸다고 한다. 개인정보보호법 준수가 중요한 시대에 배울 만한 사례다. 개인정보보호는 비즈니스 모델을 반영한 시스템 구조 재편이 필요하다.

이런 변화를 꾀하려면 현실에 대한 공감대가 중요하다. 개인정보보호는 개인의 권리 문제이기 때문에 법적인 비중이 크다. 그러나 IT 현실을 도외시한 규정과 정책은 IT 업무에 큰 부담이다. 개인정보 구조는 여러 시스템 속에 복잡하게 연결돼 있다. 법률 전문가에게는 한 줄 짜리의 가이드라인에 불과할지 몰라도 IT로 구현하려면 엄청난 시간과 노력을 필요로 하기도 한다. 적어도 IT와 보안을 아는 전문가가 같이 참여해야 실용적인 방안을 마련할 수 있다.

우리는 여전히 공급자 관점에서 이런저런 서비스를 만들어내는 데 급급하면서 개인의 요구사항을 반영하는 것은 귀찮은 업무라고 생각하고 있지는 않은가? 시대가 바뀌었다. '고객이 원하는 것을 파는 시대'에는 공급자 위주의 개념에서 벗어나야 한다. 개인정보보호를 위한 IT와 정보 구조의 재구성을 고려하는 것은 그런 노력의 일환이다.

보안은 혁신의 걸림돌인가?_Seamless vs. Frictionless

벤처기업을 창업해서 꾸려가던 시기의 일화다. 독자적으로 개발한 방화벽 제품을 시장에 납품하기 시작했다. 초기 제품은 완성도가 떨어지기 마련이다. 실제 환경에 설치해서 사용하다 보면 이런저런 문제에 직면하곤 한다. 제품 결함일 수도 있고 기능 부족일 수도 있다. 물론 고객 요구 사항도 반영해야 한다. 겨우 버텨갈 정도의 현금을 가진 기업으로서는 매순간 피가 마른다.

방화벽은 24시간 장애 없이 작동해야 하는 특성이 있다. 네트워크가 불안정해지거나 느려지면 그 비난을 고스란히 받게 된다. 어느 고객사에서 이상한 트래픽 징후가 가끔씩 나타난 적이 있다. 밤낮으로 제품 결함을 찾아보았지만 재현도 잘되지 않고 맘대로 테스트해볼 수도 없는 상황이었다. 고객은 "전에는 아무 문제없이 동작했는데 방화벽 제품을 설치한 후 문제가 생겼다"며 우리 제품을 일단 의심했다. 어찌 보면 당연하다.

다양한 환경 요소를 추적하다 보니 유독 특정 라우터를 사용한다는 공통점을 발견했다. 그렇지만 1990년대 후반만 해도 한국은 변방이었다. 전 세계 시장 점유율 2위 제품을 만든 미국 본사에서 들어보지도 못한 한국의 작은 기업이 꺼낸 문제 제기를 친절하게 대응해줄 리 만무하다.

그래도 좌절하지 않고 트래픽과 로그를 끈질기게 분석한 끝에 미국 제품의 결함을 발견했다. 입증 자료를 갖고 설득하고 논쟁한 결과 본사가 결함을 인정했다. 마침내 그 제품을 업그레이드함으로써 6개월 끌었던 문제를 원천적으로 해결할 수 있었다. 한편으로 통쾌했지만 작은 기업의 설움을 많이 느꼈다. 재무적으로나 체력적으로 힘든 기간이었지만 우리 제품에 대해 자신감을 갖게 된 것을 위로로 삼았다. 사업의 중대한 고비였던 셈이다.

IT에서 유독 많이 사용하는 영어 단어가 있다. 바로 심리스seamless다. 심

seam은 한국말로 '솔기'다. 솔기는 천과 천을 봉합했을 때 생기는 선을 말한다. 옷이나 이불을 만들 때 솔기가 없을 수는 없다. 솔기를 어떻게 처리하느냐에 따라 품질에 차이가 나는데 고가 의류 제품일수록 마감이 매끈하다.

IT를 구축할 때는 이런 솔기 즉 심이 많이 발생한다. 여러 개의 다른 컴퓨터가 말끔하게 연결되어 동작하려면 이러한 솔기를 극복해야 한다.

실리콘밸리가 성공한 이유로 규제가 없어서라고들 한다. 틀린 말이 아니다. 정부기관이나 단체에서 표준을 먼저 제정하는 것이 아니라 시장에서 널리 사용하는 기술이 표준이 된다. 우리는 이를 사실상 표준de facto standard이라고 부른다.

어떤 선도적 기업이 새로운 시장을 만들어내면 여러 기업이 춘추전국 시대를 이루면서 시장 우위를 차지하려고 치열하게 경쟁한다. 절대적 승자가 사실상 표준으로 정해지기까지 소비자는 여러 기업의 제품을 사용하게 된다. 결국 수많은 솔기가 발생하고 이를 통합하는 과정은 IT 구축 과정에서 넘어야 할 산이다. 앞서 방화벽과 미국의 네트워크 라우터의 연동도 누군가가 덜컥거림을 해소해야 소비자가 제대로 사용할 수 있다. 변방에서 온 제품은 시장에서 우위를 차지하는 제품의 결점을 울며 겨자 먹기로 감수해야 했다.

컴퓨터를 네트워크로 연결하면 기기 간의 약속 즉 프로토콜이 맞아야 한다. 현재 표준은 인터넷 프로토콜이지만 한동안 컴퓨터 제품별로 각자의 네트워크 프로토콜을 사용하고 있었다. 그러다 보니 서로 다른 네트워크를 연결시키는 것이 큰 일이었다. 심지어 그런 비즈니스로 먹고사는 기업이 있을 정도였다. 인터넷 프로토콜인 TCP/IP가 사실상 표준이 된 후에도 인터넷이 잘 연결되지 않는 경우가 많았다. 그래서 네트워크 전시회장에는 TCP/IP 규격에 부합하는지 여부를 테스트해주는 전시관이 있을 정도였다.

그 외에도 각종 소프트웨어 도구나 데이터베이스, 애플리케이션을 연동하는 것은 큰 숙제다. 사용자 입장에서는 하나의 애플리케이션에 불과하지만 데이터가 PC 화면에 나오기까지 그 뒷단에서는 여러 개의 시스템과 데이터베이스, 소프트웨어가 연결돼 돌아간다. 이 같은 연결과 통합의 업무는 업무 명세에 상세하게 나와 있지 않고 얼마나 걸릴지도 모른다. IT를 모르는 경영진은 IT 부서의 이런 애로사항을 이해하기 어렵다.

애당초 태생이 다른 기계와 알고리즘이 돌아가는데 덜컥거리는 건 당연하다. 그래서 여러 개의 컴퓨터 시스템과 소프트웨어를 유연하게 통합integration하는 것은 피할 수 없는 과정이다. IT 제품의 카탈로그에 '유연한 통합seamless integration'이라는 문구가 자주 등장하는 이유다.

기술적 연결 과정은 심리스로 표현하고 법적 요건을 맞추거나 리스크를 줄이는 통제 절차는 프릭션friction(마찰)이라고 부른다. 사이버 보안과 개인정보보호 정책은 대표적인 프릭션이다. OTP나 ARS로 인증을 한 번 더 거치게 하거나 고객에게 개인정보 활용 동의서를 받거나 현금을 많이 찾으려고 하면 보이스피싱이 아니라는 고객 확인서를 받는 것도 일종의 프릭션이다.

프릭션, 즉 마찰이 없는 비즈니스는 없다. 세상이 복잡다단해지면서 사기도 많고 위협도 커지고 규제 요건도 까다로워진다. 문제는 마찰이 너무 많으면 불편해서 고객이 떠난다는 사실이다. 고객을 붙잡아둘 수 있어야 지속적인 거래를 해나갈 수 있다. 그래서 마찰을 최소화하면서 고객을 유지하는 것이 중요한 경영 전략이다. 지불 송금과 결제를 편리하게 하는 것은 대표적으로 마찰을 줄이려는 전략이다.

그런데 모바일 환경에서 변수가 생겼다. 고객이 이탈하는 게 쉬워진 것이다. 가령 은행 지점에 찾아간 고객은 오래 기다려야 하더라도 지점까지 간 노력이 아까워서 바로 일어나지 않는다. PC로 인터넷뱅킹을 할 때 이런저런 소프트웨어를 설치하라고 하면 귀찮지만 PC 앞에 앉은 김에 인내하며 따른다.

그러나 스마트폰에는 홈버튼이 있다. 이 버튼만 누르면 고객이 즉각적으로 빠져나갈 수 있다. 스마트폰으로 앱을 사용할 때 답이 한참 나오지 않으면 어떻게 하는가? 계속 기다리는가? 아마도 바로 홈버튼을 누르고 나올 것이다. 모바일 사용자에게는 인내심을 기대할 수 없다. 따라서 모바일 환경에서는 더욱 섬세하고 치밀한 설계가 필요하다.

혁신은 심리스하게 매끈한 디지털 환경만 갖추면 되는 게 아니다. 피할 수 없는 마찰을 줄이기 위해 비즈니스를 재구성해야 한다. 업무 프로세스에 녹여 넣거나 리스크를 감수하면서 고객을 붙잡아두려고 노력해야 한다. 고객 입장에서 서비스를 들여다보는 현장 감각이 중요하다.

디지털로만 구성돼 심리스하게 돌아가면 고객은 아주 편리하다. 물 흐르듯 일사천리로 서비스가 제공된다. 그러나 그것은 해커에게도 편리하다. 그래서 일부러 중요 시스템에 접근하거나 자금 이체와 같이 리스크가 큰 업무를 할 때는 아날로그 방식의 프릭션을 추가한다. OTP와 같은 다중인증장치(MFA), 앱카드, ARS와 같은 방식은 별도의 물리적 채널이라서 해커의 공간을 벗어난다.

사용자는 심리스하고 프릭션이 적을수록 좋아한다. 편의성이 좋아질수록 더 편리한 것을 원하는 게 사람 심리다. 사이버 보안은 불편함을 줄일 수 있는 혁신적인 방법을 끊임없이 연구해야 한다. 그러나 때로는 불편한 마찰을 잘 설득할 수 있는 용기와 소통 능력이 필요하다.

매화축제와 BTS의 공통점_Platform

매년 3월 전라남도 광양시에서 매화축제가 열린다. 나도 매화축제를 가본 적이 있는데, 매화 물결과 인파로 넘치는 풍경을 보면서 매해 100만 명 이상이 방문한다는 문구가 실감이 났다. 마을로 들어가는 길목에 '홍쌍리 매실家'가 쓰여진 바위가 눈에 들어왔다. 매화 마을을 만든 홍쌍리 여사가 나와서 방문객과 소탈하게 얘기하는 모습도 볼 수 있었다.

홍쌍리 여사가 매화 마을을 만든 이유는 사람이 너무 그리웠기 때문이라고 한다. 첩첩산중에 시집오니 오가는 사람이 없고 밤이 되면 불빛조차 보이지 않는 칠흑 같은 어둠 속에 너무 외로웠다고 한다. "꽃이 피어야 벌 나비가 오듯이 사람이 올 것 아닌가?"라는 소박한 생각에 매화나무를 심었는데 많은 사람이 매화를 보러 오고 사람들을 안내하기 위해 먹을거리와 볼거리가 생겨나기 시작했다. '매화'라는 브랜드로 매화 마을은 플랫폼이 됐고 그 안에서 생태계가 형성된 것이다.

영국 런던의 웸블리 스타디움에 서는 게 꿈이었던 방탄소년단(BTS)은 그 꿈을 이뤘다. 영화 〈보헤미안 랩소디〉에 등장했던 라이브 에이드 공연의 실제 배경인 웸블리 스타디움에서 이틀 연속 매진을 기록했다. 수만 명의 외국인이 한국어로 떼창하는 광경을 보면 우리도 어리둥절할 정도다.

BTS 현상을 놓고 각양각색의 해석이 있지만 BTS를 키워낸 방시혁 대표의 비전에서 그 요인을 엿볼 수 있다.

"저는 방탄소년단이라는 아이들이 반짝반짝 빛나는 멋진 스타에서 한걸음 더 나아가길 원했습니다. 팬들과 인간 대 인간으로 긴밀하게 소통하면서 선한 영향력을 주고받을 수 있는 수직적이 아닌 수평적인 리더십을 가진 아티스트가 되길 원했습니다."[89]

BTS는 막대한 자본과 유통사에 의해 음악을 수직적으로 전달하는 게임의 법칙을 바꿨다. 유튜브로 BTS 팬덤인 아미(ARMY)와 같이 호흡하고 소통하는 수평적 모델을 창출해낸 것이다. 전 세계에 수많은 BTS 아미가 형성된 배경은 자신들의 일상과 고민을 SNS로 나누어왔던 BTS 멤버들의 순수함과 진솔함 덕분이다. SNS 플랫폼을 통해 수많은 점으로 연결된 글로벌 커뮤니티 위에 자신들의 실력과 메시지 즉 킬러 콘텐츠를 결합한 것이다. BTS를 비롯한 K-POP은 모바일과 유튜브가 만들어낸 플랫폼 시대의 전형적인 사례다.

산업혁명으로 기계와 동력을 이용해 생산성을 높임으로써 대량 생산의 제조업 시대를 열었다. 한편 교통 혁명으로 물품의 장거리 이동이 가능해지면서 소비가 대량으로 늘어났다. 바야흐로 '규모의 경제'가 현실이 됐다. 기업은 기획, 개발, 생산, 마케팅, 유통, A/S의 가치 사슬을 어떻게 효율적으로 구성할 것인가 하는 현대 경영 방식을 정착해갔다. 수요와 공급이 커지고 시장이 큰 폭으로 성장하면서 각 사슬을 구성하는 영역에서 다양한 기업이 생겨나고 일자리가 창출됐다.

디지털 기술과 인터넷은 수요와 공급이 쉽게 만날 수 있는 공간을 마련해주었다. 바로 플랫폼이다. 플랫폼 안에서 생산과 소비, 정보 교환이 동시에 일어남으로써 기존의 비즈니스 모델과 유통 체계는 무너지고 있다. 플랫폼은 전통적인 가치 사슬을 깨뜨리고 새로운 형태의 모델을 창출한다. 커뮤니티가 형성되고 그 속에서 교환 메커니즘이 작동한다. 생산과 소비가 한 플랫폼에서 수행되는 프로슈머 시대가 된 것이다.

매화 마을은 아날로그 장터다. '매화'라는 브랜드에 끌려 전국 각지에서 방문객이 모여들어 다양한 상품과 서비스를 접한다. 아날로그 플랫폼의 단점은 날씨가 좋고 교통이 원활해야 많은 사람이 찾아올 수 있다는 점이다. 이에 비해 디지털 플랫폼은 비가 오나 눈이 오나 전염병이 돌아 자가격리가 되건 상관없이 돌아간다.

디지털 기술로 구성된 플랫폼의 매력은 유연하게 규모를 늘릴 수 있는 스케일링이다. 자본과 노동력이 주요 자원인 산업에서는 수요가 급증하더라도 공장 설비나 인력을 갑자기 늘리기가 쉽지 않다. 그러나 IT 서비스는 참여자가 늘어나 트래픽이 증가하더라도 서버만 추가하면 가능하다. 공장 라인을 늘리는 수준과는 차원이 다르다.

사이버 보안도 플랫폼으로 진화하고 있다. 초기에는 사이버 공격이 들어오는 경로에 보안 제품을 설치해서 탐지하고 차단하면 충분했다. 그러나 IT가 비즈니스 전반에 퍼지면서 수비할 대상이 많아졌다. 수많은 컴퓨터가 네트워크로 연결될수록 허점이 많아지고 이를 겨냥한 사이버 공격이 전방위적으로 일어난다.

적은 우리가 지키는 곳으로 들어오지 않는다. 공격의 길목을 차단하는 것만으로는 부족하다. 전방위적 공격에 대비하려면 광범위한 수비 태세를 갖추어야 한다. 그러려면 컴퓨터, 데이터베이스, 장비, 애플리케이션 등에서 폭넓게 수집된 데이터 즉 로그를 수집한 플랫폼을 중심으로 공격자의 움직임을 입체적으로 분석해야 한다.

경찰이 범죄자를 잡기 위해 탐문수사 하는 광경을 영화나 드라마에서 쉽게 볼 수 있다. 범죄자 동선을 예측하는 중요한 수단은 곳곳에 설치돼 있는 카메라다. 동네 슈퍼에 설치된 CCTV나 자동차 블랙박스는 오가는 사람이나 자동차를 파악하는 데 유용한 단서가 된다.

해커의 움직임을 판단하는 것은 곳곳에 설치된 센서와 시스템에서 제공하는 '로그'다. 해커는 여러 시스템을 오가면서 훔치려고 하는 데이터가 있는 시스템에 접근한다. 더불어 정찰을 통해 취약점이 있는 시스템을 파악해낸다. 우리가 사용하는 컴퓨터, 애플리케이션, 데이터베이스, 네트워크는 수많은 로그를 생성한다. 그 로그 속에서 해커의 행위를 감지해내는 지능적 방법이 중요하다.

사이버 방어는 보안 플랫폼을 중심으로 데이터를 분석하고 예측하는 역량에 달려 있다. 당연히 빅데이터 분석과 AI는 핵심이다. 내부에서 수집된 각종 로그 데이터와 실시간으로 수집되는 위협 정보가 결합되어야 상황을 정확하게 판단할 수 있다.

결국 데이터 싸움이다. 위협 정보를 글로벌하게 파악하고 공유하는 것은 이 싸움에서 이기기 위해 갖춰야 할 최소한의 장비다. 민관군의 협력이 필요하고 동맹국가와의 연대가 중요한 것은 위협 정보의 공유 때문이다. 최대한 빠르게 양질의 위협 정보를 공유할수록 우리의 방어력은 높아진다.

무대 위에 오른 프라이버시_Surveillance vs. Privacy

KBS 대하 드라마 〈조선왕조실록 500년〉의 극작가인 신봉승 교수의 강연을 접할 기회가 있었다.

"자료를 어떻게 찾아야 하나 고민하던 차에 어느 젊은 학생의 권고로 구글의 이미지 검색을 통해 큰 도움을 받은 적이 있습니다. 오늘 이 강의 자료에 있는 이미지를 다 그렇게 얻었어요. 참 좋은 세상입니다. 그런데 그 후에 호기심이 생겨서 내 이름을 검색해봤습니다. 그랬더니 수십 페이지의 자료가 나오는데 나도 보지 못했던 내용이 있지 않겠어요?"

그는 자신의 체험을 통해 느낀 점을 전했다.

"참으로 신기한 세상이라는 생각이 들었습니다. 이렇게 생생한 정보를 돈 한푼 내지 않은 나에게 찾아주다니… 내가 살아온 방식으로는 도저히 해석되지 않습니다."

네이버나 카카오, 구글이나 페이스북은 우리에게 많은 혜택을 준다. 우리는 물건을 검색하고 SNS로 소통하고 택시를 호출하고 뉴스를 찾는다. 이것은 모두 공짜다. 그렇다면 사용자인 우리는 그들의 고객일까? 우리는 고객이 아니다. 이 플랫폼의 고객은 어마어마한 매출을 가져다주는 광고주다. 광고주는 자신들이 원하는 고객을 얻는 대가로 돈을 지불한다.

그렇다면 사용자인 우리는 무엇인가? 우리는 그들에게 개인정보를 파는 상품이다. 나의 정보, 나의 기호, 나의 위치를 제공하는 대가로 무료 메일, 저장 공간, 친구 맺기, 간편 지불, 국제전화를 할 수 있다. 돈 한 푼 안 내고 이런 풍성한 서비스를 받으니 나쁠 게 없는 거래다. 기분이 나쁜가? 그것이 우리가 선택한 플랫폼의 엄연한 사업 모델이며 보통 한 문장으로 표현된다.

당신이 돈을 지불하지 않는다면 당신이 상품입니다.

벤처 투자자 로저 맥너미는 실리콘밸리 비즈니스가 변해온 과정을 다음과 같이 얘기했다.

"저는 기술 분야의 투자자로 35년 동안 일해왔습니다. 실리콘밸리의 처음 50년은 하드웨어와 소프트웨어 제품을 고객에게 파는 훌륭하고 단순한 사업이었습니다. 지난 10년간 실리콘밸리에서 큰 회사들은 그들의 사용자를 팔고 있습니다."[90]

산업화 시대에는 전혀 없었던 사업 모델이 디지털 시대에 탄생했다. 개인정보를 매개 상품으로 플랫폼에는 새로운 경제 생태계가 형성됐다. 때로는 디지털 플랫폼이 우리 자신보다도 우리를 더 잘 안다. 플랫폼 사업자는 정교한 알고리즘으로 상품과 서비스를 팔 고객을 찾는 데 혈안이 된 광고주를 상대로 돈을 벌어들이고 있다.

디지털 플랫폼은 일부 테크 기업만의 영역이 아니다. 개인정보를 상품으로 돈을 버는 모델은 아니지만 정부기관, 병원, 금융, 기업은 디지털 플랫폼 서비스를 확장하고 있다. 정보가 플랫폼으로 집중되면 그 자체가 권력이다.

권력과 인권은 항상 대치 관계에 있다.

『사피엔스』의 저자 유발 하라리는 영국 파이낸셜타임스에 기고한 글[91]에서 '전체주의적 감시 vs. 시민의 권한' 사이의 문제를 제시한다. 감시를 통한 철저한 통제냐 프라이버시와 기본권에 입각한 통제냐의 차이이다.

그는 코로나19에 대처하기 위해 만든 단기적인 비상대책이 우리 삶에 고착화되는 비상사태의 본질에 주목한다. 피해를 줄인다는 명목으로 동원된 특단의 방편들이 권력자에 의해 악용될 수 있다는 얘기다. 기술 발달로 정부가 원하면 얼마든지 통제가 가능한 세상이 됐다. 특히 바이오 기술을 이용해 '근접over the skin'이 아닌 '밀착under the skin' 감시로 급속히 바뀔 수 있는 환경에 대해 깊은 우려를 표시한다. 그는 또한 '감시 체제 역사상 중요한 분수령에 처해 있다'라는 역사가로서의 견해도 밝혔다.

한국이 코로나19 감염자 증가 속도를 조기에 잠재울 수 있었던 비결로 접촉자 추적 조사를 꼽는다. 확진자로 판명나거나 감염이 의심되는 사람과 접촉했던 사람을 철저히 추적해서 바이러스를 고립시키는 전략이다. 광범위한 테스트, 신속한 치료와 격리, 심층적인 접촉자 추적은 전문가들이 이구동성으로 주장한 최선의 방책이다.

한국은 과거 메르스로 뼈아픈 경험을 하고 추적 조사의 중요성을 절실히 깨달아 그 교훈을 시스템화했다. 예를 들어 감염자의 시간별 동선을 인근 지역 시민에게 스마트폰으로 알려주는 것이다. 목적을 잘 이해하고 따르는 시민들의 참여가 있었기에 주효했다.

그러다 보니 신용카드 거래내역, CCTV, GPS 데이터를 활용한 것이 프라이버시 침해라는 목소리도 높다. 이 질문에 대해 박은하 주영국대사는 스카이뉴스와의 대담에서 "우리는 5년 전 메르스 사태를 겪으며 전염병 발생 시 추적할 수 있는 법적 근거를 마련했습니다"라고 운을 뗀 뒤 "우리는 공중

보건과 프라이버시 사이의 균형을 잡기 위해 노력했으며 한국 국민은 공중보건이라는 공익을 위해 어느 정도 타협했습니다. 그것이 시민의식입니다."라며 프라이버시 침해에 대한 주장을 반박했다.

생명은 어떤 것과도 비교될 수 없는 가치다. 무증상 상태에서 다른 사람이 감염되거나 죽을 수 있을 정도의 가해를 입힐 수 있는 상황인데 개인의 자유의지에만 맡길 수는 없다. 프라이버시 기본권과 국민 안전 중에서 우리는 전염병으로부터의 안전을 선택했다. 사실 우리가 추적하는 대상은 감염자가 갖고 있는 바이러스의 동선이지 각 개인의 사생활이 아니다. 따라서 공중보건이 우선한다는 사회적 공감대가 있다면 목적 자체는 명확하다.

문제는 정보를 처리하고 저장하는 과정에서 중요 정보가 목적에 맞게 사용될 뿐 남용하지 않았는지, 절대 유출되지 않도록 보안 체계를 제대로 구축했느냐 하는 점이다. 우리의 동선을 측정한 수많은 데이터는 제대로 관리됐던가? 여기에 대해서는 막연히 가정만 할 뿐 확실한 답을 들은 적은 없다. 프라이버시는 철저하고 투명한 거버넌스를 전제로 형성된다.

유발 하라리는 프라이버시와 건강 중 하나를 선택하라는 프레임 자체가 잘못됐으며 '우리는 프라이버시와 건강을 둘 다 누릴 수 있고 또 그래야 한다'고 주장한다. 전 국민이 참여하는 추적 플랫폼의 안전을 위해서는 투명한 정책과 보안 체계가 받쳐줘야 한다. 결국 프라이버시와 건강, 두 마리 토끼를 잡는 길은 얼마나 철저하게 보안 프랙티스를 실행하느냐에 달려있다.

우리는 개인정보가 플랫폼에 집중된 시대를 살아가고 있다. 더 많은 개인정보가 수집되고 활용되고 결합되고 있다. 국가적으로 어떤 선택을 하는 가는 국민에게 달려 있다.

축구 전술의 변화_Offense vs. Defense

사상 최초의 겨울 월드컵이 2022년 카타르에서 거행됐다. 평소 축구에 관심이 없던 사람들도 끌어들이는 월드컵의 마력 때문일까? 2002 월드컵 4강 진출의 추억을 기억하는 우리 국민은 궂은 날씨 속에 승리의 염원을 담아 열띤 응원을 펼쳤다.

역사적으로 축구의 규칙과 형식은 변하지 않았다. 그러나 축구 경기를 풀어나가는 방식에는 그동안 많은 변화가 있었다. 박지성 선수가 맨체스터 유나이티드로 이적해서 처음으로 잉글랜드 프리미어리그를 접했을 때 마치 농구나 핸드볼 경기를 보는 듯한 빠른 경기 스피드에 놀란 적이 있다. 축구 경기장의 크기가 다르거나 선수가 더 늘어난 것도 아닌데 왜 내가 알던 축구와는 다르게 느껴졌을까?

과거 축구는 공격수와 수비수의 역할 구분이 뚜렷했다. 1970년대에 접어들며 네덜란드가 공격과 수비의 경계를 허문 '토털 사커(전원 공수 가담)'를 내세워 화제를 불러일으켰다. 그 후 세계 축구는 11명의 선수가 공격과 수비의 구분 없이 입체적으로 빠르게 움직이는 형태로 발전해왔다. 2002 월드컵에서 한국의 4강 신화를 이끌어낼 수 있었던 비결도 멀티플레이어와 압박 전술로 공수의 경계를 넘나드는 경기 방식을 펼쳤기 때문이다.

이러한 변화를 보여주는 대표적인 포지션이 윙백wing-back이다. 윙백은 윙어winger와 풀백full-back의 합성어로 팀의 전술에 따라 공격적인 역할까지 맡는 측면 수비수를 뜻한다. 카타르 월드컵 조별리그 가나전에서 크로스(드리블하던 공을 중앙으로 패스하는 것)를 올려 두 번째 골을 어시스트한 김진수 선수가 한국의 왼쪽 윙백이다. 2002 한일 월드컵 16강 연장전에서 이탈리아를 무너뜨린 안정환 선수의 헤딩 골을 어시스트해준 이영표 선수도 왼쪽 윙백이다. 이처럼 현대 축구는 10명의 필드플레이어는 물론이고 골키퍼까지 빌드업을 같이 만들어가는 형태로 진화하고 있다.

공격이 입체적으로 전개되면 수비도 유연하고 역동적이어야 한다. 수비수가 전방으로 나가면 누군가가 그 자리를 백업해야 한다. 그래서 최전방 공격수인 손흥민 선수가 최후방까지 내려오거나 역으로 최후방 수비수인 김민재 선수가 골을 넣기도 한다.

서로를 도와 하나의 유기체처럼 움직임으로써 발전할 수 있었던 현대 축구처럼 사이버 보안도 특정 기관이나 부서만의 역할에서 벗어나고 있다.

적국이 무력 도발의 징후를 보이면 최고군사통제권자인 대통령부터 군의 주요 책임자가 전시상황실war room에 모인다. 북한이 핵무기 실험을 하거나 미사일을 발사할 경우 전시상황실에 모였다는 뉴스를 접할 수 있다.

사이버 방어도 전쟁의 형태로 간주해서 관제센터가 컨트롤센터로 작동한다. 나도 과거 디도스 공격이 벌어질 때 관제센터에서 업무를 본 적이 많았다. 그런데 사이버 공격은 디도스 공격처럼 알려진 채널로만 들어오는 것이 아니다. 어느 기업에 공격을 한다면 그 직원의 PC를 감염시키거나 협력 업체를 거쳐 우회해 입체적으로 침투한다. 마치 후방에 있던 윙백이 공격 전면으로 나서듯이 사이버 공격의 전개는 예측 불허다.

국가적으로는 더 복잡하다. 전 국민이나 민간기업이 공격 루트다. 파악하기도 어려운 해외에 있는 서버에서 공격을 전개한다. 전 세계가 네트워크로 연결돼 있어 가능한 일이다. 물리적 전쟁은 군과 첩보기관 중심으로 전개되지만 사이버 공격은 연결된 컴퓨터라면 어디에 있든지 악용한다.

따라서 전시상황실과 같은 개념으로 일부 책임자만 모여서 사이버 공격을 방어하기는 어렵다. 전쟁은 군인들의 싸움이지만 사이버 전쟁은 전면전이다. 정부와 기업, 보안 전문가, 동맹 등 국가 자원을 총동원해야 한다. 따라서 네트워크에 참여하는 모든 기업이 대응할 수 있는 체계를 마련해야 한다. 민간 기업과 개인의 자발적인 참여를 유도하면서 국가 전체의 팀워크를 갖추어야 한다.

또한 기능적인 조직 형태로 여러 부서가 나열돼서는 입체적인 공격에 대비할 수 없다. 군을 이끄는 장군, 정부와 기업의 보안 전문가, IT 개발 프로젝트 리더 등 현장 리더들이 합심해서 비상 대응에 참여해야 한다. 보안 사고를 경험한 전문가를 컨트롤타워로 세워 공격 가능성에 대비해야 한다.

기업에서도 사이버 보안이 방어를 전담하는 부서의 역할에 머무르면 안 된다. 물론 사고 분석이나 모니터링, 기술적 통제와 같은 전문 영역은 보안 부서가 담당하지만 각 비즈니스 부서에서도 각자의 역할을 책임지고 수행해야 그 조직을 지킬 수 있다.

각 부서에서 해야 하는 대표적인 보안 업무는 접근 권한 검토다. 누가 어떤 데이터에 접근할 수 있는지에 대한 판단은 어디서 해야 하는가? IT 부서? 정보 보안 부서? 아니다. 그 업무를 관장하는 각 부서에서 정확히 접근 권한을 판단할 수 있다.

정당한 접근 권한을 부여하고 이를 점검하고 부서 이동할 경우 권한을 삭제할지 여부는 해당 부서에서 잘 안다. 물론 계정 관리 도구를 제공하고 정책을 반영하는 업무는 IT와 보안 부서의 역할이지만 어디까지나 각 부서에서 정확하게 권한 검토를 했다는 가정에 기반을 두고 있다.

조직 내에서 스스로 수비수도 아니라고 생각했는데 공격을 받는 경우가 있다. 해커가 피싱 메일을 보냈을 때다. 피싱 메일은 IT 전문가에게 보내지 않는다. 오히려 IT에 가장 서툴거나 관심이 없을 것 같은 직원을 정조준해서 보낸다. 그래야 메일에 담긴 악성 링크를 클릭할 가능성이 크기 때문이다.

어느 국가 연구소에서 특정 주제로 연구하는 연구원 15명에게만 피싱 메일이 도착한 적이 있다. 그 주제에 관한 세미나라든지 최신 연구 논문처럼 관심을 유발하는 메일을 보낸 것이다. 해커는 메일을 보내기 전에 이미 상대방에 대한 많은 사항을 알고 있다. 해커가 일방적으로 유리한 게임이다. 무심코 클릭한 순간 악성코드가 설치되면서 해커는 그 조직의 내부망에 발을 담그게 된다.

윙백이 수비 포지션이지만 공격해 들어가서 센터링을 날리듯이 IT와 전혀 관련 없는 당신이 사이버 공격의 전면에 나서야 할 수도 있다. 따라서 전 직원이 보안 위협을 인지하고 대비하는 것은 아주 중요하다. 무엇보다 사이버 공격이 네트워크에 연결된 모든 기기와 사람을 이용해서 입체적으로 전개되는 시대에 수비도 입체적이고 역동적으로 바뀌어야 한다.

봉준호 감독의 균형감_Liberal Arts & Technology

동양인 최초로 아카데미상 감독상을 받은 영화 〈기생충〉의 봉준호 감독은 '봉테일'이라는 별명이 말해주듯 완벽할 정도로 디테일한 것으로 알려져 있다. 영화에 참여한 배우들도 공통적으로 '연기에 들어가는 순간 시나리오나 환경이 너무 잘 준비되어 있어서 그냥 연기하면 된다'고 말했다.

2020년 산타바바라 국제영화제에서 봉준호 감독은 다음과 같은 인터뷰를 했다.[92]

"당신은 스토리보드가 모든 것을 말해줄 정도로 디테일해서 당신이 원하는 것을 정확히 알고 있습니다. 그런데 한편으로는 배우들의 즉흥적인 연기를 좋아하죠. 어떻게 두 가지가 병존할 수 있나요?"

"스토리보드를 엄청 열심히 만들지만 그것은 프로덕션 디자이너나 조명 등을 담당하는 기술적인 스태프를 위한 것입니다. 물론 그것을 정밀하게 컨트롤하지만 그렇게 짜인 무대 안에서는 배우를 최대한 편하게 해주고 싶은 마음이 있습니다. 살아서 날뛰는 물고기처럼 만들어주고 싶어요."

그는 단지 치밀하게 준비해 기계처럼 만드는 것이 아니라 배우의 감정을 살린 인간적인 영화를 만든다. 한마디로 인문학과 기술technology의 융합을 영화 촬영 현장에서 실천하고 있다. 매뉴얼에 치우치거나 감정에 휩싸이지 않는 균형감과 프로 의식이 명장을 만들었다.

2011년 아이패드 2 발표 회장에서 스티브 잡스는 '인문학'과 '기술'이라는 두 개의 이정표가 교차하는 화면을 보여주었다. 그는 "기술만으로는 충분하지 않습니다. 기술은 인문학과 결혼해야 합니다"라며 단정한 뒤 "포스트 PC는 사용하기 쉽고 직관적이어야 합니다. 단순한 실리콘 결합이 아닙니다"라고 덧붙였다. 애플의 제품과 조직의 DNA에 이 정신을 성공적으로 이식한 스티브 잡스가 말했기에 더 마음에 와닿았다.

인문학과 기술의 융합. 멋진 표현 아닌가? 그 후 조찬 모임과 세미나에서 많이 인용된 주제였고 인문학 열풍에도 기여했다. 나이가 들수록 젊은 시절 읽었던 소설이나 역사책에 손이 가기 마련이다. 힘든 풍파를 거치며 살다 보면 자신의 삶과 경험을 표현해내는 인문학적 성찰에 빠져들기도 한다. 고전에서 얻는 지혜는 시대를 초월해 가르침을 준다.

그러나 우리에게 필요한 것은 타임머신을 타고 가서 그 당시의 과거에 머물러 있는 인문학이 아니다. 인문학적 사고와 통찰력은 중요하지만 단순한 인문학적 로망과는 거리가 있다. 디지털 시대로 오기까지 우리가 살아온 삶의 양식을 돌아보면서 오늘의 현장에서 창의력을 발휘하는 것이 핵심이다. 급속한 기술 발전은 인간 사회에 큰 변화와 충격을 주고 있다. 과연 우리는 그러한 변화 속에서 현재와 미래의 삶을 준비하고 있는가?

무엇보다 인문학과 기술의 융합이라는 거창한 명제 이전에 세분화되고 갇힌 사회를 타파해야 한다. 『인문학 이펙트』의 저자 스콧 하틀리는 “생물학, 화학, 물리학, 수학과 같은 소위 ‘순수과학’이 사실은 인문학의 핵심 구성 요소라는 사실을 간과하고 있다”고 전제한 뒤 “인문학과 STEM(과학·기술·공학·수학) 교육 사이에는 잘못된 이분법이 자리 잡았다”고 주장한다.[93]

다행히 우리는 어느 때보다도 이분법을 깨뜨릴 수 있는 환경에 살고 있다. 인문학적 상상력과 기술을 연결해주는 열쇠가 있기 때문이다. 바로 소프트웨어다.

오늘날 전 세계는 컴퓨터와 인터넷으로 연결돼 돌아간다. 지구 어느 곳에 가도 스마트폰이 동작한다. 다양한 문화를 접하면서 소프트웨어와 데이터로 커뮤니케이션할 수 있는 환경 덕분에 과거 현자들로부터 이어온 인문학적 상상력과 통찰력을 구현할 수 있다.

새로운 세계에서는 과거와는 다른 갈등과 혼란이 더해지고 있다. 사이버 보안과 프라이버시는 신기술과 새로운 환경에서 탄생한 고민거리다. 사이버 보안은 컴퓨터와 네트워크, 소프트웨어의 취약점이라는 기술 문제에서 발생했지만 인터넷이 전 세계를 연결하는 근간이 되면서 경제 활동, 국가 안보, 사회 안전의 문제로 발전했다. 따라서 우리는 위협과 압제, 범죄의 심리, 전쟁의 잔혹함과 같은 인류 역사가 안고 있던 문제를 사이버 공간에 투영해서 접근해야 한다.

이미 사이버 보안과 인문학을 결합한 연구를 선구적으로 실험한 기관이 있다. 1998년에 설립한 퍼듀 대학교의 CERIAS* 다. CERIAS를 설립한 유진 스패포드 교수는 1988년 ‘모리스 웜’을 연구하면서 사이버 보안에 몸담은 이래 수십 년간 미국 정부기관과 기업을 도와주고 수많은 보안 전문가를 배출

* Center for Education and Research in Information Assurance and Security

한 사이버 보안의 산 증인이다.[94]

스패포드 교수는 CERIAS의 철학이 여러 학문을 넘나드는 다학제적Multi-disciplinary 프로그램이라고 강조했다. 사이버 보안을 기술만으로 보지 말고 사람과 조직의 문제를 같이 봐야 한다는 것이다. 이른바 융합적 연구를 말했다. 그래서 CERIAS에는 컴퓨터와 전자공학은 물론 경영학, 수학, 언어학, 심리학, 정치학, 사회학, 철학, 핵공학, 경제학, 교육학 등을 총망라하는 18개 학과, 6개 단과 대학이 참여하고 있다.

인터넷과 앱 경제, 디지털 전환, 4차 산업혁명. 모두 소프트웨어를 이용해 상상력이 실현된 결과다. 그러려면 인문학과 기술이 소프트웨어를 통해 만나야 한다. 인문학 전공자는 적극적으로 상상을 실현하기 위해 코딩을 배우고 기술 변화를 이해하고 STEM 전공자는 기술적 스킬을 스토리텔링할 수 있는 커뮤니케이션 능력 함양이 필요하다. 서로가 상대방을 향해 달려가야 한다. 디지털 시대의 언어인 소프트웨어를 구사하고 과학과 기술로 나아지는 미래 사회를 꿈꿀 수 있어야 한다. 융합은 개방적인 마인드로 현장에서 치밀하게 고민하는 가운데 이루어질 수 있다.

사이버 보안도 기술과 사람의 심리, 지정학적 배경, 공동체의 목적 등을 고려해서 문제를 해결해야 한다. 이를테면 보이스피싱은 경제적으로 어려운 사람들의 절박한 심정을 파고든다. 피해자의 심리적 약점을 노리는 범죄자의 행동 양식을 알아야 한다.

사이버 보안으로 야기되는 문제는 너무나도 많은 사회적 어젠다를 던지고 있다. 그럼에도 사이버 보안을 기술 문제로 치부하는 것은 시대적 착오다. 인문학적 소양과 기술의 융합적 사고가 더욱 성숙하고 안전한 사회로 이끌 수 있다.

카카오택시가 편리한 이유_O2O

카카오택시를 이용하면 무엇이 좋은가? 우선 택시 잡느라 애쓸 필요가 없다. 그런데 진짜 편리함은 목적지를 알려주는 방식에 있다. 보통 택시를 타서 처음 만난 기사에게 행선지를 말할 때가 가장 불편하다. 친절하게 잘 응해주는 기사 분이 많지만 목적지를 잘 모르는 분도 있고 혹 '거리가 가깝다'거나 '교통 체증이 많다'는 등 은근히 불만의 메시지를 보내는 분도 있다. 카카오택시는 말하기 어려운 목적지를 이미 알려주었고 그것을 선택한 기사가 오는 방식이라서 더 이상 눈치 볼 필요가 없다.

1980년대에 유학을 떠날 때 생존 영어 중 하나로 햄버거 주문 방법을 배워갔다.

"For here or to go?"

간단하지만 잘 안 들리는 표현이다. 하루는 milk를 주문하자 종업원이 beer로 알아들어 애먹은 적이 있다. 주문하려고 줄 서 있는 사람들을 뒤에 두고 한 끼를 먹기 위해 종업원과 대화하는 것은 스트레스였다.

요즘은 햄버거 가게에 들어가면 커다란 디스플레이의 키오스크를 첫 번째로 마주하게 된다. 주문과 결제가 여기에서 이뤄진다. 모든 메뉴를 볼 수 있고 치즈나 토마토 등을 추가하는 세밀한 주문도 가능하다. 음식을 선택하는 과정은 여유 있고 디테일하게 디지털로, 음식을 만들어 전달하는 방식은 아날로그로 진행된다. 물론 기계와의 대화가 낯설고 불편하다는 불만도 있다. 그럼에도 음식 주문과 전달을 디지털과 아날로그 두 채널로 진행하는 시도는 정착해가고 있다.

인간의 삶과 컴퓨터의 융합 스토리를 O2OOnline-to-Offline 모델이라고 한다. 인간이 먹고 보고 눈으로 즐기는 오감의 영역, 즉 우리의 삶인 아날로그 세계는 디지털 기기의 대중화와 사물인터넷 덕택으로 빠르고 편리하게 디지털화되고 있다. 일단 디지털 영역에 들어가면 알고리즘이 작동해 자동화되고 지능화된다. O2O는 창의적인 사업 모델을 만들어내고 있다.

시대적 변곡점은 스마트폰이었다. 스티브 잡스가 아이폰을 발표하는 순간 청중은 휴대전화에 컴퓨터 기능이 추가된 수준이 아니라 역으로 컴퓨터에 전화기가 들어간 차원임을 깨달았다. 기술적으로 스마트폰은 PC에서 진화했다. 그러나 단지 기술의 조합에 그쳤다면 시대를 바꾸지 못했을 것이다. 스마트폰은 사람이 기계를 대하는 태도를 바꿔놓았다.

기계를 대하는 사람의 자세는 어디에서나 비슷하다. 공장 기계를 돌리거나 가정에서 세탁기를 돌리거나 PC를 사용하거나 크게 다르지 않다. 사람이 기계 앞에 다가가 명령어와 매뉴얼을 터득해서 기계를 조작한다. 그런데 스마트폰은 내가 있는 위치로 편안하게 정보를 끌어당긴다. 인간이 기계에 다가가는 게 아니라 기계가 인간이 다가오게 만든 것이다.

▶ *PC vs. Mobile*

문제는 세대별로 기계를 받아들이는 깊이와 범위가 다르다는 사실이다. 젊은 세대는 스마트폰의 장점을 활용해서 O2O 모델을 자유자재로 구사한다. 식당에 가서도 키오스크가 더 편하고 정보 검색과 택시 예약은 디지털이 우선이다. 반면에 디지털에 익숙하지 않은 세대는 아날로그가 더 편하다. 식당에 사람이 없으면 주문할 수도 없고 택시를 타고 싶어도 잡기가 쉽지 않다.

어느 중소기업 사장이 사기를 당할 뻔했다. 그 분은 스마트폰을 갖고 있지만 전화, 인터넷 검색, 카카오톡을 주로 사용한다. 스마트폰으로 온라인 업무는 거의 하지 않는다. 은행 관련 업무도 직접 지점을 방문해 거래한다.

문제의 근원은 디지털 혁신 서비스였다. 온라인으로 은행 계좌를 개설하는 것을 넘어 오픈뱅킹으로 본인 계좌를 모두 조회하고 이체하는 게 가능해졌다. 물론 본인만 할 수 있고 본인 인증 절차도 까다롭다. 그런데 범죄자가 그 분의 신상정보를 모두 알아냈다. 훔친 이름으로 휴대전화를 개통하고 인증서를 새로 받고 은행 계좌를 만들기까지 일사천리로 이루어졌다. 다행히 이체하는 과정에 우리의 사기 방지 시스템에 걸려서 피해를 막을 수 있었다. 일부 다른 금융기관에서는 피해가 있었다고 한다.

너무나도 놀란 비서는 “우리 사장님이 디지털에 대해 잘 몰라요”라며 고마움을 표시했다.

온라인과 오프라인 채널을 오가는 사회가 되면서 맹점이 나오기 시작했다. 온라인을 전혀 사용하지 않는 분들은 새로운 온라인 서비스를 시도할 엄두도 내지 않는다. 그런 분의 이름으로 온라인 서비스에 연결된다면 사기 범죄에 대해 무주공산이 된다. 어떻게 개인 신상정보를 확보한 것일까?

솔직히 나는 내 주민등록번호, 전화번호, 주소를 모두 탈취당했다고 생각하며 산다. 평생 살아오면서 주민등록번호를 얼마나 많이 적어냈는지 기억나지 않는다. 애당초 주민등록번호는 국가가 교육, 병역, 세금, 금융 등을 효과적으로 관리하기 위해 탄생한 것이지 기밀성이 요구되는 정보가 아니었다. 게다가 나는 똑같은 휴대전화 번호를 10년이 넘도록 사용하고 있다. 이런 상황에서 개인정보는 이미 탈취된 상태라고 가정하고 범죄 시나리오에 대응하는 게 현실적이지 않겠는가?

나는 사용하지 않는 SNS 계정을 폐쇄하지 않았다. 혹시 다른 사람에게 피해를 줄까 걱정해서다. 만일 내 계정이 없다면 누군가가 내 이름으로 SNS 계정을 개설할 수 있다. 네이버나 구글에 검색만 해도 내 프로필이 거의 다 나오기에 어렵지 않다. 누군가가 나를 사칭해서 계정을 만든 후 내 친구나 지인, 친지에게 SNS로 접근하면 그들은 나라고 생각할 것 아닌가? 온라인에서 사칭을 통한 범죄 행위는 잡아내기가 어렵다. 주위 사람에게 폐를 끼치지 않기 위해 사용하지 않더라도 온라인과 오프라인을 관리할 필요가 있다. 혁신 서비스가 만들어낸 불편함이다.

디지털 세상이라고 하지만 온라인만으로 살아갈 수는 없다. 나는 중요한 서류를 종이 문서로 보관하고 있다. 서비스를 제공하는 기업이 나와 관련된 정보를 영원히 보관하지 않을 가능성이 높다. 그 기업이 문을 닫을 수도 있고 인수될 수도 있다. 개인의 프라이버시는 개개인이 자신의 정보를 스스로 관리하고 통제하는 데서 출발한다.

O2O는 한층 진화하고 있다. 사물인터넷은 아날로그 세계를 디지털 플랫폼으로 끌어오는 센서다. 우리는 사물인터넷의 효시가 되는 제품을 이미 사용 중이다. 바로 스마트폰이다. 스마트폰에는 카메라, 안테나, 위치 좌표, 터치 스크린, 사운드 입출력 등 다양한 센서가 있다. 후각을 제외한 인간의 감각을 뛰어넘는 감지 능력을 갖추었다.

삶의 현장은 사물인터넷과 로봇으로, 디지털 플랫폼은 빅데이터와 AI 덕택에 기하급수적으로 지능화하고 있다. 인간은 절대로 디지털 영역에서 기계와 경쟁하면 안 된다. 오히려 이노베이션 마인드로 기계를 이끄는 모델을 창출해야 한다. O2O는 인간과 기계, 인문학과 기술, 디지털과 아날로그가 융합되어 돌아가는 모델이다.

O2O가 발전할수록 보안과 프라이버시 관점에서는 더 많은 허점이 나올 수 있는 환경이 조성된다. 한때 카메라를 내장한 TV 모델이 출시된 적이 있다. TV도 인터넷이 연결되는 컴퓨터이다 보니 카메라를 기능적으로 넣으면 영상 통화 같은 게 가능하다고 생각했던 것일까? 가정에서는 프라이버시 리스크가 제로여야 한다는 절대적인 원칙을 간과했다.

사물인터넷은 지속적인 관리가 어렵다. 값싼 제품을 공급한 기업이 계속 보안 업데이트를 잘해줄 거라고 기대하기 힘들다. 실질적인 리스크 관점에서 총체적으로 바라볼 수 있어야 한다.

앞서 디지털 세대와 아날로그 세대가 함께 살아가면서 발생할 수 있는 위협을 소개했다. O2O 비즈니스 모델은 앞으로 더욱 많아질 것이고 그럴수록 소외되거나 사각 지역은 없는지 항상 눈여겨봐야 한다.

8장

보안의 특성

/

사이버 공격의 행동 대원, 악성코드_Malware

〈익스플레인: 세계를 해설하다〉 시즌 2 '전염병의 위협' 편에서는 중국의 재래시장에서 건강한 동물을 그 자리에서 바로 잡는 장면을 보여준다. 동물들을 겹쳐 놓아 고기와 피가 서로 뒤엉켜 비위생적인 환경이었다. 그런 곳에서 바이러스가 변이를 일으켜 인체를 감염시키면 면역 시스템이 동작하지 않아 치명적이다.

인류 역사에서 문명의 만남이 이루어질수록 예기치 못한 전염병에 의한 재앙이 닥치곤 했다. 흑사병으로 강타당한 13세기의 유럽, 잉카와 아즈텍 문명의 멸망이 그 예다. 19세기 이후 과학 기술 발전으로 방역 체계, 위생 관리, 진단과 치료, 백신 예방이 괄목할 만큼 개선됐다. 현미경이 발명돼 세균과 바이러스에 대한 활발한 연구가 이루어졌고 그 결과 인류의 수명은 늘어났다. 그러나 끝없는 인간의 탐욕은 자연을 파괴하고 생태계를 무너뜨렸으며 그로 인해 바이러스가 변이를 일으켜 우리에게 치명적인 피해를 입히고 있다.

오늘날 전 세계 야생 동물에 존재하는 약 160만 개의 바이러스 중에 3000개 정도만 파악되고 있다고 한다.[95] 세계는 상품 교역과 거래에 따른 이동으로 하나의 네트워크로 묶여가고 있어 전염 확률은 한층 높아졌다. 치사율 70%가 넘는 에볼라 바이러스가 아프리카의 떨어진 지역이 아닌 도시에 발생했다면? 생각만 해도 끔찍하다.

바이러스가 인간을 감염시키는 것처럼 컴퓨터 바이러스는 기계의 약점을 파고든다. 단지 다른 점은 그 대상이 컴퓨터이고 인간에 의해 의도적으로 만들어진다는 정도다. 행위를 나타내는 숙주, 감염, 변종, 잠복 그리고 방어 수단으로 격리, 봉쇄, 차단 등 동일한 표현을 사용할 정도로 비슷한 점이 많다.

컴퓨터 바이러스는 PC에서 시작했다. 초창기 PC 운영체제는 관리자와 사용자의 개념이 엄격하게 분리돼 있지 않았다. 혼자 사용하는 컴퓨터이니 여러 사람이 같이 사용하는 중대형 컴퓨터 구조를 가질 필요는 없지 않은가? 그러다 보니 시스템 내 중요한 파일을 삭제할 수 있었고 파일 복구 기능이 약했다. 밤새 작업한 파일이 다 날아간다면 얼마나 당혹스러운가. 피해자들에게 백신 소프트웨어anti-virus는 단비와 같은 존재였다.

1990년대 후반 어느 컴퓨터 전문가가 백신을 왜 굳이 사용하느냐고 말하는 모습을 본 적이 있다. 스스로 잘 관리하면 되는데 괜히 백신 업체가 제품 팔려고 겁을 준다는 식으로 설명했다. 나는 그 말에 동의하지 않았지만 백신은 내 관심사가 아니라서 그러려니 하고 넘어갔다. 당시만 해도 컴퓨터 바이러스가 그다지 많지 않았고 어느 정도 주의하면 감염되지 않을 수 있었다.

그런데 PC가 네트워크로 연결되고 복잡한 작업을 수행하면서 상황이 달라졌다. 컴퓨터 바이러스가 다양한 모습으로 변신하면서 '악성코드malware'라는 복합적 개념으로 발전했고 네트워크와 시스템을 공격하던 해커의 도구로 활용되기 시작했다. 해커는 여러 개의 악성코드를 조합해서 공격을 개시한다. 대표적인 악성코드는 다운로더, 웜, 트로이목마, 스파이웨어, 와이퍼 등이다. 악성코드를 투입하면서 내부 네트워크로 침투하는 장면이 적진에 잠입하는 전쟁 전술과 비슷하다.

네트워크에 연결된 기기와 사용자가 늘어나면서 해커의 공격 옵션이 많아졌다. 공격 시나리오가 다양해지면서 특정 공격 목표를 겨냥한 전용 악성코드를 만들어내기 시작했다. 타깃별로 특별 제작하니 악성코드는 기하급수적으로 늘어났다. 이제 자기과시를 위해 불특정 다수를 감염시키던 컴퓨터 바이러스는 오래된 과거의 추억일 뿐이다.

악성코드는 네트워크와 소프트웨어, 사회공학적 기법을 결합하면서 공격의 이니셔티브를 쥐는 무기가 됐다. 오늘날 네트워크로 연결된 사회에서 악성코드는 모든 사이버 공격을 이끄는 행동 대원이다. 악성코드는 날로 정교해졌다. 심지어 해커는 악성코드를 공격에 투입하기 전에 전 세계 제품을 가져다놓고 악성코드가 백신에 잡히지 않는지 테스트까지 한다.

그렇다고 백신이 필요 없는가? 아니다. 보안 제품이 설치돼 있다는 것은 곳곳에 지뢰 밭이 있는 것과 같다. 지뢰를 피하기 위해 해커는 더욱 많은 공을 들여야 한다. 독감 백신을 맞는다고 독감에 안 걸리는 것은 아니다. 요컨대 치명상을 줄이는 것이 중요하다. 코로나19 백신 접종자가 늘어날수록 중증 환자가 줄어드는 것도 같은 이치다. 기본적인 보안 제품조차 구비돼 있지 않다면 사이버 공격에 속절없이 무너진다.

최전선에서 방어하는 보안관제 요원 역할도 확대됐다. 보안관제는 외부로부터 네트워크의 허점을 파고드는 공격에 대한 탐지와 대응이 주요 업무였다. 그런데 공격자는 구태여 어려운 네트워크 관문을 뚫으려고 애쓰지 않는다. 피싱 메일을 이용해 내부 직원의 PC를 악성코드로 감염시키거나, 웹사이트에 악성코드를 숨겨놓았다가 이 사이트를 방문한 사용자의 PC에 떨어뜨리는 방식을 사용한다. 마치 물품을 공급하는 민간인인 양 스파이로 몰래 숨어들거나 적진에 공수부대를 투하시키는 것과 유사하다. 이제 악성코드 분석은 보안관제의 핵심 요소가 되었다.

남녀노소를 막론하고 스마트폰을 사용하는 세상이 되자 악성코드는 새로운 응용 분야를 찾아냈다. 스미싱이다. 문자메시지에 담긴 링크를 무심코 클릭하는 순간 스마트폰이 악성코드에 감염되면서 주도권은 사기범에게 넘어간다.

전화로 보이스피싱을 하던 시절이 있었다. 연변 사투리를 쓰는 사기범의 행태는 개그 프로그램의 소재로 사용되기도 했다. 그때만 해도 통화 내용을 의심해서 걸러낼 수 있었지만 지금은 통화 채널 자체를 조작하는 수법을 사용한다. 사기범의 시나리오에 따라 국세청, 검찰, 금감원 등 다양한 상대방이 등장한다. 모두 가짜다. 악성코드는 보이스피싱의 패러다임도 바꾸었다.

악성코드는 소프트웨어와 네트워크의 특성을 활용한 공격 선발대다. 악성코드라는 무기는 보안관제 요원이나 IT 담당자가 아닌, 일반 직원이나 보통 사람을 목표로 한다는 점에서 각별히 조심해야 한다.

팬데믹으로 드러난 민낯_Weakest Link

코로나19 팬데믹은 각 국가가 구조적으로 지닌 문제점을 족집게처럼 집어냈다. 숨겨져 있던 혹은 알면서도 덮어두었던 민낯이 드러난 것이다. 겉으로는 좋아 보여도 문제가 없는 국가는 없다. 오랜 기간에 걸쳐 이해집단이 형성돼 있을수록 상충관계가 있어 근본적인 해결이 어렵다. 몇 가지 예를 살펴본다.

- 미국은 세계 최고의 과학 기술과 헬스케어 전문가, 풍부한 자본을 보유하고 있다. 그런 미국이 이렇게 고전하리라고는 아무도 예측하지 못했다. 미국의 인구는 전 세계 인구의 4% 정도인데 한때 코로나19로 인한 사망자가 전 세계의 20%~25%에 이르렀다. 미국의 의료 전문가들은 참담한 심정을 금치 못했다.

  미국은 독립할 때부터 연방정부와 주정부가 갈등하는 구조를 갖고 탄생했다. 연방주의자 존 애덤스와 반연방주의자인 토머스 제퍼슨 대통령이 사사건건 부딪힌 일화는 유명하다. 연방정부와 주정부의 역할이 분산돼 있다 보니 일사불란하게 움직이기 어렵다.

  또한 미국 의료 시스템은 사보험 체제를 기반으로 하여 취약계층이 직격탄을 맞았다. 저소득층은 치료비가 없어서 병원을 기피하는 현상이 생겨났다. 사보험에 의존하는 의료 체계와 분산된 관리 체제의 약점이 여실히 드러났다.

- 일본은 애당초 올림픽 개최와 의료 시스템 붕괴를 걱정해서 감염 테스트에 소극적 태도를 보였다. 유증상자로 한정해 테스트한 탓에 무증상 감염자를 통제하지 못했다. 가장 큰 문제는 어설픈 디지털 시스템이었다. 일본의 코로나19 테스트 결과는 오차가 났고 통계도 들쭉날쭉했다. 그 이유 중 하나는 테스트 결과를 보건소에서 팩스로 보내는 구조였기 때문이다.

  팩스! 한때 과거를 풍미했던, 허나 지금은 잊혀지는 기계가 버젓이 공공의료기관의 정보전달 수단으로 사용되고 있었던 것이다. 팩스나 종이 문서는 누군가가 다시 컴퓨터에 입력하는 절차를 거쳐야 한다. 사람의 손을 거칠수록 에러를 피하기 어렵다. 데이터는 디지털 상태로 기계에서 기계로 전달되는 STPStraight Thru Processing 방식이어야 정확하고 빠르다. 아날로그로 돌아갔다 온다면 디지털 기술을 활용하는 의미가 퇴색한다.

- 싱가포르는 아시아를 대표하는 도시국가다. 영어가 공용화돼 있어 외국인이 살기 좋고 민간기업에 친화적이다. 안전하고 깨끗한 도시 환경과 지리적 여건 덕택에 수많은 다국적 기업이 아시아태평양 지역의 거점으로 삼고 있고 여성의 경제 활동 참여율이 높은 사회다.

  고소득 고급 인력이 여유있게 살 수 있는 근저에는 이주 노동자들의 저임금 노동이 자리잡고 있다. 입주한 가정부가 가사일을 도맡아 해주기에 부부는 맞벌이에 전념할 수 있다. 싱가포르나 홍콩에서 여성의 경력단절 비율이 낮은 이유는 자국민보다 훨씬 적은 최저임금으로 일하는 가사도우미 덕택이다. 도로 포장, 가로등 설치, 건설 노동도 이주 노동자의 몫이다. 위험하고 힘든 일을 아주 적은 비용에 해주고 있는 것이다.

  싱가포르는 코로나19 초반에 성공적으로 대처했다. 그런데 이주 노동자들의 집합 시설에서 코로나19가 전파되는 사건이 발생했다. 깨끗하고 현대적인 싱가포르의 도시 구석에 이런 집합촌이 있다는 사실은 알려져 있지 않았다. 그런 모습이 전 세계에 노출되자 모두 깜짝 놀랐다.

이처럼 팬데믹은 국가별로 가장 취약한 연결 고리weakest link를 사정없이 들춰냈고, 막연히 알고 있던 구조적인 문제점을 표출시켰다. 평소라면 비교적 가볍게 넘어갔을 사실이 팬데믹이 휩쓰니 폐부를 찌르듯이 드러났다.

취약한 부분을 끄집어내는 광경은 사이버 공격을 연상시킨다. 사이버 보안의 특성을 나타내는 표현이 있다.

그 조직의 보안 수준은 가장 취약한 연결 고리에 달려 있다(Security level is determined by the weakest link).

가령 어떤 귀한 물건을 잘 묶어 놓으려고 쇠사슬로 체인을 만들었는데 마침 하나가 부족해서 가는 고리를 사용했다고 하자. 아무리 99개의 사슬을 튼튼히 묶어 놓았다 하더라도 바로 그 약한 고리 하나가 풀리는 순간 전체 체인은 풀어진다.

보안에 투자를 많이 해서 좋은 제품을 갖추고 많은 보안 인력을 보유하고 있다고 하자. 홈페이지의 사소한 버그로 해커가 들어오는 길이 열린다면 그 조직의 보안 수준은 취약한 홈페이지의 수준에 불과하다.

사이버 보안이 어려운 점은 중간이 없다는 사실이다. 99%를 잘 해도 나머지 1%의 취약점이 노출되면 치명적인 공격을 받는다. IT에서는 '최선의 노력을 다했다'라는 best effort만 해도 미덕으로 꼽힌다. 그러나 사이버 보안에서는 최선의 노력은 의미가 없다.

해커는 언젠가 나타날 수밖에 없는 '약한 고리'를 찾으며 기다린다. 방어하는 입장에서는 완벽해야 하고 공격자는 하나의 취약점만 찾으면 되니 불공평한 게임이다.

문제는 약한 고리를 없애겠다는 의지와 리더십이다. 약한 고리는 비즈니스 협력사에서 나타날 수도 있고 고객이 불만을 표시하는 게시판에서 나올 수도 있다. 때때로 IT 부서는, 전혀 모르는 어느 부서가 관리해온 시스템일 수도 있다.

취약한 고리를 없애기 위해서는 급변하는 IT 자산과 서비스에 대한 거버넌스 체제를 확립해야 한다. 최고책임자의 확고한 의지와 지원이 있어야 실행할 수 있다.

사이버 공격은 은밀하게 진행된다_Insidious

2009년 7월 8일 방송통신위원장 주재 회의에 참석해 달라는 긴급 요청을 받고 광화문으로 향하고 있었다. 비가 엄청나게 많이 내린 날이라 아직도 기억이 생생하다.

바로 전날인 7월 7일 한국과 미국의 공공기관, 은행을 대상으로 대대적인 디도스 공격이 있었다. 7·7 디도스는 24시간 단위로 공격할 대상을 바꾸도록 설계돼 있었다. 다행히 안랩의 악성코드 분석자가 공격에 사용된 악성코드를 해독해내서 공격 스케줄과 다음 공격 대상을 밝혀냈다. 연구소에서는 더 확인해보자고 만류했지만 나는 언론에 바로 공개했다.

"혹시 헛발질하는 건 아닐까?"라는 걱정도 있었지만 2차 공격 대상으로 예상되는 기업에서 혹시 일어날 지 모를 사태에 대비할 시간을 줘야 하지 않겠는가? 또한 이 패닉 상황을 벗어나기 위해서는 분석 결과를 실시간으로 공유해 모든 보안 전문가가 힘을 합치는 게 맞다고 판단했다.

우리가 공개한 2차 공격 대상과 스케줄은 일종의 예언처럼 비춰졌다. 아침 톱뉴스로 나왔고 문의 전화로 회사는 북새통이었다. 바로 그날 오후 6시가 공격 대상이 바뀌는 시간이라 복잡한 심경으로 방송통신위원회(방통위)를 방문했다.

최시중 방통위원장은 상당히 피곤해 보였다. 대통령 유럽 순방에 동행하지 못할 정도로 7·7 디도스 공격은 정부의 최우선 현안이었다. 그 회의에서는 7·7 디도스 공격을 대한민국에 대한 사이버 테러로 규정지었다. 회의를 마치고 담당 국장이 나보고 잠깐 가자고 하더니 큰 회의실의 단 위에 세웠고 순간 수많은 카메라와 기자 200여 명에게서 스포트라이트를 받았다. 미디어 브리핑룸이었다. 그날 인터뷰는 KBS와 MBC 9시 뉴스 첫 화면으로 나갔다. 그 이후로 자연스럽게 사이버 테러는 언론에서 공통으로 사용하는 용어가 됐다.

▶ 방송통신위원회 브리핑룸에서 7.7 디도스 공격에 대해 인터뷰하는 모습

사이버 테러. 과연 적합한 표현일까? 테러의 사전적 의미는 '다양한 방법의 폭력을 행사해 사회적 공포 상태를 일으키는 행위'를 일컫는다. 폭력이라 함은 신체를 가해하는 행위를 의미한다. 그런데 디도스 공격이 누구에게 피해를 입힌 건가? 단지 기계로 운영되는 서비스가 제대로 작동하지 않았고, 홈페이지가 정상 운영되지 못해 고객 서비스가 지체되거나 정지되는 불편함 정도였다.

사이버 보안에 자극적인 용어를 사용하는 것은 비단 우리만의 일이 아니다. 사이버 진주만Cyber Pearl Harbor[96], 사이버 9·11, 사이버 아마겟돈 등이 보안 사고의 중대성을 설명하기 위해 등장한 용어다. 사이버 위협의 위험성을 강조하기 위한 의도이겠지만 실제 상황을 과장할 수 있다는 우려도 있다.[97]

오히려 사이버 보안 관련 보고서나 논평을 보면 유독 많이 발견하는 단어가 있다. Insidious다. 한국어로 번역하면 '서서히, 은밀히 퍼지는'이라는 의미다. 사이버 위협의 성격을 설명하는 데 적합한 용어인 것 같다.

홍수나 태풍은 충격을 피부로 느낀다. 교통 사고나 테러도 직접 현장에 없었더라도 TV로 생생하게 보기 때문에 별도의 설명이 필요 없다. 그런데 사이버 공간에서 벌어지는 행위는 설명을 들어도 잘 이해되지 않는다. 디도스 공격이 사이버 테러와 어울리지 않는 이유가 그렇다. 내가 위해를 받을 상황도 아니고 도시 불빛이 꺼지는 일도 아니다. 개인정보가 유출돼도 내 것이 아니라면 전혀 관심 밖이다. 설사 내 정보가 유출돼도 기분은 나쁘지만 피해를 피부로 느끼지 못한다. 앞서 소개했던 솔라윈즈는 해킹된 사실을 무려 9개월 이상 모르고 있었다.[98]

영화 〈기생충〉은 주인이 모르는 지하 공간에 숨어 지내면서 그 집의 음식을 몰래 먹고 살아가는 사람들이 소재로 등장한다. 영화 속에서나 있을 법한 스토리지만 사이버 공간에서는 버젓이 벌어지고 있다.

사이버 공격 중에서 오랜 기간 잠복하면서 치명타를 가하는 것을 APT Advanced Persistent Threat라고 부른다. 해커는 기업의 네트워크에 잠입한 후 타깃 시스템에 접근할 때까지 인내하며 기다린다. 평균적으로 6개월 이상 기다리면서 새로운 취약점이 드러날 때마다 조금씩 권한을 상승해가는 특성을 persistent라고 표현한다. 만일 발각되면 모든 노력이 물거품이 되기 때문에 아주 은밀하게 정교한 수법으로 전개한다.

개인 해커라면 시간이 많이 걸리는 일을 꺼릴 것이다. 그러나 국가나 범죄 조직이 지원하는 사이버 공격은 충분한 자금과 인력을 갖추어 장기적 계획을 세울 수 있다.

공격자는 신원을 공개하지 않고 보이지 않는 곳에서 시스템에 파고들어 시스템을 파괴하고 데이터를 훔치거나 조작한다. SNS 댓글 작업이나 가짜뉴스를 배포하는 것도 들키지 않고 진행한다. 사이버 공간은 암약 즉 비밀스러운 활동에 최적의 장소라서 은밀한 공격에 매력적이다.[99]

해킹 대회를 보면 마치 운동 경기처럼 긴박함과 승부의 열의를 느낄 수 있다. 물론 그런 대회를 통해 재능 있는 젊은이를 발탁하고 성장시키는 것은 중요하다. 그러나 실제 우리의 전쟁터는 보이지 않는 곳에서 은밀하게 진행된다는 사실을 유념해야 한다. 우리가 미처 인식하지 못하는 사이 여러 곳에서 우리를 조용히 위협하는 '소리 없는 암살자silent killer'다.[100]

불편함의 생활화_Legacy

이탈리아 로마에 가면 2000년 전 지중해를 중심으로 유럽과 아프리카, 중동 지역까지 호령하던 제국의 흔적을 만날 수 있다. '지붕 없는 박물관'이라고 불리는 피렌체에서는 르네상스 문화에 흠뻑 빠지게 된다. '물의 도시' 베네치아에서는 해상 무역으로 번영했던 과거의 모습을 엿볼 수 있다. 이런 옛 도시를 여행하게 되면 역사의 흔적을 느끼며 자연스럽게 카메라 셔터를 누르게 된다.

▶ 아름다운 '물의 도시' 베네치아

그런데 입장을 바꾸어 그곳에 산다고 생각해본 적이 있는가? 실제로 오래된 건물에 들어가보면 내부는 리모델링했더라도 낡은 구석이 적지 않다.

관광이 주요 수익원인 그곳 주민이야 그저 참고 지내나 보다 하는 생각이 들면서도 과연 어떤 생활인지 선뜻 이해하기 어려웠다. 밖에서 보는 모습은 고풍스럽고 로맨틱한 건물이지만 그 안의 수도관이나 벽이 얼마나 허물어졌을까 생각해보면 그곳에서 살고 싶은 마음이 사라진다.

마침 현지에 살고 있는 어느 분의 설명을 들을 기회가 있었다.

"난방, 수도, 시설 등이 오래 되어 당연히 불편하지요. 그러나 옛것을 유지하고 그 속에서 살아간다는 생각에 불편함이 생활화돼 있습니다. 아니, 오히려 그것을 즐기지요."

재개발하고 리모델링하는 데 익숙한 우리와는 거리감이 느껴진다.

아름다운 프랑스 파리의 모습을 보존하는 비결은 까다로운 규제다. 창문 하나 교체하거나 건물 페인트 바꿀 때도 허가가 필요할 정도라고 한다. 어찌 보면 외부에서 보는 모습을 아름답게 하고자 정작 그곳에서 사는 사람들은 불편함을 견뎌야 하는 다소 주객이 바뀐 느낌이다.

구 한국은행 본관 건너편에 있는 SC제일은행의 예전 본점은 유형문화재 제71호 즉 헤리티지heritage로 지정돼 벽돌 하나도 걷어낼 수 없었다. 그곳에 SC제일은행 콜센터가 있었는데 두꺼운 돌기둥 사이에 자리가 배치돼 있었다. 분위기는 좋았지만 업무에 맞게 리모델링할 수 없으니 불편하기 그지없다. 문화를 보존한다는 취지에는 동의하지만 그곳에서 살거나 비즈니스를 해야 하는 사람들로서는 고역이다.

▶구 제일은행 본점. 이 건물은 *1935*년 건축된 이래 조선저축은행과 한국저축은행, 제일은행의 본점으로 이용되었다.

IT라고 하면 새롭고 현대적인 기술로만 가득 차 있다고 생각한다. 날렵한 디자인과 다채로운 기능을 갖춘 디지털 컨슈머 제품을 수시로 접하다 보니 조금만 지나도 사람들은 구닥다리처럼 느낀다. 그러나 기업 전산실에는 꽤 오래된 컴퓨터나 소프트웨어가 많다. 우리는 이를 레거시legacy라고 부른다. 안정적으로 돌아가는데 구태여 바꿀 필요가 없지 않은가. 오히려 업그레이드하면 잘 돌아가던 기능이 안 되거나 장애가 발생한다.

전체 IT 환경을 다시 설계해서 만드는 것을 차세대 프로젝트라고 한다. 미래를 위해 새로 집을 짓는 것이지만 한편으로 오래 묵혀진 레거시를 한번 클린업하는 효과도 있다. 이사를 하면 우리는 집안 구석구석 살펴보고 불필요하거나 방치된 물건을 정리하게 된다. 하물며 매일 시급하게 처리하느라 방치했던 찌꺼기가 IT 시스템에 얼마나 많겠는가? 문제는 차세대 프로젝트를 하고 나서는 당분간 깔끔해 보이지만 시간이 흐르면 여지없이 레거시가 다시 발생한다는 것이다.

1990년대 초반 특정 네트워크 기술이 필요해서 미국 텍사스 주에 있는 한 기업을 찾아간 적이 있다. 그 기술은 한 시대를 풍미했던 DEC이라는 회사가 개발한 중형 컴퓨터를 연결하는 모듈이었다. DEC 제품은 이미 공룡이

된 줄 알았는데 아직도 많은 기업이 레거시로 사용하고 있었다.

그 회사에 들어서자 다른 IT 기업과는 사뭇 다른 분위기였다. 어느 연세 지긋한 분이 나와서 맞아주었는데 대체로 직원들이 그 분과 비슷한 연령대로 보였다. 별로 돈 버는 데 애착이 있는 것 같지도 않았다. 어차피 다른 곳에서 구할 수 없는 기술이니 그 회사를 찾아오는 이들에게 기술을 라이선스 해주며 지내는 느낌을 받았다.

의외로 이런 소프트웨어 회사들이 꽤 많다. 시스템 인프라에 가까운 기술일수록 생명력이 길다. 소프트웨어는 다른 소프트웨어와 연동돼 돌아가는 경우가 많아서 그 기술만을 빼내기도 어렵다. 어차피 잘 돌아가고 있기에 적당한 유지보수비를 주면서 지내는 편이 낫다. 어찌 보면 대체할 수 없는 기술이라면 장수할 수 있다는 특성은 소프트웨어 사업의 또다른 매력이다.

레거시는 보안 취약점을 조치하기 어려운 원인이 되기도 한다. 취약점이 나와도 제품을 제공한 기업이 조치해주지 않으면 방법이 없다. 때로는 제품을 제공하던 회사가 없어지거나 제품이 소멸되면서 서비스를 받지 못하는 어려움에 처하기도 한다.

"오래된 레거시 시스템이면 해커들도 잘 몰라서 뚫지 못하지 않을까요?"

어떤 분의 질문인데 충분히 일리가 있다. 해커가 태어나기도 전에 만들어진 제품인데 사용법을 모르지 않겠는가? 그러나 화이트해커로 유명한 스틸리언의 박찬암 대표는 웃으면서 얘기한다.

"메인프레임을 모의 해킹했었는데 한 번도 접한 적이 없어 걱정했어요. 그런데 시스템에 들어가보니 사용자 매뉴얼이 아주 잘 갖춰져 있더군요. 직원들도 잘 몰라서 그런가 봐요."

사용법을 정리해놓은 매뉴얼을 읽어가며 시스템을 익히고 나면 어떻게 공략할 지 아이디어가 생긴다고 한다. 레거시는 공격자나 방어자나 잘 모르기는 마찬가지다.

사실 하드웨어, 소프트웨어, 운영체제, 애플리케이션 등으로 이루어진 컴퓨터 구조는 한 번도 바뀐 적이 없다. 메인프레임, 중대형 컴퓨터, PC부터 스마트폰에 이르기까지 동일하다. 발전소나 항공 시스템에서 사용하는 컴퓨터도 구조가 다르지 않다. 단지 기종이 다르고 운영체제가 다르고 프로그래밍 언어가 다를 뿐이다. 개념적으로는 거의 동일하기 때문에 공격자가 안 다뤄본 시스템이라 어려워할 거라고 단정하면 안 된다.

사이버 보안 측면에서 레거시는 각별한 관심이 필요하다. 어떤 보안 정책을 대부분 시스템에는 적용할 수 있는데 적용할 수 없는 레거시가 10% 정도 있다면 어떻게 하겠는가? 이를테면 암호화하면 성능이 너무 떨어지거나 복잡한 규칙의 패스워드 정책을 지원하지 않거나 다중인증(MFA) 구현이 불가능할 수 있다.

가뜩이나 보안 통제는 불편함의 상징이니 직원의 불만도 클 것이다. 그러나 보안 정책에 예외는 없어야 한다. 이럴 때 리스크 관리 기법이 효과적이다. 레거시를 직접적으로 조치하기 어렵기 때문에 주변 시스템이나 절차적 개선을 통해 리스크를 완화하거나 리스크를 수용하고 관리하는 것이다. 적어도 레거시라고 피하지 말고 정확히 리스크를 파악해서 통제하는 자세를 가져야 한다.

피해자의 눈물_Victim

열심히 시장을 개척하는 데 필요한 자금을 융통하던 중, 모 저축은행 직원을 사칭한 자로부터 사업 자금을 당일 대출해줄 수 있다는 전화를 받았습니다. 물품 구매 자금이 급한 저의 사정과 딱 맞아 떨어지고 2시간 후 대출 자금이 입금된다는 피의자의 말을 믿고 기다리던 중 금융 사기를 당한 사실을 알았습니다.

순간 저는 물론이고 아내, 딸 그리고 아들이 놀라던 모습에 아직도 손이 떨립니다. 법원 공탁금 명목으로 송금한 382만원은 경영학과에 재학 중인 딸의 2학기 등록금으로 아내 통장에 보관해 두었던 돈이었습니다. "그럼, 나 2학기 휴학해야 하는 거야...." 하던 딸의 모습에 절망감이 밀려왔지만 그래도 침착하게 SC제일은행 안내에 따라 신고를 하고 피해구제 신청서를 접수하였습니다.
하늘이 도왔던 것일까요? 저의 돈 382만원은 피의자가 인출하지 못하고 그대로 계좌에 묶여 있었고 3개월 후 100% 돌려받을 수 있다고 말씀해 주셨습니다. 아내는 너무 감격스러운 나머지 눈물을 흘렸고, 저도 소중한 돈을 안전하게 지켜준 SC제일은행의 기지와 은혜에 너무 고마움을 느껴서 조금이라도 보답하고자 하는 마음에 이 글을 올립니다.

위의 글은 보이스피싱 피해를 가까스로 모면한 은행 고객이 금융감독원장에게 직접 보낸 감사 편지다. 본인의 양해를 거쳐 일부 발췌해서 소개한다. 등록금을 되찾은 여대생은 최근 해군장교가 되어 군함에 승선했다고 한다. 나라를 지킬 젊은이에게 과거 도움을 주었다는 사실에 팀원들과 보람을 느낀 사건이다.

돈이 궁할수록 범죄 유혹에 빠져들기 쉽다. 나도 사업할 때 어렵던 시절이 있었다. 매달 직원 월급 주는 게 빠듯하다 보면 무슨 일이라도 하겠다는 절박한 심정이 된다. 그럴 때 갖가지 유혹이 들어오면 마음이 심히 흔들린다. 사업을 도와줄 테니 지분을 일부 달라고 하거나 정부에 로비를 해주겠다는 등 이유도 각양각색이다. '빚만 갚을 수 있다면'이라는 생각에 빠지다 보면 사기성이 농후함에도 판단이 흐려질 수 있다.

보이스피싱은 어려움에 처해 불안정한 상태의 약자를 공략하는 아주 간악한 범죄다. 어렵게 마련해서 보관하던 자식 등록금을 사기당했을 때 어떤 심정이겠는가? 그래서 그런 범죄를 막아서 피해자를 보호했을 때의 기쁨과 보람은 더할 수 없이 크다.

보통 보이스피싱을 탐지해서 전화를 걸면 두 가지 반응이 나온다. 너무나도 고맙다는 사람과 자기 전화번호를 어떻게 알고 전화했느냐고 화부터 내는 부류다. 고객이 사기를 당하지 않게 막으려고 연락한 건데 성을 내면 당황스럽다. 보이스피싱 담당 직원이 처음에는 기분 상해했지만 이제는 그러려니 한다.

"나는 그런 수법에 절대 안 당해!"라고 자신하는 분들이 있다. 대표적으로 사회적으로 지명도 있는 분이거나 20대~30대 여성 직장인이다. 분명히 보이스피싱을 당한 것 같은데 인정하지 않는다. 사고를 당했다는 자체가 당혹스러워서 그럴 수는 있다. 문제는 신고하지 않는 계층은 범죄자에게 쉬운 타깃이 된다는 점이다. 스스로의 눈을 가리는 조치다.

진나라의 정치가 '여불위'가 만들었다는 『여씨춘추』에는 '엄이도령' 이야기가 나온다. 진나라에서 대단한 부귀를 누리던 범씨 집안에 종을 훔치려고 도둑이 침입했다. 종이 너무 커서 들고 움직일 수 없자 도둑은 종을 조각내어 가져가려고 큰 망치로 청동으로 만든 종을 내려치기 시작했다. 당연히 요란한 소리가 났고 이에 깜짝 놀란 도둑이 자기 양쪽 귀를 틀어막고 한숨을 쉬며 '하마터면 들킬 뻔했네. 이젠 소리가 하나도 들리지 않네'라며 안심했다는 내용이다.

내 귀에 들리지 않는다고 다른 사람의 귀에도 안 들리겠는가? 어리석은 도둑의 일화는 스스로 잘 하고 있다고 생각하는 우리의 모습이 아닐까?

사고를 당한 기업의 공통점이 있다. 돈을 아끼지 않는다는 점이다. 일단 비싸고 유명한 법률 사무소를 선정하고 정부기관과 언론에 영향력 있는 인사를 찾는다. 지푸라기라도 붙잡으려는 기업에게 해결사로 이름을 날리는 변호사나 브로커는 부르는 게 값이다. 평소 비즈니스 계약이나 법률을 자문할 때는 꼼꼼하게 가격을 따지면서도 위급 상황에는 돈에 구애받지 않는다.

보안 사고도 예외가 아니다. 일단 사고가 나면 홍보 부서가 앞장서서 미디어의 주목을 돌리려고 애쓴다. 그러면서 은근히 북한발 공격의 증거가 나오기를 기대한다. 뭔가 불가항력이었다는 동정심을 유발하기 위해서다. CEO와 임원들이 공개 사과를 표명하는 타이밍도 중요하다. 가장 힘을 쓰는 부서는 홍보팀과 법무팀이고 얼굴 못 드는 사람은 보안 담당자다.

우리는 평범한 진실을 외면하고 있다. 예방과 방지가 사고 수습보다 훨씬 돈이 적게 든다는 사실이다. 병이 걸리든 사고가 나든 사후 처방은 당연히 돈이 많이 들고 협상력도 확 줄어든다. 누가 봐도 도움을 필요로 하고 절박한 상황에 처해 있기 때문이다. 그럼에도 우리는 훨씬 돈이 적게 되는 사전 예방을 게을리한다.

코로나19 환자의 급증으로 가장 우려했던 것은 의료 체계 붕괴다. 코로나19 환자가 병상을 차지해서 응급 환자가 제때 치료를 받지 못한다면 의료 시스템에 대한 신뢰가 무너지게 된다. 그래서 원격 진료를 통해 일반 환자들은 병원에 오지 않고도 의사와 상담하고 처방 받을 수 있는 방향을 모색했다.

워싱턴포스트 컬럼니스트 파리드 자카리아는 『팬데믹 다음 세상을 위한 텐 레슨』에서 "팬데믹으로 야기된 온라인으로의 전환 움직임이 의료 서비스의 초점 자체를 아예 질병 치료에서 질병 예방으로 옮겨 놓는다면 이상적이고, 그것은 건강을 위해 훨씬 효과적인 방법이다"라고 주장하며 "불행히도 그런 전환을 가로막는 방해꾼이 있으니, 진료와 치료는 수입이 짭짤하지만 예방으로 벌어들일 수 있는 돈은 훨씬 적다는 불편한 진실이 바로 그것이다"라고 설명한다.[101]

사후 대응은 사전 방지를 따라갈 수 없다. 그럼에도 많은 피해 기업의 경우 전자를 택한다. 그렇지만 피해자가 돼보지 않으면 그 아픔과 혼란을 잘 모른다. 리더라면 빼저린 피해 사례를 분석해서 그런 피해를 안 당하는 방지책을 만드는 게 우선이다.

다이어트는 습관을 바꿔주는 것_Sustainability

다이어트란 살을 빼는 것이 아니라 '습관을 바꿔주는 것'이다.

헬스케어 기업 쥬비스다이어트 CEO의 메시지는 인상적이었다. 평범한 메시지 속에 진실이 있기 마련이다.

'살과의 전쟁'이 계속되고 있다. 각종 성인병을 방지하기 위해 또는 날씬하게 보이기 위해 다이어트를 한다. 간헐적 단식, 저탄고지 다이어트 등 종류도 다양하다. 통상 다이어트라면 단기적인 필사의 노력을 생각했는데 신체 원리를 연구해 마련된 다양한 방법이 나오고 있다. 이것들 대부분은 생활습관과 긴밀히 연결돼 있다는 평범한 진실을 깨우치게 된다.

수년 전 혈압이 높아져서 약을 복용하기 시작했다. 고혈압 약은 평생 먹어야 하는 부담이 있어서 수치를 낮추기 위해 운동과 다이어트를 병행하며 갖은 노력을 했지만 목표치로 낮출 수 없었다. 어쩔 수 없이 고혈압 약을 먹기 시작했는데 신기하게도 혈압이 정상 수치로 돌아왔다. 그제서야 '왜 약을 안 먹으려고 그 고생했나'라는 생각이 들 정도였다.

처음 약을 처방받을 때 의사가 철저히 당부한 게 있었다. 첫째, 절대로 약을 거르지 말 것. 둘째, 수시로 혈압을 체크하면서 체력 관리를 병행할 것. 마침 어떤 지인이 혈압 수치가 좋아지는 것 같아 며칠 약을 걸렀다가 응급으로 실려갔다는 소식을 들은 참이었다. 결국 고혈압 약은 평생 같이 할 동반자가 된 셈이다.

이를 계기로 수시로 혈압을 재고 체중에 신경 쓰며 건강을 관리하는 습관이 생겼다. 다른 질병도 운동이나 다이어트를 하고 필요하면 약을 먹으며 관리해야 한다. 몸 관리와 정기적인 점검의 반복적인 사이클로 구성되는 지속적인 습관에 의해 우리 몸의 흐름을 바꾸어줄 수 있다.

습관은 건강에만 중요한 것이 아니다. 기업 리스크는 내부 프로세스, 규율, 조직 문화가 얼마나 잘 정착해 있는가에 의해 좌우된다. 사이버 보안도 지속적으로 점검하고 고치는 보안 프로세스가 습관처럼 배어 있어야 한다.

보안 제품을 도입하면 일시적으로 특정 영역의 보안수준이 높아진다. 그러나 그것으로 끝났다고 생각하면 큰 착각이다. 문제는 지속성이다. 독감주사 한 번 맞았다고 독감에 절대 안 걸리는 것은 아니다. 새로운 변종이 계속 출현하기 때문이다. 마찬가지로 새로운 악성코드와 취약점이 나왔는데 백신과 소프트웨어를 업데이트하지 않으면 무용지물이 되고 만다. 환경 변화에 따라 설정을 재점검하고 취약점을 보완하는 프로세스는 건강을 유지하는 생활 습관과 일맥상통한다.

코로나19 발병 초기에 한국은 집중적인 테스트로 조기에 증가 속도를 꺾었다. 테스트 키트의 빠른 상용화와 드라이브 스루 테스트와 같은 창의적인 프로그램이 주효했다. 그런데 국민의 자발적 참여를 끌어낸 데는 검진 문화가 한몫 하지 않았을까? 세계 어느 나라에 가도 한국처럼 건강 검진이 편리하고 일상화된 국가는 없다. 한국의 테스트 문화는 다른 나라와 극명하게 차이가 났다.

현재 근무하는 직장에서 확진자가 나온 적이 있다. 방역 수칙에 따라 같은 층에 근무하는 전 직원이 검사를 받아야 했다. 24시간 테스트를 받을 수 있는 국립중앙의료원을 찾아갔다. 하필 그해 겨울 중 가장 추운 날이라 밖에서 2시간 이상 기다리는 일은 고역이었다. 검사 결과가 나오기까지 기다리는 시간은 길고도 초조했다.

코로나19의 특징은 유난히 무증상 기간이 길다는 점이다. 그래서 자기 자신에 대해서도 확신이 없었다. '혹시 나도 코로나19 걸렸는데 모르는 것 아닌가?'라는 걱정이 들었다. 다음날 아침 음성 판정 메시지를 받고 나서야 걱정이 사라졌다. 직장 동료들의 음성 판정 소식을 하나둘 전달받으니 묘한 통쾌함마저 느꼈다. 결과가 다 나오자 '적어도 이 순간만은 우리 층에는 감염으로 의심할 사람이 하나도 없겠구나'라는 생각에 오랜만에 편안한 마음이 들었다.

그런 안도감은 얼마나 지속됐을까? 하루 이틀 갔을까? 반나절도 못 간 것 같다. 테스트를 받은 이후로도 여전히 우리는 출퇴근하고 식당에 가고 물건을 사러 시장에 간다. 외부 사람을 전혀 안 만나고 고립되어 살 수는 없다. 확진자는 계속 나오기 마련이다. 우리가 전수 검사를 통해 어느 순간 청정함을 선언하더라도 그 상태가 지속될 순 없다. 환경이 계속 변하기 때문이다.

디지털 환경도 마찬가지다. 우리는 정기적으로 보안 점검을 한다. 취약점이 드러나면 위험 등급이 매겨진다. 즉시, 30일, 60일 등 조치해야 할 의무 조치 기간이 정해져서 담당 임원에게 통보되고 취약점 조치가 돼야 비로소 종료된다.

문제는 아무리 조치해도 새로운 취약점이 계속 나타난다는 것이다. 왜 아침 9시에 완벽한 상태로 설정했는데 10시, 아니 9시 10분만 되어도 바뀌는 것일까? 그 사이 환경이 변했기 때문이다. 새로운 장비가 설치돼 네트워크에 연결될 수도 있고 누군가가 출장에서 돌아오면서 악성코드에 감염된 노트북을 연결할 수도 있다. 소프트웨어의 취약점이 발견되거나 누군가가 피싱 메일을 클릭할 수도 있다. 마치 코로나19 테스트 결과 모두 음성 판정을 받더라도 곧 다른 확진자가 나오는 것과 같은 이치다.

IT 환경은 컴퓨터 기기, 소프트웨어, 데이터가 역동적으로 생성되고 유기적으로 동작한다. 정적인 시각으로는 시시각각 변하는 환경을 제대로 진단할 수 없다. 시간 축을 고려해서 3차원으로 들여다봐야 한다. 해커는 공격 순간을 포착하기 위해 잠입해서 기다리고 있다. 그래서 점검과 모니터링, 보안 조치의 사이클은 타임라인과 연계해서 봐야 한다. 요컨대 어느 시점에 해커가 휘젓고 다니는 위치에 취약점이 있었느냐가 중요하다. 디지털 포렌식 전문가가 결과로 내놓는 것은 해커가 움직인 동선을 타임라인 별로 표시한 한 장의 보고서다.

사람은 누구나 병이 날 수 있다. 병의 조짐을 빨리 알아내서 치료하는 것은 기본이다. 건강을 수시로 체크하고 관리하듯이 디지털 시대에 컴퓨터를 수시로 점검해야 한다. 스스로 보안 관리를 잘 한다는 믿음과 신뢰를 주어야 고객이 믿고 거래하게 된다. 사이버 보안은 책임감과 습관에 의해 유지된다.

만병통치약은 없다_Cyber Hygiene

파리의 백화점에 갔을 때 화장실을 찾느라 헤맸던 기억이 있다. 제대로 된 안내판이 없어서 물어 물어 겨우 찾았지만 쭉 늘어선 줄을 보고 한숨이 나왔다. 유럽을 여행할 때 화장실이 불편하다고 토로하는 사람들이 많다. 공중 화장실은 찾기 힘들고 그나마 유료라 잔돈을 챙겨 가야 한다. 화장실 가려고 일부러 근처 카페에 들어가 음료를 주문하기도 한다. 여행객이 하도 불만을 쏟아놓다 보니 환경이 개선됐지만 그래도 지하철 역이나 빌딩 곳곳에 화장실 표지판을 발견할 수 있는 한국과는 격차가 있다.

코로나19 유행 초창기에 미국, 영국, 프랑스, 이탈리아, 스페인 등 서구 국가가 큰 피해를 입은 것으로 조사됐다. 그 원인으로 의료 인력 유출이나 제도적 문제 혹은 초기 대응 실패를 지적한다. 그런데 혹시 화장실의 부족함도 원인 중 하나이지 않을까? 바이러스를 예방하는 제1 원칙이 손을 자주 씻는 것이니 일단 손을 씻을 공간이 주위에 많아야 하지 않겠는가?

코로나19 기간에 독감 환자가 크게 감소했다고 한다. 사회적 거리두기 정책에 따라 사람들이 만남을 피하고 늘 마스크를 착용하고 평소 손을 자주 씻다 보니 그만큼 감염될 가능성이 줄어든 것이다. 결국 위생 관념이 철저하면 감기에 잘 걸리지 않는다는 평범한 사실이 입증된 셈이다.

코로나19로 미국 언론에 매일 등장하는 인물이 있었다. 코로나19 태스크포스(TF)의 간판 앤서니 파우치 박사다. 그는 한평생 병리학과 감염병 연구에 종사한 과학자로서 정치적 계산 없이 바른 소리를 하는 것으로 유명하다. 그러다 보니 트럼프 대통령과의 관계가 그다지 좋지 않았다.

그는 어려운 문제를 보통 사람이 이해하기 쉽도록 잘 설명하는데 그가 전 국민에게 부탁하는 메시지는 항상 동일하다.

'손 잘 씻고 마스크 착용하라.'

보안 관련 인터뷰를 하면 말미에 꼭 물어보는 질문이 있다.

"일반 국민이 어떻게 대처해야 할까요?"

"컴퓨터 백신을 최신 시그니처로 업데이트하고, 보안 패치가 반영된 최신 버전을 유지하고, 중요한 파일은 잘 백업해두기 바랍니다."

너무 기초적인 대응책을 얘기하는 것 같아 때로는 민망할 정도였다. 그러나 손 잘 씻고 마스크 착용하고 사회적 거리두기를 지키는 것이 코로나19 예방 대책인 것처럼 기본적인 컴퓨터 관리는 보안의 시작이다.

미국에서 코로나19 사망자 숫자가 10만 명을 넘어선 날 CNN 인터뷰에서 조너선 라이너 박사는 비통한 심정이고 화가 난다면서 직설적으로 정부를 비판했다.

"미국 정부는 가장 보편적인 보호 수단인 마스크를 권장하지는 못할 망정 오히려 하지 말라고 했어요. 미국 공중보건국장은 2월 29일에 '안면 마스크를 그만 사라'고 트윗했습니다. 이때는 이미 홍콩과 태국이 전 국민에게 마스크를 의무화한 시기예요. 홍콩과 뉴욕은 인구 규모가 비슷하고 코로나19가 같은 시점에 발생했습니다. 홍콩에서 발생한 사망자 수는 불과 4명인데 뉴욕에서는 2만 명이 넘게 사망했습니다."

미국 공중보건국장은 마스크 품귀 현상이 벌어져 의료인들에게 공급하지 못할 상황을 우려했다. 그러나 마스크가 효력이 없다는 주장은 명백한 오판이었다. 지도자의 잘못된 판단 때문에 시민은 갈팡질팡했고 파우치 박사와 같은 명망 있는 전문가의 권고를 따르지 않은 대가는 컸다.

혹자는 마스크를 극히 피하는 서구 문화 탓으로 돌린다. 얼굴을 숨기려는 범죄자가 사용하는 도구를 내 얼굴에 착용할 수 없다는 자존감, 얼굴을 드러내는 것은 신에게 부여받은 권리라는 주장이다. 그러나 역사상 최대의 팬데믹 상황에 사람이 죽고 사는 문제보다 더 중요한 게 있는가? 마스크 착용은 본인을 보호하는 차원에 그치지 않는다. 겉으로는 멀쩡해도 속으로는 바이러스에 감염됐는지도 모르는 자신으로부터 타인을 보호하려는 최소한의 배려이기도 하다. 건강을 위해 서로 노력하는 것은 개인의 자유를 뛰어넘는 공동체의 목표라 할 수 있다.

사이버 공간에서도 위생은 기본이다. 나에게 해를 끼치는 요소를 차단하고 더러운 곳에 가지 않는 게 상식이다. 지구상에 수많은 바이러스가 있는 것처럼 인터넷 공간은 스팸과 악성코드가 넘쳐난다. 도시를 거닐다가 우범지역이 눈에 띄면 피하는 게 자연스런 행동이거늘 사람을 끌기 위해 자극적인 내용으로 가득 찬 사이트는 왜 별로 경계하지 않고 드나드는 것인가?

관심 끌려고 급조된 사이트일수록 악성코드가 우글거린다. 어느 인터넷 언론사의 연예 정보 사이트가 인기를 끌었지만 악성코드가 워낙 자주 나와 보안 기업들은 서비스를 안 하려고 했다. 웹사이트의 위생 상태를 스스로 관리하지 못하면 아무리 보안 전문가라도 어찌할 도리가 없다.

다른 사람에게 피해를 주지 않기 위해 마스크를 착용하는 것처럼 내 컴퓨터를 보호하는 태도는 나로 인해 다른 사람이 피해를 입지 않게 하려는 최소한의 배려다. 모든 컴퓨터가 네트워크로 연결돼 있는 상태에서 한 곳이 뚫리면 연결된 다른 컴퓨터가 위협을 받는다. 내가 피싱 메일을 클릭하는 순간 그것은 내 문제가 아니다. 내가 몸담은 조직이 위험에 빠진다.

만병통치약은 없다. 파우치 박사의 극히 상식적인 메시지가 공중위생의 정통 방향인 것처럼 시스템과 소프트웨어의 취약점을 끊임없이 점검하고, 피싱 메일을 조심하고, 패스워드 관리를 철저히 하는 것이 사이버 위생의 기본이다.

9장

미래를 위한 고민

/

생태계를 지켜라_Systemic Cyber Risk

2022년 10월 15일 대다수 국민이 사용하는 카카오톡이 데이터센터 화재로 먹통이 됐다. 연락, 택시, 예약, 배달, 결제 등 삶의 현장도 멈춰 섰다. 일부 서비스가 8시간 후에 복구됐으나 전체 복구는 하루가 넘게 걸렸다. 이 사건을 보면서 두 가지 궁금증이 생겼다.

어떻게 카카오와 같은 거대 기업이 화재가 날 수 있는 상황을 대비하지 않았을까? 화재는 대표적인 잠재적 실패 요인으로 분류되는 재해다. 어느 규모 이상의 기업은 재해복구 시스템을 갖추는 것이 기본이다. 그동안 카카오는 비즈니스 생태계를 구축하는 데 공을 들여왔다. 그렇다면 그 생태계가 통째로 멈출 수 있다는 상황을 생각해보지 않았을까?

그 다음으로 궁금했던 점은 왜 민간기업의 서비스 장애에 대해 장관이 사과를 하는가였다. 규제 산업인 통신이나 금융이라면 그나마 수긍이 간다. 그러나 카카오톡은 시민이 자발적으로 사용하는 무료 앱이 아닌가? 정부에서 사업 라이선스를 준 적도 없고 국민에게 사용하라고 강권한 적도 없다. 우리는 기존 개념으로는 설명할 수 없는 시대적 전환점에 살고 있다.

이 사건은 민간기업이 무료로 배포하는 앱 하나가 사회적으로 엄청난 충격을 줄 수 있음을 여실히 보여주었다. 언제부터인가 무료 디지털 플랫폼이 공공적 성격을 띈 사회 인프라로 자리잡았다. 카카오와 네이버는 통신 채널이자 본인 인증, 지불 결제 플랫폼으로 독보적인 위상을 갖고 있다. 국가와 국민, 기업과 고객, 개인 간의 사회적 소통의 중심이 된 것이다.

오늘날 크고 작은 디지털 플랫폼은 서로 연계해서 돌아간다. 소위 생태계를 형성한 것이다. 이런 환경에서 만일 특정 영역에 보안 사고나 장애가 발생하면 일부 영역에 피해가 국한되지 않고 생태계 전반에 영향을 끼칠 수 있다. 예를 들어 금융 결제 서비스가 장애를 일으키거나 보안 사고를 당해 신뢰할 수 없게 되면 최악의 경우 경제 활동 전체가 마비될 수 있다. 이처럼 사이버 리스크가 소위 시스테믹 리스크로 퍼질 수 있는 가능성에 대비해야 한다.

시스테믹 리스크systemic risk란 한 개의 사건이 여러 조직, 분야, 국가에 걸쳐 연쇄적인 실패와 불안을 야기하는 것을 의미한다. 코로나19 팬데믹이나 반도체 수급 불안에 의한 물류 파동, 2008년 금융 위기는 시스테믹 리스크의 대표적인 예다. 전 세계가 네트워크로 연결돼 상호의존도가 높아지면서 시스테믹 리스크가 발생할 수 있는 영역은 점점 늘어나고 있다.

2021년 5월 미국의 콜로니얼 파이프라인Colonial Pipeline이 사이버 공격을 받았다. 콜로니얼 파이프라인은 미국 동부에 정제유를 공급하는 기업이다.

사고의 발단은 이 회사의 정보 시스템을 겨냥한 랜섬웨어 공격이었다. 랜섬웨어로 시스템이 멈추자 미국 동부에 정유를 공급하는 시스템이 마비됐고, 트럭 운전사들이 주유를 할 수 없으니 물건을 실어 나를 수 없게 되었으며, 궁극적으로 시민들이 생필품을 못 구하는 상황으로 확대됐다. 이름도 들어보지 못한 어느 회사에 던져진 랜섬웨어가 시민의 삶에 막대한 영향을 끼친 것이다.

미국 사회는 충격에 빠졌고 조 바이든 대통령은 국가 비상사태를 선포했다. 이 사고의 충격은 바이든 대통령이 행정 명령 14028을 발동하는 계기가 됐다.

공장이나 산업 인프라를 운영하는 기술을 운영 기술Operational Technology(OT)이라고 한다. 이와 비교해 기업의 정보 시스템을 정보 기술Information Technology(IT)라고 한다. 과거에는 OT가 산업에 특화되고 수작업으로 다루는 기계 문제의 성격이 강했다. 그런데 자동화와 생산성 향상을 위한 발전이 이뤄지면서 OT에도 컴퓨터 비중이 커졌다. 또한 IT와 OT 간의 연관성이 거의 없었는데 지금은 점점 연관돼 가고 있다.

OT는 교통, 송유, 전력, 통신과 같은 국가 핵심 기반 시설은 물론 반도체, 중공업, 원자력과 같은 산업 인프라를 의미한다. 콜로니얼 파이프라인의 OT는 정유를 각 지역에 공급하는 인프라이고 내부에 구축된 IT는 일반 정보 시스템 환경이다. 반도체 공장을 관리하는 컴퓨터는 OT, 사무실 환경을 구성하는 정보 시스템이 IT다.

IT와 OT가 연계되면서 시스테믹 사이버 리스크가 발생한다. 즉 사이버 공간에서 시작해 물리적인 공간에 연쇄적인 여파를 일으킨다. 콜로니얼 파이프라인의 경우 IT를 겨냥한 랜섬웨어 공격이 발단이 되어cyber trigger 물리적인 채널에 영향을 주었고non-cyber pathway 궁극적으로 삶에 영향을 주는 형태non-cyber effect로 연쇄 사태가 발생했다.[102] 따라서 업종이 다르거나 공간이 다르더라도 연쇄적인 사건을 일으킬 수 있다. IT와 OT가 공존하는 환경, 여러 기업이나 기관이 연결돼 돌아가는 세상에서 사이버 위협을 통한 시스테믹 리스크 가능성이 더욱 높아지고 있다.

사이버 관점에서 OT에 중요한 것은 무결성과 가용성이다. 만일 반도체 공장 라인이 정지된다면 매분 매초가 매출과 직결된다. 물이나 연료가 공급되지 않으면 시민은 직격탄을 맞게 된다. 무엇보다 OT의 문제는 그 기업에 국한되지 않는다. 사고가 날 경우 국가의 기반과 국민의 안전에 지대한 영향을 끼칠 수 있다. 시스테믹 사이버 리스크는 개별 사이버 사고와는 비교가 되지 않는다.

카카오톡 서비스에 장애가 생겼을 때 카카오톡만 안 된 것이 아니다. 카카오톡을 이용하는 뱅킹 서비스가 안 됐고 배달 업무가 정지했으며 택시 업계는 혼란에 빠졌다. 비즈니스 영향도가 개별 비즈니스에 국한되지 않고 전체 생태계에 참여한 모든 기업에 영향을 끼친 것이다.

시스테믹 리스크에 대비하기 위해서는 비즈니스 참여자가 각각 보안을 강화하는 것만으로는 부족하다. 생태계 전반의 영향도를 분석해서 전체가 무너지는 최악을 면해야 한다. 또한 각 참여자와 연계된 서비스가 보안 사고나 장애에 대비해 신속하게 복원할 수 있는 레질리언스 역량을 갖추어야 한다. 미국에서는 CISA가 중심이 되어 민관이 참여하는 시스테믹 리스크 대비 프로그램을 운영하고 있다.[103] 적어도 이 사회의 리더들이 사이버 보안을 사회 전반의 시스테믹 리스크로 바라보는 안목이 절실하다.

죽음을 앞둔 어느 정치가의 고민_Paradigm Change

베스트셀러 『렉서스와 올리브나무』와 『세계는 평평하다』의 저자인 토머스 프리드먼은 글로벌 시대를 조명한 작가이자 중동 전문가다. 그는 뉴욕타임스에 이라크에서 경험한 내용을 생생하게 묘사해 컬럼으로 게재했다.[104]

이라크 북부 도시 에르빌의 합동 상황실에서는 드론, U-2 정찰기, 위성, 전투기가 수집한 생생한 영상이 속속 전달됐다. 모술 탈환에 성공한 이라크 군은 ISISThe Islamic State of Iraq and Syria를 유프라테스 강 계곡으로 몰아가고 있었다. ISIS는 강하게 저항했지만 이라크 군은 한층 조여갔다. 한편 상황실에서는 인근 지역 피해를 최소화하면서 ISIS를 섬멸할 화력을 계산하고 있었다. 몇 초가 흐른 뒤 F-15E는 위성항법장치GPS를 장착한 500파운드(약 227kg)에 달하는 스마트 폭탄을 투하했다. 이 폭탄은 목표 건물의 지붕을 정조준해서 수직 낙하했다. 한 차례 섬광이 번쩍이고 나서 연기가 걷혔다. 목표로 삼은 건물은 잿더미가 됐지만 양편에 있는 두 건물은 그대로 남아 있었다. 두 건물에 머물러 있던 어떤 민간인도 다치지 않고 무사했다.

전쟁은 무고한 수많은 민간인 희생자를 만들어낸다. 테러 형식의 공격이 발생하면 전선이 없는 새로운 전쟁 상황에 돌입하게 된다. 그렇지만 위의 사례에서 보듯이 지능적이고 초정밀한 정확성으로 민간인 피해를 최소화할 수 있게 됐다. 사람의 힘이나 두뇌보다 최첨단 무기와 정보 시스템이 전쟁의 승패를 좌우하는 시대다. 컴퓨터는 전쟁의 패러다임을 바꾸고 있다.

1980년대 추억의 영화 〈탑건〉의 후속작 〈탑건: 매버릭〉이 36년 만에 나왔다. 1편에서 앳된 외모로 매력을 발산했던 매버릭은 머리가 희끗희끗한 파일럿이 됐고 그의 경쟁자인 아이스맨은 제독이 됐다. 그런데 그들의 나이만큼이나 무대 위에서 사라져가는 탑건의 위상을 보고 격세지감을 느꼈다.

▶ 영화 〈탑건: 매버릭〉

영화는 탑건을 길러내는 전투기 무기 학교의 탄생 배경을 설명하는 것으로 시작한다.

"1969년 3월 3일 미국 해군은 전체의 약 1%에 해당하는 최고의 전투 조종사를 위한 학교를 설립한다."

그런데 고난이도 테스트 비행을 성공리에 마치고 돌아온 매버릭에게 사령관은 냉정하게 얘기한다.

"당신이 테스트하는 비행기들은 언젠가 더 이상 파일럿이 필요하지 않을 것이네. 미래는 이미 오고 있지만 자네는 그곳에 없을 걸세."

영화에는 이란의 핵무기 개발을 저지하기 위해 일급 조종사들이 곡예비행하며 침투하는 장면이 나온다. 그런데 실제로 핵무기 개발을 저지한 것은 사이버 공격이었다.* 현대 전쟁에서 컴퓨터는 이미 주연 자리를 꿰찼다.

* 1장 '사이버 공격, 루비콘 강을 건너다'에서 소개

존 매케인은 31년간 미국 상원의원과 하원의원을 지낸 공화당의 전설적인 정치인이다. 2008년 미국 대통령 선거에서 공화당 후보로 나서 버락 오바마 후보와 맞붙기도 했다. 그는 베트남 전쟁에서 포로로 붙잡혀 모진 고문을 받고 부상에 시달렸으나 의연하게 고통을 이겨냈다. 그의 아버지가 태평양사령관이라는 사실을 안 북베트남은 그를 조기 석방 카드로 쓰려고 했으나 아버지는 협상을 단호히 거절했다. 그는 오랜 포로 생활 중 입은 부상의 여파로 평생 장애를 겪으며 살아야 했지만 정치인으로 변모해 한평생을 미국 국방에 헌신했다.

안타깝게도 그는 2017년에 뇌종양 판정을 받았다. 죽음이 다가오고 있음에도 그는 자신의 건강보다 국가의 안위를 걱정했다. 중국과 전쟁을 하면 미국이 패한다는 충격적인 시뮬레이션 결과가 나왔기 때문이다. 크리스찬 브로스는 그의 저서 『킬 체인』에 직접 들은 존 매케인의 넋두리를 기록했다.[105]

"아주 심각해. 문제는 아무도 관심이 없다는 거지. 무엇보다 알고 싶어하지도 않는 것 같아."

그의 한탄은 이어진다.

"미래 세대는 우리에게 물을 거야. 왜 이런 일이 발생했는지, 왜 기회가 있었음에도 준비하지 않았는지."

유럽의 식민지로 시작해 독립을 쟁취한 미국은 제2차 세계대전을 계기로 최고의 군사 강국으로 뛰어올랐다. 소련과의 냉전시대가 전개되자 자유민주진영의 대표를 자임하는 미국은 군사력을 대폭 강화했다. 드와이트 아이젠하워 대통령은 미국의 국방 모델을 '군·산 복합체Military-Industrial Complex'라고 천명했다.

그런데 1980년대 말에 소련이 붕괴되자 군비 증강의 모멘텀을 상실했다.

강력한 경쟁자가 사라지면서 자연스럽게 미국의 군사력은 무소불위가 됐다. 그런데 방심했던 것일까? 어느샌가 중국이 무서운 속도로 부상해 있었다. 단순히 무기나 군사력의 문제가 아니라 아예 전쟁 패러다임을 바꿔놓았다.

미국은 과거의 승리 공식에 취해 파괴력과 스케일업된 무기 플랫폼을 강화하는 데만 집중하고 있었다. 막대한 국방 예산 덕택에 방산 업체들은 재벌이 됐지만 전쟁은 더 이상 단순히 무기들의 전시장이 아니다. 각각의 무기가 상호 커뮤니케이션하면서 전시 상황에서는 최적의 공격 자원을 적기에 투입할 수 있어야 한다. 다시 말해 승리는 무기나 군인의 숫자보다 이길 수 있는 킬 체인을 어떻게 구성하느냐에 달려 있다.

전쟁에 승리하려면 적의 킬 체인을 깨뜨리고 우위를 장악해야 한다. 디지털 시대에는 그 브레인 역할을 하는 것이 IT다. 이를테면 IT를 이용해 육해공 공격 자원을 정확한 타이밍에 투입시키고 서로 소통이 이루어지게 한다. 역으로 사이버 공격으로 부대 간 통신을 방해하거나 적의 병참logistics 또는 수송transportation에 혼란을 빚게 할 수도 있다. 제2차 세계대전에서 자동화 기관총, 탱크, 전투기가 전쟁의 패러다임을 바꾸었듯이 디지털 혁명은 전쟁의 게임 체인저가 됐다.

이라크에서 민간인이 전혀 다치지 않고 ISIS 근거지만 정확히 폭파할 수 있었던 것도, 탑건을 대신하는 정교한 알고리즘도, 공격에 이길 수 있는 킬 체인 전략도 모두 IT에 달려 있다. 미국은 자타가 인정하는 IT 종주국이다. 그런데 IT를 군사 전략의 중심으로 삼은 것은 미국으로부터 기술을 배우고 모방한 중국이었다.

비록 존 매케인은 고인이 됐지만 그의 경고 덕택인지 미국은 이 문제를 심각하게 보기 시작했다. 실리콘밸리는 세계적인 IT 기업의 메카라서 의지만 있으면 패러다임 변화에 신속히 대응할 수 있다. 이제 전쟁은 육·해·공과 사이버 체제로 수행된다. 정보 기술과 사이버 공격을 중심으로 전쟁을 수행하는 전략이 승패를 가르는 세상이 됐다.

팔란티어 테크놀로지Palantir Technologies는 뛰어난 데이터 분석 알고리즘으로 미국의 대테러 대응 시스템을 시작으로 미국의 첩보기관과 국방부 등 미국의 정부기관을 폭넓게 고객으로 확보하고 있는 테크 기업이다. 이 회사의 CEO인 알렉스 카프는 CNBC와의 인터뷰에서 다음과 같이 미래 전투 역량에서 미국의 경쟁력이 우위에 있음을 강조했다.

"미국이 세계 최고로 잘하는 분야는 무엇입니까? 소프트웨어를 만드는 겁니다. 소프트웨어는 적이 우리를 따라잡을 수 없습니다. 소프트웨어는 전쟁에 유용하고 대단히 중요합니다."[106]

소프트웨어 파워와 사이버 역량은 미래 전쟁의 성패를 좌우할 것이다. 과연 한국의 현주소는 어떤가?

부메랑으로 돌아온 사이버 무기_Cyber Weapon

2010년 워싱턴 DC의 한 식당에서 보안 전문가 그레고리 래트레이 박사와 자리를 같이 했다. 그는 미국 공군과 백악관에서 정보전information warfare의 전략을 수립하고 개념화하는 데 공헌했다. 오늘날 일반적으로 사용하는 APT라는 용어를 만들어낸 인물이기도 하다. APT는 오랜 기간에 걸쳐 집요하게 파고드는 형태의 지능형 사이버 공격을 지칭하는 용어로서 한국의 3·20 사태, 중국의 지적재산권 탈취, 북한의 방글라데시 중앙은행을 대상으로 한 SWIFT 공격 등이 이에 해당한다.

그와 이런저런 얘기를 하던 중 그가 갑자기 "미국 공군이 어떻게 탄생되었는지 알고 있습니까?"라고 질문을 던졌다. 전혀 생각지 않았던 내용이라 모르겠다고 하자 그는 현대 전쟁에서 어떻게 무기가 발전해왔는지 그리고 어떻게 미국 육군에서 공군이 독립하게 되었는지 설명했다.

무기의 경쟁력은 전쟁의 성패를 결정한다. 두 번에 걸친 세계대전은 전 세계가 참여한 대량살상의 참혹성을 보여주었다. 그 중심에는 전쟁의 패러다임을 바꾼 새로운 무기의 발명이 있었다.

제1차 세계대전은 참호를 파서 전선을 구축하는 전쟁이었다. 전쟁 전후로 각 국가는 더욱 치명적이고 파괴적인 무기를 준비했다. 그 결과 독일은 전차군단을 앞세운 전격전으로 제2차 세계대전 초반에 기선을 올렸고 바다에서는 잠수함이 전쟁을 이끌었다.

최고의 전략 무기로 대두된 것은 비행기였다. 제1차 세계대전에서 수송과 정찰 목적으로 활용된 비행기는 가능성을 보여주었다. 비행기와 폭탄을 결합한 폭격기는 적의 심장부를 직접 타격할 수 있어 빠른 시일에 승기를 잡을 수 있었다. 하늘을 차지하려는 공중전은 제2차 세계대전에서 선보인 결정적 장면이다.

제2차 세계대전을 마치고 1947년 미국 공군이 창립된다. 비행기의 위상이 입증된 셈이다. 육군 소속이었던 부대가 신규 조직으로 독립하는 과정은 험난했지만 이제 명실공히 육군과 해군에 이어 공군의 삼군 체제 조직이 자리 잡았다. 공군이 만들어진 후 처음으로 참전한 것이 6·25전쟁이다.

사이버 공간을 육·해·공 그리고 우주에 이어 다섯 번째 영역The fifth domain이라고 부른다.[107] 하늘이라는 공간이 전쟁의 장이 되면서 공군이 만들어졌듯이 사이버 공간이 전략적으로 중요해지면서 사이버 사령부가 만들어졌다. 그렇다면 도대체 사이버 공간에서 사용되는 무기는 무엇인가?

언젠가 미국에서 알고 지내던 보안 기술자들이 이따금 사라지는 경우를 보게 되었다. 때로는 오랜 시일이 지난 후 다시 나타나기도 했다. 절대 얘기하지 않지만 들리는 소문에는 사이버 무기를 개발하는 프로젝트에 참여하고 왔다고 한다. 워낙 극비로 진행되기에 알 방법은 없지만 '사이버'와 '무기'가 결합된 용어를 처음 듣게 되었다.

사이버 무기는 기존 무기와는 특성이 다르다. 사이버 무기는 내가 손에 들고 만져볼 수 있는 물건이 아니다. 사이버 무기의 원천은 적에게 있다. 적국에서 사용하는 정보 시스템의 제로데이 취약점은 내가 상대방의 시스템을 파고들 수 있는 원천이다. 상대방이 취약점인지 모르고 있고 나는 파고드는 방법을 알고 있으니 무기가 되는 것이다.

문제는 적이 취약점을 조치해버리면 해당 무기가 아무런 쓸모가 없게 된다. 따라서 사이버 무기의 효력 기간은 상대방이 취약점을 모르고 있거나 조치를 하지 않고 있을 때까지다. 엄청난 투자로 만든 무기가 눈앞에서 사라지는 광경을 보면 얼마나 허탈하겠는가? 당연히 사이버 무기 비축stockpile은 극도의 비밀을 유지해야 한다. 그 제품을 만든 벤더는 물론 그 제품을 사용하는 아군도 몰라야 한다. 심지어 우리 편의 민간기업이 사용하는 시스템도 있다. 이것이 무엇을 뜻하는가? 사이버 무기는 나에게 혹은 우리 편 기업이나 개인에게 부메랑이 될 수 있다는 의미다.

2017년은 사이버 무기가 공식적으로 표면화된 분수령을 이룬 해다. 2017년 5월 12일 워너크라이 랜섬웨어는 150개국 이상에서 30만 대의 컴퓨터를 감염시키며 전 세계를 충격에 빠뜨렸다. 가장 충격을 받은 곳은 영국의 보건서비스였다. 병원 의료 시스템이 랜섬웨어에 걸리니 응급실에서 환자를 받을 수 없었고 수술은 연기되었다. 우리의 삶의 현장에서 그것도 생사가 오가는 병원에서 벌어진 사건이기에 어떤 보안 사고보다 피부에 와닿았다.

워너크라이의 여진이 걷히기도 전인 6월 17일, 낫페트야라는 사이버 공격이 우크라이나를 강타했다(1장 '우크라이나 전쟁의 비극' 참고). 이 악성코드는 우크라이나에서 80% 이상의 시장 점유율을 가진 회계 소프트웨어를 통해 전파되었고 그 피해는 원자력발전소, ATM, 교통 시스템 등을 총망라했다. 또한 우크라이나에 있는 다국적 기업을 통해 전 세계로 퍼져나갔다. 이로 인해 덴마크 운송 기업 머스크의 전 세계 컴퓨터 네트워크가 멈춰섰다.

불과 6주 사이에 발생한 전혀 다른 사이버 공격. 이것이 우연이었을까? 훗날 워너크라이는 북한의 라자루스 그룹, 낫페트야는 러시아의 해킹 그룹의 소행으로 밝혀졌다. 도대체 어떤 공통점이 있었던 것인가?

원인은 미국의 국가안보국(NSA)에서 제작한 사이버 무기였다. NSA는 마이크로소프트 윈도우 운영체제의 취약점을 이용한 이터널블루EternalBlue라는 사이버 무기를 만들었다. 마이크로소프트도 모르게 만든 이 무기를 NSA의 비밀병기로 비축해놓고 있었다. 그런데 섀도 브로커스Shadow Brokers라는 해킹 그룹에 의해 이터널블루가 탈취당했고 탈취된 무기는 북한과 러시아의 해킹 그룹이 서방 세계를 향한 사이버 공격으로 이용하는 도구가 되었다.

마이크로소프트의 브래드 스미스의 표현을 빌리면 "미국은 정교한 사이버 무기를 만들었고 그에 대한 통제권을 상실했으며 북한이 그걸 이용해 전 세계에 공격을 감행했다"는 뜻이다.[108]

제목부터 섬뜩한 분위기를 풍기는 『This is how they tell me the world ends(사람들은 나에게 세상이 이렇게 망할 거라고 말했다)』는 사이버 무기의 역사와 문제점을 파헤친 책이다. 사이버 무기의 취재를 전담하기 위해 뉴욕타임스에 채용된 니콜 펄로스는 세계 곳곳을 발로 뛰면서 사이버 무기가 형성된 과정을 취재했다. 이 책은 파이낸셜타임스와 매킨지가 선정한 2021년도 경영 베스트셀러로 꼽히기도 했다.

도대체 세상이 망할 정도의 재앙은 왜 일어난다는 것일까? 사이버 무기는 적이 사용하는 시스템의 제로데이 취약점인데, 만일 무기가 탈취되어 방향을 돌리면 바로 아군을 겨눌 수 있다는 것이다. 문제는 단순히 군과 정부를 공격하는 것이 아니라 아무런 영문도 모르는 민간기업과 개인이 피해를 받게 된다. 설상가상으로 네트워크로 연결되는 기기와 서비스는 급속도로 늘고 있어 공격 표면attack surface은 나날이 넓어지고 있다. 그런 상황에서 우리 측이 만든 통제되지 않는 사이버 무기는 우리에게 재앙이 된다. 니콜은 자신의 조국 미국에 대해 다음과 같이 통렬하게 지적했다.

"사이버 전쟁의 가장 큰 비밀은 지구상 가장 탁월한 사이버 우위에 있는 국가가 가장 취약하다는 것이다."[109]

과연 우리는 이런 새로운 형태의 전쟁에 대비하고 있는가? 아직도 사이버 무기를 전통적인 무기의 개념으로 받아들이고 있는 건 아닌가? 사이버 공격은 민관군을 구분하지 않는다. 사이버에서 벌어지는 전쟁이나 테러는 특정 기관만이 다룰 수 있는 문제가 아니다. 민관군 합동 대응 그리고 동맹국가와의 심도 깊은 협력은 필수다. 무엇보다 공통의 기기와 네트워크를 사용하고 있기에 한 쪽의 무기는 부메랑이 되어 자신에게 돌아올 수 있다는 사실을 직시해야 한다.

보이지 않는 위협_Safety vs. Security

코로나19가 전개되는 상황과 대처하는 모습이 흡사 사이버 위협에 대응하는 방식과 유사해 보였다. 물론 코로나19로 인한 위험은 태생적으로 사이버 위협과 전혀 다르다. 코로나19는 바이러스 침투로 감염돼 발생하고 사이버 위협은 기계를 이용한 인간의 고의적 악행이다.

그러나 사회적으로 표출되는 혼란과 현상은 크게 다르지 않다. 바이러스,

백신, 감염, 봉쇄, 방역 등 비슷한 용어도 많이 등장한다. 사고 발생 시 투명한 커뮤니케이션과 빠른 정보 공유가 이뤄져야 하는 행동 양식도 비슷하다. 전문가를 무시한 의사 결정이 상황을 악화시키는 모습도 보안 사고의 데자뷔다. 특정 국가에서 감염자가 폭증하면 그 지역 여행객을 세밀하게 통제하듯 악성코드가 숨어 있을 것 같은 웹 서비스는 접근을 막는다.

팬데믹과 사이버 위협의 공통적인 특성을 찾아 우리 사회가 안고 있는 문제를 바라보는 일은 의미가 있다.

첫째, 기하급수적 증가다. 신종 바이러스의 경우 감염자가 기하급수적으로 늘어난다. 기하급수적. 어디에서 많이 들어본 표현이지 않은가? 무어의 법칙에 따라 컴퓨터가 대중화된 광경이다. 스마트폰, PC, 스마트TV 그리고 수많은 사물인터넷이 기하급수적으로 연결되고 있다. 기계로의 접속이냐 바이러스의 침투냐의 차이만 있을 뿐이다.

기하급수적 폭증은 우리를 속도의 세계로 내몬다. 한국은 대구의 신천지 사건을 기점으로 감염자가 급증했고 미국은 평균 5일마다 2배씩 감염자가 늘어나더니 최대 감염국이 됐다. 시점만 달랐을 뿐 모든 나라는 예외 없이 감염자가 급증하는 현상을 목격해야 했다.

사이버 공간에서 하나의 악성코드는 순식간에 수십 만대의 컴퓨터를 감염시킬 수 있다. 워너크라이 웜은 24시간 만에 전 세계 150개 국가로 퍼졌다. BTS의 신규 동영상이 하루 만에 1억 뷰를 달성하는 속도를 생각해보면 전혀 이상한 현상이 아니다.

이처럼 속도와 싸울 때에는 한가하게 회의하며 보낼 여유가 없다. 위협의 흐름을 꿰뚫는 전문가를 중심으로 과학적 분석과 투명한 절차로 선제적으로 대응하는 것이 최선의 방책이다. 사건이 발생하면 차분히 생각할 여유가 없기에 사전에 각종 시나리오로 실전에 가까운 훈련을 해야 한다.

둘째, 세계화다. 지금으로부터 100년 전에 코로나 바이러스가 발생했다면 '중국 어느 지역에서 지독한 역병이 창궐했다'는 역사적 단편에 그치지 않았을까? 30년 전이라 해도 한국에 미치는 영향이 미미했을 것이다. 1992년에서야 한국과 중국이 국교정상화를 했으니 말이다. 지금은 두 나라 사이에 비즈니스, 여행, 유학 등 광범위한 인적 교류가 이뤄지고 있다. 어느 나라를 가도 공항은 붐빈다. 해외에서 촬영하는 TV 프로그램은 이루 셀 수 없으며 전 세계인이 인터넷으로 여행 정보를 공유한다.

세계화된 네트워크는 어느 국가나 기관이 완벽하게 통제하기 어렵다. 초기에 중국에서 발생한 코로나 바이러스가 입국자를 통해 들어오는 것을 막지 못했고 그 후 각종 변종 바이러스도 결국 방역망을 뚫고 들어왔다.

한국을 공격하는 사이버 공격은 대부분 해외에서 우리를 향하고 있다. 한국의 해커라도 공격은 해외에 있는 서버를 이용한다. 빠른 속도로 오가는 엄청난 트래픽을 국가에서 통제하는 것은 불가능하다. 개인과 기업이 세계화된 네트워크에 참여하기 위해 스스로를 지켜야 한다. 피싱 메일과 악성코드를 조심하는 것은 내 컴퓨터가 범죄의 루트가 되는 상황을 막기 위해서다. 네트워크는 참여자들의 인식과 자발적인 행동으로 건강함이 유지된다.

셋째, 보이지 않는 영역에서 인간을 위협한다. 역사적으로 세균과 바이러스는 인간 사회를 여러 차례 뒤흔들었지만 현미경이 발명되고 나서야 미생물의 존재가 알려졌다. 그러나 감염 원인과 현상을 판단하는 수준에 이르렀을 뿐 사람의 생명을 위협하는 바이러스와의 전쟁은 이제 시작이다. 우주를 개척하고 AI가 프로 바둑기사보다 나아진 과학 기술 시대가 됐건만 눈에 보이지 않는 바이러스 하나에 세계는 순식간에 패닉 상태에 빠지곤 한다.

보안 사고도 눈에 보이지 않는 영역 즉 사이버 공간에서 발생하지만 그 파장은 인간 사회에 영향을 미친다. 정보 유출로 프라이버시를 훼손하고 해킹으로 돈을 훔치고 SNS에 뿌려진 가짜뉴스가 피해자의 삶을 황폐하게 만든다. 자동차가 해킹되면 생명이 위험하고 금융 시스템이 마비되면 경제 활동이 멈춘다. 바이러스 세계와 사이버 공간은 인간 사회의 영역은 아니지만 그로 인해 벌어지는 사건은 우리 삶과 비즈니스에 막대한 영향을 미친다.

인류는 지난 200여 년 동안 엄청난 경제와 산업 발전을 이루었다. 산업혁명, 과학 기술, 세계화는 인류의 번영을 이끌었다. 그러나 그로 인해 우리는 과거와는 차원이 다른 위협에 놓여 있다.

산업화는 자연 생태계를 파괴했고 야생 동물이 지니고 있는 치명적인 바이러스는 인간을 위협하는 지경에 이르렀다. 교역과 이동의 발달로 인해 하나의 바이러스종이 불과 1개월~2개월 만에 팬데믹으로 발전하는 끔찍한 상황을 목격했다.

한편 빠른 네트워크로 연결된 디지털 문명 속에서 컴퓨터 결함을 노린 인간의 탐욕과 범죄가 인간 사회를 치명적 상황에 빠뜨리고 있다. 컴퓨터로 연결된 세상은 인간 사회를 단번에 위험에 빠뜨릴 수 있다.

'안전'은 불의의 사고나 재난으로부터의 안전safety과 고의적인 행위로부터의 안전security을 포괄한다. 코로나19 바이러스는 전자(safety)의 원인이고 사이버 위협은 후자(security)에 해당한다. 안전은 인간이 간절히 원하고 쟁취해온 삶의 가치다. 국민의 세금으로 운영되는 국가가 국민 안전을 보호해야 하는 이유이고 기업은 고객 안전을 위해 정보를 소중하게 다뤄야 한다. 우리는 보이지 않는 위협이 세계화된 네트워크를 통해 기하급수적으로 확산될 수 있는 현실을 직시해야 한다.

안전은 최고책임자의 몫이다. 국민의 안전은 국가수반의 미션이고 기업 정보를 보호하는 최종 책임자는 CEO다. 이런 세상에서 조직과 공동체를 지키는 역할은 리더에게 달려 있다.

ChatGPT의 등장_Game Changer

1865년 남북전쟁을 마친 미국은 19세기 후반 본격적인 팽창과 성장의 시대를 맞이했다. 작가 마크 트웨인의 소설 제목에 등장한 '도금 시대Gilded Age'는 1873년부터 1893년까지 20년을 지칭하는데, 이때 미국은 농경 국가에서 탈피해 급속하게 산업화가 이루어졌다. 철도가 놓이면서 사람들이 이주하고 교통 거점에 도시가 들어서고 기회를 찾아 드넓은 서부로 확장해 갔다.

뉴욕과 같은 대도시는 도로와 다리가 놓이고 고층 빌딩이 들어서기 시작하며 밀집도가 높아졌다. 또한 다양한 발명품이 등장해 풍요의 시대를 예고하고 있었는데 브로드웨이를 밝히는 전기 불빛은 그 상징이었다.

당시 뉴욕은 두 가지 문제로 골머리를 앓고 있었다. 그 하나는 악취를 뿜어내는 말똥이었다. 주요 운송 수단인 마차가 늘어나면서 이에 비례해 여기저기에 쌓여가는 말의 배설물은 통제 불능 상태에 이르렀다. 10만 마리의 말이 250만 파운드(약 113만 3980kg) 분량의 말똥을 거리에 쏟아냈다. 훗날 '1894년의 말똥 대위기The Great Horse Manure Crisis of 1894'라고 명명된 이 시대의 위기감은 아주 심각했다.[110] 뉴욕과 런던이 가장 피해가 심했는데 급기야 1898년 뉴욕에서 '제1회 국제도시 계획 콘퍼런스'를 개최하기에 이르렀다. 그러나 이 문제를 집중 토의한 결과 해결할 방법이 없다는 허탈한 결론을 얻고 막을 내렸다.

또 하나는 도로 곳곳에 걸려있는 전깃줄이었다. 초기에는 전신telegraph이나 응급 연락을 위한 전깃줄이 거미줄처럼 어질러져 있었지만 볼썽사납고 도시 미관을 해친다는 정도의 불편이었다. 그런데 고압의 전깃줄이 보행자의 머리 위를 오가는 위험한 상황이 펼쳐지면서 안전의 문제로 바뀌었다. 결국 리들리 백화점을 밝혔던 전깃줄이 떨어졌고 백화점 앞은 "불이야!"라는 고함

소리에 한바탕 소동이 벌어졌다. 다행히 소방서에서 큰 불로 퍼지지 않게 막았지만 이 사건은 사회적으로 경종을 울렸다. 신문과 잡지에서는 연일 위험성을 보도하는 데 목소리를 높였다.[111]

두 가지 난제는 결국 신기술로 해결됐다. 말똥 문제는 자동차가 대중화돼 마차를 대체하면서 근원적으로 제거됐고, 두 번째 문제는 토머스 에디슨이 전깃줄을 땅 속으로 집어넣는 방식을 개발해 해결할 수 있었다. 도로와 상공을 점거한 문명의 쓰레기를 인간의 아이디어와 지혜로 깨끗하게 정리한 것이다.

▶ 말똥 대위기(좌)와 거미줄 같은 전깃줄(우)

앞의 두 이야기에서는 인간의 창의적 아이디어가 어떤 사회적 공헌을 할 수 있는지 여실히 보여준다. 첫 번째는 골칫덩어리 문제를 새로운 개념의 신기술로 대체해서 해결했고 두 번째는 전혀 다른 접근 방식으로 문제 해결책을 찾았다. 이처럼 신기술은 어떤 사람과 영역에 적용되느냐에 따라 가치가 엄청나게 차이 난다. 인류 문명의 발전에는 이러한 게임 체인저 기술이 중대한 공헌을 해왔다.

역사적으로 게임 체인저가 된 기술은 기업과 국가의 위상을 뒤바꾸어왔다. 전신, 자동차, 전화기, TV, 컴퓨터, 인터넷, 스마트폰, 검색엔진, 스트리밍 등 게임 체인저가 이니셔티브를 쥐게 되면 산업과 기술의 표준을 주도했다.

IT의 역사는 반세기 정도 되지만 수천 년 인류 역사에 버금가는 혁명적 변화를 일으켰다. 수많은 기술이 발명되고 응용되고 합쳐지고 소멸됐다. 특히 일반 대중의 폭발적인 반응을 불러낸 기술은 게임 체인저로서 중요한 모멘텀이 됐다.

예를 들어 VisiCalc, Lotus 1-2-3로 명맥을 잇던 스프레드시트 애플리케이션은 엑셀에 이르러 숫자와 데이터 관리 부문의 킬러 앱이 됐다. 월스트리트저널에 따르면 스프레드시트가 등장함에 따라 회계 장부를 기입하는 부기 직원에 대한 수요는 급격히 감소한 반면 회계사, 재무 관리자, 경영 분석가에 대한 수요가 급속도로 증가하는 골든크로스로 노동 시장 혁명을 가져왔다.[112]

2016년 등장한 알파고는 AI 시대가 도래했음을 예고했으나 바둑이라는 게임을 통한 간접적인 충격이었고 보통 사람들 피부에는 와닿지 않았다. 그런데 ChatGPT는 다르다. 누구나 직접 사용하면서 폭발적인 반응을 불러 일으키고 있다. 과거 인터넷 브라우저나 스마트폰이 급속도로 보급되던 현상과 유사하다.

ChatGPT로 인해 IT 개발과 사이버 보안에도 커다란 변화가 몰려오고 있다. 마이크로소프트는 자신들이 인수한 오픈소스의 보고인 깃허브를 활용해 소프트웨어 개발의 신기원을 이룰 코파일럿copilot을 발표했고 이어서 보안 위협 분석의 패러다임을 바꿀 시큐리티 코파일럿의 로드맵도 제시하는 등 거침없는 행보를 보이고 있다.

앞으로 보안 분석가는 보안 이벤트를 일일이 찾아다니지 않고 AI에게 질문하게 될 것이다. 그러면 AI는 전 세계 위협 정보와 최근 사고 형태, 조직 내의 경험 데이터를 바탕으로 방향을 제시해줄 것이다. 이를 계기로 한층 고도화된 방어 체계를 갖출 수 있다.

20여 년 전 보안관제가 선을 보였다. 주로 보안 제품에서 발생하는 이벤트나 로그를 보면서 시시각각 들어오는 위협에 대응하기 위해서였다. 약 10년 전부터는 관제 범위가 확장되기 시작했다. 공격자들이 기업의 약한 고리를 찾아 우회하고 내부에서 권한을 상승해가는 입체적인 침입으로 발전했기 때문이다. 이제 관제는 전체 시스템의 로그를 끌어모아 데이터의 맥락 속에서 공격 정황을 알아내는 데이터 분석이 중요해졌다. 관제 요원은 스스로 프로그램을 만들어 데이터를 분석하게 되었고, 컴퓨터공학 전공자들이 하나둘 보안관제에 뛰어들기 시작했다.

ChatGPT는 보안관제를 차원이 다르게 바꿀 게임 체인저가 될 것으로 전망된다. 관제 요원이 질문을 던질 수 있기 때문이다. 예를 들어 이상 징후가 발견되면 글로벌하게 수집되는 방대한 위협 정보로부터 답을 알아내 달라고 요청하게 될 것이다.

문제는 공격자에게도 ChatGPT는 게임 체인저라는 사실이다. 해커가 AI에게 질문을 던지면서 우리의 약점을 사정없이 파고들 것이기 때문이다. 게임 체인저는 공격이나 방어 중 한편에 절대적인 우위를 주는 것이 아니다. 공격자와 수비자의 전쟁 패러다임을 바꿨을 뿐이다.

무엇보다 인간을 감쪽같이 속이는 사회공학적 기법이 발전할 것이다. AI의 힘을 빌어 피싱 메일을 클릭할 가능성이 높은 개인을 타기팅하고 정교한 메시지를 발송해 더욱 빠지기 쉬운 함정을 만들 것이다. 피싱 메일이 보안의 취약한 고리라는 사실은 변하지 않는다.

이스라엘 보안 기업 체크포인트 사의 세르게이 시케비치는 게임 체인저 기술의 위험성을 경고한다.

"ChatGPT는 훨씬 속기 쉬운 피싱 메일을 만들어낼 것이다. 그리고 ChatGPT는 더 많은 사람을 코더로 만들겠지만 가장 큰 리스크는 더 많은 사람이 악성코드 개발자가 될 것이라는 점이다."[113]

게임 체인저 기술은 혁신의 동력이 되기도 하지만 그 반대인 범죄를 고도화시킨다. 사이버 안전을 보는 눈은 항상 냉정하고 균형감을 가져야 한다.

규제와 혁신_Law & Regulation

오늘날 은행에서 돈을 빌려주고 이자를 받는 것은 너무나도 당연한 사업 모델이다. 그러나 중세 기독교에서는 이자를 받는 행위를 고리대금이라고 해서 죄악시했다. 교회가 절대적 권위를 가진 시대였기에 이를 어길 경우 파문이나 법적 책임을 면키 어려웠다.

중세 시대의 강력한 규제는 교회법이었다. 이를 피해가는 방편이 두 가지가 있었는데 그 하나는 유대인이 역할을 맡는 것이었다. '타국인에게 네가 꾸어주면 이자를 받아도 되거니와 네 형제에게 꾸어주거든 이자를 받지 말라'라는 구약성경 신명기의 구절을 근거로 유대인은 비유대인을 상대로 대부업을 할 수 있었기 때문이다.

또 하나는 원거리 교역을 돕던 환전상들의 수법이다. 책 『금융 오디세이』는 중세 후반 환전상들이 이자를 명시하지 않으면서도 실제로 받아내는 기발한 방법을 소개하고 있다.[114]

서기 1417년 6월 15일, 피렌체에서 1000플로린 영수. 관례에 따라 이를 1플로린 대 40펜스의 비율로 조반니 데 메디치 일동이 지명한 런던의 대리인에게 지불한다.

피렌체와 런던에 있는 송금인과 수취인 사이의 환어음이다. 이를 잘 읽어보면 어느 곳에도 '이자'라는 말은 없다. 그렇지만 송금과 환전 수수료 안에 사실상 이자를 집어넣었다. 여기에 등장하는 조반니 데 메디치는 르네상스 시대의 후원자로 유명한 메디치 금융 가문의 설립자다. 환전상으로 시작한 메디치 가는 그 후 재량 예금과 각종 사업 수완으로 부와 권력을 거머쥐었다. 결국 환전상은 은행의 기원이라고 할 수 있다.

이러한 창의적 방법을 만들어낸 배경에는 상업과 교역의 발달이 있다. 봉건주의 사회는 영주 중심의 장원 경제였다. 그러나 수공업과 상업이 활발해지면서 도시가 형성됐고 원거리 교역이 활성화됐다. 교역을 위해서는 돈을 안전하게 주고받을 수 있고 보관할 수 있는 금융이 받쳐주어야 한다. 폐쇄적 농업 사회에서 상업 사회로의 변화, 지역 경제에서 글로벌 무역으로의 확대는 종교적인 규제를 피해 나갈 방안을 강구하게끔 했다. 인간의 창의력이 시대적 상황에 맞지 않는 규제를 이겨낸 셈이다.

중세 시대에 서슬이 퍼런 교회법을 피하는 꼼수를 찾아낸 대부업자와 환전상이 오늘날 은행의 모습을 이뤄냈다. 그들은 상업과 교역이 활성화되는 환경 변화를 직시하면서 시장의 수요를 적극적으로 해결하는 방향으로 규제를 비껴 나갈 방안을 찾았다.

금융업은 대표적인 규제 산업이다. 어느 국가든 마찬가지다. 국가별로 초점이 다르고 방식이 다르고 시대적 변수가 있을 뿐이다. 이를테면 미국이나 유럽에서는 자금세탁방지, 사이버 리스크, 프라이버시에 현재 규제의 초점을 맞추고 있다. 테러 방지와 시민 안전을 위한다는 대명제가 있어서다.

앞으로도 금융 규제는 결코 없어지지 않을 것이다. 역사적으로 탈규제화 경향이 두드러지게 나타나거나 인간의 탐욕이 과도하게 시스템을 흔들면 여지없이 금융 위기가 발생했다. 금융 규제는 그러한 충격을 겪으면서 재발 방지를 위한 노하우가 결집된 결과다.

미국이 1933년에 연방예금보험공사(FDIC)를 설립했는데 이는 대공황을 겪고 나서 은행이 망하더라도 최소한의 고객 예금을 보호해야 한다는 필요성에서 비롯됐다. 한 독일 은행의 파산이 일으킨 국제적 신용 불안은 1974년

바젤은행감독위원회가 설립되는 계기가 되었다.

2008년 미국 월스트리트에서 발생한 금융 위기에 대한 분석 중 하나는 그 원인을 디지털 혁명으로 본다.[115] 수많은 모기지 상품을 유동화시켜 파생 상품으로 탈바꿈시키는 과정은 수많은 데이터를 떼고 붙이는 방대한 작업이다. 만일 종이 문서로 이 작업을 하라면 감히 누가 하겠는가? 그런데 컴퓨터로 처리하는 시대에는 클릭 몇 번과 알고리즘에 의해 간단히 상품을 구성할 수 있다. 엄청난 수익성에 흥분한 금융 회사는 빠르게 상품을 만들었고 규제의 틀을 벗어난 버블이 결국 터지고 말았다. 이처럼 환경 변화를 이용한 인간의 탐욕은 기존의 규제 체계를 무력화시킨다.

규제가 창의적인 아이디어를 막는다고 얘기한다. 규제는 애당초 혁신을 앞서갈 수 없다. 새롭게 형성되는 시장에는 규제가 없기 마련이다. 그런데 정작 규제가 없으면 답답해한다. 규제와 틀에 익숙한 기업도 많다. 때로는 정부에 규제를 건의하고 자신들의 사업이 자리잡을 시기를 보장해 달라고 설득하느라 돌아다닌다. 세상은 자율적인 통제와 정부의 규제가 서로 적절히 섞이는 것을 원한다.

사이버 보안과 프라이버시는 대표적인 규제다. 국민 안전과 범죄 예방을 위해 국가가 절대로 묵과할 수 없는 영역이다. 보안 사고가 나자 페이스북 CEO가 미국 의회에서 직접 나서 규제를 만들어 달라고 한 것은 면피용 언사가 아니다. 분명한 점은 사이버 보안과 개인정보보호는 법적 리스크가 점점 커지고 있다는 사실이다.

이를테면 조그마한 보안 사고라도 기업 내부에 일어나면 미국 증권거래위원회(SEC)의 공시 시스템에 공개해야 한다. 주주 이익을 위해 회사의 정확한 상태를 공개하라는 취지다. 한 기업은 이 사실을 숨겼다가 인수합병 실사 과정에서 발견됐다. 이는 기업의 정직과 투명성의 문제이기에 거래가 무산될 위험에 처했다. 다행히 극적으로 협상은 마무리됐지만 인수 가격을 엄청 낮춰야 했다고 한다.

파괴적인 기술과 세계화로 환경이 급변하는 가운데 현상에 급급한 규제로는 실효성이 떨어진다. 전체 생태계를 보면서 합리적인 방법을 찾아야 한다.

디지털 경제의 새로운 생태계가 형성되는 환경은 사업 기회다. 규제를 극복해가는 열쇠는 절실한 변화의 수요를 찾아내는 데 있다. 교회법을 피하는 과정에서 송금과 지불 서비스가 발달한 것처럼, 규제를 극복하기 위한 혁신적 아이디어는 새로운 시장을 창출한다.

사이버 공간을 신뢰받는 장소로 만들어가는 것은 우리 모두의 숙제다. 디지털 혁신은 법과 규제가 없었던 자유로움 속에서 번영했다. 앞으로도 창의적인 아이디어는 많은 인센티브로 장려되어야 한다. 그러나 소비자의 권한을 침해하거나 기업이 일방적으로 탐욕을 부리게 되면 철퇴를 맞을 것이다. 디지털 전환에서 앞으로 혁신과 규제를 조율해가는 과정이 병행할 것이다. 이에 기업이나 기관의 최고책임자는 사이버 보안 관련 법과 규제에 능동적으로 대처해야 한다.

AI, 데이터 그리고 사이버 보안_Core vs. Context

우리는 테크 기업이고 우리는 플랫폼입니다.

실리콘밸리 기업의 사명선언문mission statement이 아니다. 세계적인 투자은행 골드만삭스의 CEO인 로이드 블랭크파인의 2017년 메시지다.[116] 실제로 골드만삭스는 페이스북보다 더 많은 엔지니어를 보유하고 있었다.*

* 2014년 미국증권거래위원회(SEC) 보고 기준

또 다른 금융재벌인 JP 모건 체이스의 CFO도 "우리는 테크 기업입니다"라고 천명하면서 2016년 기준으로 약 9조 원을 기술에 투자하고 있고 사이버 보안에 2조 원 이상을 투자하고 있다고 밝혔다.[117]

한국에서도 정보화가 활발히 이뤄지면서 IT 예산이 큰 비중을 차지한다. 유수한 기업과 금융 회사가 디지털 전환을 외치며 IT 투자를 늘리고 있다. 그렇지만 IT 예산이 많고 적음의 문제가 아니다. 디지털 기술이 그 기업에서 어떤 위상을 가지고 있느냐가 중요하다.

2004년 IT 업계에 충격적인 소식이 전해졌다. JP 모건 체이스가 IBM과의 5조 원이 넘는 아웃소싱 계약을 폐기한 것이다.[118] 계약이야 얼마든지 취소할 수 있다. 문제는 그 이유다.

IBM은 컴퓨터 업계의 공룡이었다. 1950년대 미국 정부만이 컴퓨터 개발을 추진할 만한 관심과 자원이 있었던 시절, IBM은 미국 정부의 B-52 유도 시스템 및 북미 방공 시스템 공급 계약권을 수주했다. 이로부터 벌어들인 자금으로 IBM은 S/360 메인프레임 컴퓨터를 개발했다. 이를 바탕으로 IBM은 세계 컴퓨터 시장의 70% 이상을 장악했고 컴퓨터 데이터 프로세싱의 표준을 정하는 절대적인 위상을 차지했다.[119]

비록 1980년대에 PC 시장에 어정쩡하게 대응하다가 마이크로소프트와 인텔에게 주도권을 빼앗겼고, 비대화하고 관료화한 탓에 1990년대에 뼈아픈 구조조정의 시기도 겪었지만 정부, 금융, 대기업의 B2B 시장에서 IBM은 여전히 막대한 영향력을 발휘하고 있었다. 특히 대다수 금융 회사는 IBM에게 코가 끼여 있다고 해도 과언이 아닐 정도였다. 안정적으로 돌아가고 있는 IT 인프라를 교체하는 것은 결코 쉬운 결정이 아니다. 또한 누가 봐도 기술은 전문 기업에게 맡기고 금융 본연의 업무에 충실하는 것이 합리적인 방향이었다.

그런데 세계 최대 은행과의 장기적 파트너 계약이 통째로 날아간 것이다. 과연 그 배경은 무엇이었을까?

IT는 업무 생산성을 향상하고 비용을 줄이기 위해 도입되었다. IT가 기업내 여러 업무에 확산되면서 비중이 커져가더니 이제 IT 없이는 아예 비즈니스가 돌아가지 않는 시대가 되었다. JP 모건 체이스의 제이미 다이먼 회장은 기술이 금융의 핵심이 되고 있는 현실을 고민하고 있었던 것 같다.

그는 뱅크원 CEO 시절 IBM과 AT&T와 맺었던 '테크놀로지 원Technology One 동맹'을 깨뜨렸다. 그 후 뱅크원이 JP 모건 체이스에 인수되었고 이례적으로 인수당한 기업의 CEO가 인수한 기업의 선장이 되었다. IT 업계는 아연 긴장했다. 그는 다시 한번 IBM에 철퇴를 가했다.

그는 2002년 "운명을 스스로 결정하겠다(control its own destiny)"고 밝히며 기술 개발과 운영의 아웃소싱을 자체 인력으로 수행하는in-sourcing 방향으로 바꾸었다. IT가 금융 서비스의 보조 기능에서 핵심core으로 자리를 옮긴 것이다.

비즈니스와 IT의 역사를 보면 흥미로운 현상이 있다. 주변부에서 발생한 하나의 기능이 급속하게 커지면서 핵심으로 자리매김하는 것이다. 이를테면 네트워크의 한 프로토콜로 시작한 인터넷이 오늘날 우리 삶의 중심이 되었고 전화기의 추가 기능인 문자 교환과 데이터 통신이 스마트폰의 핵심이 되었다.

이처럼 IT의 혁신적인 속성이 비즈니스 핵심을 바꾸는 현상을 실리콘밸리의 투자자 제프리 무어는 '핵심 vs. 비핵심core vs. context 분석 프레임워크'로 설명하고 있다.[120]

핵심core은 차별화로 경쟁 우위를 이끌어내는 혁신적 요소를 의미한다. 핵심을 제외한 모든 것은 비핵심context이다. 물론 비핵심 요소 중에서 기업 가치에 공헌하는 것도 많지만 차별화를 만들어내지는 못한다. 당연히 경영 전략은 핵심을 집중적으로 키워 경쟁 우위를 만들어내야 한다. 앞서 JP 모건 체이스는 기술이 금융의 경쟁 우위를 결정하기에 과감히 아웃소싱에서 직접 투자로 전환한 것이다.

최근 새로운 엔진이 떠오르고 있다. 인공지능 즉 AI다. AI는 아직 가능성을 하나씩 찾아보는 탐색 단계이지만 결국 AI가 비즈니스의 핵심 엔진이 될 것은 명약관화하다. 사실 AI는 컴퓨터의 잉태와 함께 1950년대에 연구가 시작되었다. 1980년대 잠깐 붐을 이루었다가 추운 겨울을 맞이했던 AI가 드디어 방대한 데이터와 막강한 성능의 컴퓨터 환경을 만났다.

AI와 데이터가 핵심 엔진이 되고 이를 구현하는 알고리즘과 인프라, 이를 바탕으로 애플리케이션과 서비스가 혁신을 생성하는 생태계를 이룰 것이다. 기대감이 한껏 부풀면서도 걱정과 불안감이 팽배한 시대적 변곡점에 우리는 서 있다.

그런데 AI와 데이터만 있는 게 아니다. 중요한 핵심이 하나 더 있다. 바로 사이버 보안이다. 사이버 보안도 IT의 한 기능으로 시작했다. 그러다가 IT의 중심으로 점점 옮겨오더니 이제는 IT를 넘어 기업과 국가를 받치는 기반이 되고 있다.

공동체는 서로 신뢰할 수 있어야 형성된다. 아울러 안전을 검증하고 책임지는 통제 장치와 규범, 법과 치안이 있어야 유지된다. 디지털 기술과 알고리즘으로 돌아가는 사회에서 이를 받쳐주는 기술적, 법적, 규범적, 문화적 기반이 사이버 보안이다.

세계경제포럼에서 발간한 「글로벌 리스크 보고서 2023」은 전 세계에서 발생하는 다양한 스펙트럼의 리스크, 즉 우리가 익숙한 기후변화, 채무위기, 자연재해, 대량살상 무기 등을 총망라하고 있다. 그중에서 사이버 범죄와 사이버 불안감은 향후 10년간 꾸준히 10대 리스크 안에 자리 잡고 있다. 10위권 밖에도 프라이버시 침해, 가짜뉴스와 거짓 정보, 핵심 인프라 교란 등 사이버 보안 관련 리스크가 다수 올라 있다.[121]

기술에 의해 지구촌 빈부 격차와 국가 간 갈등은 점점 심해질 것이고 그러한 환경 속에서 사이버 위협은 범죄, 사기, 전쟁, 테러 등 다양한 형태로 불안을 조성하고 희생자를 만들어낼 것이다. 보이지 않는 위협은 경제와 사회 안정, 국가 안보에 결정적인 영향을 주는 리스크다. 이렇게 중대한 리스크는 남에게 맡길 수 있는 요소가 아니다. 국가이든 기업이든 책임을 피할 수 없는 핵심이다.

IT도 아웃소싱할 수 있고 보안관제도 아웃소싱할 수 있다. 그러나 책임liability은 아웃소싱할 수 없다.[122] 사이버 보안은 오늘날 국가와 기업 그리고 개인의 책임 문제이기에 누군가에게 넘길 수 없는 핵심으로 자리 잡았다.

리스크는 당신이 무엇을 하는지 모르는 것으로부터 온다.*

워런 버핏의 조언이다. 투자자로서 책임의 중요성을 간과하지 말라는 의미인데 일반화해서 우리에게 적용해도 가슴에 와닿는 표현이다.

무엇을 하는지, 어떤 시대에 사는지 제대로 알고 있는가? 혹 'IT는 누군가 해주겠지', '사이버 위협은 나랑 관련 없겠지'라는 안이한 인식으로 살고 있지는 않는가? 사이버 보안은 우리가 피할 수 없는, 반드시 책임지고 갖추어야 할 핵심 리스크다.

* Risk comes from not knowing what you are doing.

에필로그

두 번째 책을 내고 나서 내 인생에 또 다른 책은 없다고 다짐했다. 책을 쓴다는 것은 분명 보람 있는 일이지만 에너지를 집중적으로 쏟아붓는 험난한 과정이다. 그러나 단지 힘들어서 피했던 건 아니다. 나 스스로에 대한 부족함과 부끄러움 때문이다. 훌륭한 책과 콘텐츠가 시중에 이미 많이 나와 있다. 그들이 보여준 통찰력, 신선함, 전문성에 비하면 나의 주장과 이야기는 흉내 내는 수준에 불과할지 모른다.

그런 와중에 유일하게 글을 꾸준히 올린 곳이 있다. 현재 몸담고 있는 은행에서 매달 초, 전 직원에게 배포하는 'CISO메시지'다. 처음에는 임직원 대상의 보안 인식 향상을 위한 메시지가 필요하다는 작은 요청에서 시작했다. '피싱 메일 주의하세요', '패스워드 잘 관리하세요'와 같은 단순한 형식이었는데 아무리 생각해도 그런 글은 잘 읽을 것 같지 않았다. 게다가 독자는 금융업에 종사하는 사람들이라 컴퓨터라고 하면 뭔가 불편하고 피하고 싶고 IT 부서에게 의지하려는 경향이 있다. 그런 와중에 IT에서도 깊고 복잡한 영역에서 발생하는, 기술 용어가 난무하는 사이버 보안을 어떻게 설명할 것인가 고민이 많았다.

은행에 들어와서 처음 참석한 임원 회의 광경이 지금도 눈에 선하다. 주위를 둘러보니 IT를 아는 임원은 나와 CIO밖에 없었다. 한국, 영국, 미국, 인도, 호주, 싱가포르 등 회의 참가자들의 면면도 다양했다. 회의 중에는 익숙하지 않은 금융 용어가 오갔고 금융감독 규정도 제대로 숙독하지 않은 나로서는 내심 당황했다. '보안'이라는 단어만 나오면 모두 내 입만 바라보는 느낌이었다. 돌이켜 보건대 평생 참석했던 것 중 가장 많이 스트레스를 받은 인상적인 회의였다.

평소 적지 않은 발표를 하고 글을 써왔지만 IT나 보안에 관심을 가진 청중과 독자가 대상인 경우가 많았다. 그런데 금융권에 온 이후에는 비전문가를 대상으로 한 활동이 늘었다. 업종이 다르면 비즈니스와 사회를 바라보는 관점이 다르기 마련이라 그런 이들을 설득하는 과정은 색다른 도전이다. 보안을 모르는 은행 임직원에게 경영 언어로 보안 리스크를 설명하는 역할을 9년간 이어갔다. 직원들에게는 기술이 영향을 미치는 사회 곳곳의 이야기와 함께 설명하려고 애썼다. 그렇게 쓴 글이 어느덧 90회를 넘기게 됐다.

누군가 글을 읽어주면 고맙다. 사무실에서 지나치거나 엘리베이터에서 마주칠 때 "글 잘 읽었습니다"라는 인사를 받으면 보람을 느낀다. 공감한다는 이메일 메시지는 힘을 더해준다. 그러다가 일부 독자로부터 책으로 엮어보라는 제안을 몇 번 받게 됐다. 이 책은 그런 배경으로 쓰기 시작했다.

어렵고 복잡한 기술이 범람하고 있다. 그럴수록 정확한 커뮤니케이션은 날로 중요해지고 있다. 기술자, 경영자, 전문가, 정책 입안자가 서로 다른 생각으로 문제에 접근하면 혼란만 가중된다. 특히 어려운 용어가 많고, 사건 사고가 많이 일어나고, 정보 공개가 어려운 사이버 보안은 소통하기가 쉽지 않다.

게다가 사이버 보안은 고정돼 있지 않은 환경을 다룬다. 사업 모델이 수시로 변하고 누가 어떤 방식으로 공격할지 예측하기 어렵기 때문이다. 스마트폰, 클라우드, 인공지능(AI), 블록체인, 사물인터넷과 같은 새로운 기술이 등장할 때마다 한숨과 고민거리가 늘어간다.

다행스럽게도 사이버 보안을 이루는 기본 원칙과 개념은 크게 변하지 않았다. 애당초 디지털 환경은 전혀 다른 기술이 결합돼 탄생한 것이 아니라 컴퓨터라는 통일된 구조를 근간으로 하고 있어서다. 이를테면 인증, 접근 통제, 암호화, 네트워크 보안의 개념은 오래 전부터 사용돼왔다. 기술이 발전하고 옵션이 다양해졌을 뿐 기본 개념은 같다. 따라서 우리는 넘쳐나는 기술과 급변하는 환경에 당황하지 말고 기본을 충실하게 이행하는 자세가 필요하다. 내가 IT를 잘 모르는 은행의 직원들과 작은 편지로 소통할 수 있었던 이유도 기본에 충실했기 때문이다.

사이버 보안은 여러 스펙트럼의 직업군을 연상하게 한다. 해커와 전쟁을 벌이는 군인이요, 범죄를 막는 경찰이요, 취약점을 고치는 의사요, 심층적인 기술을 다루는 엔지니어요, 기업의 리스크를 관리하는 경영자이다. 최근에는 IT와 소프트웨어를 안전하게 빌드하는 아키텍트의 역할도 중요해지고 있다. 이런 다양한 영역에서 종사하는 전문가는 물론 시민들도 보안 의식을 갖추어 안전에 대한 공감대가 형성되어야 한다.

한국을 방문하는 외국인들이 한결같이 얘기하는 것이 있다.

"한국은 깨끗하고 안전합니다."
"밤거리를 다녀도 무섭지 않아요."

맞는 얘기다. 한국은 미국처럼 총기 소지도 안 되고 흉악 범죄도 많지 않은 편이다. 유럽 관광지에서 소매치기를 조심하는 것은 상식이 되었다.

한국도 1970~1980년대에는 다르지 않았다. 대낮에 소매치기도 많았고 서울은 눈 뜨고 코 베어간다는 얘기가 나올 정도였다. 그런데 1990년대 초 범죄와의 전쟁을 벌였고 지속적인 법 집행과 치안강화 그리고 교육 덕택에 성숙한 시민의식이 자리잡았다.

그렇다면 보이지 않는 사이버 공간에서도 이런 안전함과 성숙함이 자리 잡고 있을까? 사이버 위협은 국내가 아닌 해외로부터 발생하고 있고 기업 내부자의 소행도 있다. 글로벌하고, 입체적이고, 예측불허다. 디지털 사회로 발전해가면서 사이버 공간을 활용해 더욱 지능적이고 기발한 범죄와 위협이 날로 횡행하고 있다.

이런 상황에 법과 제도, IT와 보안 조직 위주로 대처하는 것은 안이하다. 디지털 사회에 참여하는 모든 시민, 기업과 기관의 최고책임자들 그리고 사회 리더들의 시각이 바뀌어야 한다.

이 책에서는 IT의 기능에서 시작한 사이버 보안이 국가적 중대사인 안보 문제, 최근 국제 경제의 화두인 공급망supply chain, 범죄로부터 보호하는 치안의 문제 등으로 확대되어온 역사와 과정을 설명하고자 노력했다. 현재 우리가 안고 있는 사이버 보안 어젠다는 과거로부터 누적되고 변천해온 IT와 경영 환경을 담고 있다.

이제 사이버 보안은 이 사회가 더 이상 방치해서는 안 될 사안이다. 우리가 디지털 문명을 유지하는 한 사이버 위협은 영원한 숙제이고 탄탄한 기틀을 만드는 것은 후배와 후손을 위한 우리의 책무다.

기업이든 국가든 국제사회에서 제대로 인정받기 위해서는, 아니 그 사회에 참여하려면 자신을 지킬 수 있다는 역량을 증명해야 한다. 글로벌 표준에 입각해서 적극 참여하는 동반자적 인식을 갖추어야 한다.

사이버 보안은 혁신과 경제 발전의 방해자가 아니다. 이를 안전하게 실현하는 조력자enabler이다. 사이버 보안은 법적, 정책적, 경제적, 경영적, 기술적 관점에서 이 사회의 핵심 기반이 되어야 한다. 그것이 사이버 보안 분야에서 거의 평생 사회생활을 해온 나의 확신이다. 아무쪼록 이 책이 그런 이해를 돕는 데 조금이나마 도움이 되기를 바란다.

감사의 글

이 책이 나오기까지 주위 많은 분의 도움을 받았습니다. 먼저 관심을 갖고 CISO 메시지를 읽어주고 격려와 의견을 주신 SC제일은행 임직원께, 또한 편집과 배포를 도와준 홍보 부서에 감사드립니다.

사실 이 책은 5년 전에 구상해서 준비를 해왔으나 도중에 덫에 걸려 앞으로 나아가지 못하고 있었습니다. 그때 친히 격려와 쓴소리를 마다하지 않고 책이 나가야 할 방향을 제시해준 아를 출판사 정상태 대표께 특별히 감사의 말씀을 전합니다.

초고가 나왔을 때 내용 검증을 위해 많은 전문가가 직접 검토해주셨습니다. SC제일은행 오란영 상무, 김동혁 이사, 박준희 과장, 김홍철 과장, 로그프레소 한승훈 이사, 마이크로소프트 신호철 팀장, 안랩 전성학 연구소장과 인치범 상무, 고려대학교 최동근 교수, 율촌 이준희 변호사, 에이스코드랩 임영선 대표, 엔엔에스피 윤삼수 전무, 글로벌 IT 전문가 조철희 파트너께 가슴 깊이 감사의 말씀을 드립니다.

여러 전문가의 인사이트 덕택에 이 책이 나올 수 있었습니다. 저와 현장에서 동고동락했던 동료, 선후배 여러분 그리고 사이버 보안의 꿈을 같이 나누었던 많은 지인과 이 책을 나누고 싶습니다.

참고 문헌

[1] Nicole Perlroth, "This Is How They Tell Me the World Ends", pp. xxiii, Bloomsbury Publishing Inc., 2021.

[2] Ukraine Election Task Force, "Foreign interference in Ukraine's election", Atlantic Council, May 15, 2019.

[3] Nicole Perlroth, "This Is How They Tell Me the World Ends", pp. xvii, Bloomsbury Publishing Inc., 2021.

[4] Polityuk, "Massive cyberattack hits Ukrainian government websites as West warns on Russia conflict", Reuters, January 14, 2022, https://www.reuters.com/technology/massive-cyberattack-hits-ukrainian-government-websites-amid-russia-tensions-2022-01-14/

[5] Jane Wakefield, "Deepfake presidents used in Russia-Ukraine war", BBC News, March 18, 2022.

[6] "Defending Ukraine: Early Lessons from the Cyber War", Microsoft, June 22, 2022.

[7] "Why Google, Samsung, Boeing, as well as So Many Startups Have Opened Their R&D Offices in Ukraine", Agile Fuel, October 14, 2020.

[8] Eric Schmidt, "Innovation Power – Why Technology Will Define the Future of Geopolitics?", pp. 38–52, Foreign Affairs, March/April, 2023.

[9] 벤 뷰캐넌, "해커와 국가", pp. 148, 두번째태제, 2023. 2. 22.

[10] David E. Sanger, "Confront and Conceal", Chapter 8, Broadway Paperbacks, 2012.

[11] Nicole Perlroth, "This Is How They Tell Me the World Ends", pp. 125, Bloomsbury Publishing Inc., 2021.

[12] David E. Sanger, "Obama Order Sped Up Wave of Cyberattacks Against Iran", The New York Times, June 1, 2012.

[13] 프레드 캐플런, "사이버전의 은밀한 역사", pp. 277, 플래닛미디어, 2016.

[14] David E. Sanger, "Obama Order Sped Up Wave of Cyberattacks Against Iran", The New York Times, June 1, 2012.

[15] Nicole Pelroth, "This Is How They Tell Me the World Ends", pp.122, Bloomsbury Publishing, 2021.

[16] 이주희, "강자의 조건", pp. 179, 엠아이디, 2014. 11.

[17] Jose Pagliery, "The inside story of the biggest hack in history", CNN Business, August 5, 2015.

[18] Nicole Perlroth, "In Cyberattack on Saudi Firm, U.S. Sees Iran Firing Back", The New York Times, October 23, 2012.

[19] "NATIONAL CYBERSECURITY STRATEGY", The Whitehouse, March, 2023.

[20] Garret M. Graff, "China's Hacking Spree Will Have a Decades-Long Fallout", Wired, February 11, 2020.

[21] "No Sign That Data From OPM Hack Is For Sale on Black Market", Reuters, November 3, 2015, https://www.nbcnews.com/tech/security/no-sign-data-opm-hack-sale-black-market-researcher-n455956

[22] Chris Strohm, "Hacked OPM Data Hasn't Been Shared or Sold, Top Spy-Catcher Says", Bloomberg, September 28, 2017.

[23] Brendan I. Koerner, "Inside the Cyberattack That Shocked the US Government", Wired, October 23, 2016.

[24] David E. Sanger, "Hackers Took Fingerprints of 5.6 Million U.S. Workers, Government Says", The New York Times, September 23, 2015

[25] 벤 뷰캐넌, "해커와 국가", pp. 122-123, 두번째테제, 2023. 2. 22.

[26] 프레드 캐플런, "사이버전의 은밀한 역사", pp. 297, 플래닛미디어, 2016.

[27] Ellen Nakashima, "Confidential report lists U.S. weapons system designs compromised by Chinese cyberspies", The Washington Post, May 27, 2013.

[28] Josh Rogin, "NSA Chief: Cybercrime constitutes the "greatest transfer of wealth in history"", Foreign Policy, July 9, 2012.

[29] Kim Zetter, "That Insane, $81M Bangladesh Bank Heist? Here's What We Know", Wired, May 17, 2016.

[30] Joshua Hammer, "The Billion-Dollar Bank Job", The New York Times, May 3, 2018.

[31] Maurice Tamman, "Clinton has 90 percent chance of winning", Reuters, November 8, 2016.

[32] Adrian Chen, "The Agency", The New York Times, June 2, 2015.

[33] "거대한 해킹", 넷플릭스, 2019.

[34] David Shepardson, "Facebook to pay record $5 billion U.S. fine over privacy", Reuters, July 24, 2019.

[35] "Read Mueller's full indictment against 12 Russian officers for election interference", PBS, July 13, 2018.

[36] Philip Bump, "Donald Trump will be president thanks to 80,000 people in three states", The Washington Post, December 1, 2016.

[37] Ellen Nakashima, "U.S. attributes cyberattack on Sony to North Korea", The Washington Post, December 19, 2014.

[38] "Yes, I think they made a mistake. President Obama on Sony Hack, C-SPAN", December 19, 2014. https://www.youtube.com/watch?v=y59yyxpgAUI

[39] "Streaming Release of 'The Interview' Test for Industry", CBS News, December 25, 2014.

[40] 홍하상, "뮌헨에서 시작된 대한민국의 기적", 백년동안, 2022. 1.

[41] Tom Warren, "Microsoft writes off $7.6 billion from Nokia deal, announces 7,800 job cuts", The Verge, July 8, 2015.

[42] Jeoffrey A. Moore, "Crossing the Chasm, 3rd Edition", Harper Business, January 28, 2014.

[43] 프레드 캐플런, "사이버전의 은밀한 역사", pp. 211-212, 플래닛미디어, 2016.

[44] 프레드 캐플런, "사이버전의 은밀한 역사", pp. 201, 플래닛미디어, 2016.

[45] White House Government "Executive Order on Improving the Nation's Cybersecurity", May 12, 2021.

[46] Bob Ackerman, "New SEC Cybersecurity Reporting Requirements", Forbes, May 25, 2022.

[47] U.S. Securities and Exchange Commission, "SEC Proposes Rules on Cybersecurity Risk Management, Strategy, Governance and Incident Disclosure", March 9, 2022.

[48] 프레드 캐플런, "사이버전의 은밀한 역사", pp. 9-11, 플래닛미디어, 2016.

[49] "NATIONAL CYBERSECURITY STRATEGY", White House, March 1, 2023.

[50] "Ransomware WannaCry affects more than 70,000 computers", CNET, May 15, 2017, https://www.youtube.com/watch?v=TBWavW1a_ns.

[51] "How to manage the computer-security threat", Economist, April 8, 2017.

[52] Mario Altieri, "Recent Developments in Global Markets and Financial Innovation, its Risk Factors and Risk Mitigation Efforts", 2019 FSS SPEAKS, April 5, 2019.

[53] Marc Andreessen, "Why Software Is Eating The World", The Wallstreet Journal, August 20, 2011.

[54] Nick Carr, "How many computers does the world need? Fewer than you think", The Guardian, February 21, 2008.

[55] Rachel Courtland, "Gordon Moore: Whose Name Means Progress", IEEE Spectrum, March 30, 2015.

[56] "Paul Baran and the Origins of the Internet", RAND Corporation, https://www.rand.org/about/history/baran.html

[57] Karen Kornbluh, "The Internet's Lost Promise and How America Can Restore It", Foreign Affairs, September/October 2018.

[58] Satoshi Nakamoto, "Bitcoin", October 31, 2008.

[59] April Falcon Doss, "Cyber Privacy", pp. 42-43, BenBella Books Inc., 2020.

[60] April Falcon Doss, "Cyber Privacy", pp. 45, BenBella Books, Inc., 2020.

[61] 안드레아스 와이겐드, "포스트 프라이버시 경제", pp. 81, 사계절, 2017.

[62] 브래드 스미스 & 캐럴 앤 브라운, "기술의 시대", pp. 24, 한빛비즈, 2021.

[63] 권오현, "초격차", pp. 96-97, 쌤앤파커스, 2018.

[64] Phil Venables, "Controls - Updated", Risk & Cybersecurity, February 26, 2022, https://www.philvenables.com/post/controls-updated

[65] "지구에서 달까지", HBO 12부작 미니시리즈, 1998.

[66] Richard Clarke & Robert K. Knake, "The Fifth Domain", pp. 44, Penguin Press, 2019.

[67] Executive Order 13636, "Improving Critical Infrastructure Cybersecurity", White House, February 12, 2013.

[68] "Click Here to Kill Everybody | Bruce Schneier | Talks at Google", October 12, 2018, https://www.youtube.com/watch?v=GkJCI3_jbtg&list=LL&index=1&t=344s

[69] Eric Cole, "Advanced Persistent Threat", pp. 8-9, Syngress, 2013.

[70] 송진홍, "MITRE ATT&CK Framework 이해하기", 이글루시큐리티, 2021. 6. 29.

[71] David E. Sanger and Nicole Perlroth, "FireEye, a Top Cybersecurity Firm, Says It was Hacked by a Nation-State", The New York Times, December 8, 2020.

[72] William Turton and Kartikay Mehrotra, "FireEye Discovered SolarWinds Breach While Probing Own Hack", Bloomberg, December 15, 2020.

[73] Patrick Howell O'Neill, "Recovering from the SolarWinds hack could take 18 months", MIT Technology Review, March 2, 2021.

[74] Amy B. Zegart, "Spies, Lies, and Algorithms", pp. 263, Princeton University Press, 2022.

[75] Robert Mueller, "RSA Cyber Security Conference", March 01, 2012, https://archives.fbi.gov/archives/news/speeches/combating-threats-in-the-cyber-world-outsmarting-terrorists-hackers-and-spies

[76] Eric Cole, "Cyber Crisis", pp. 190, Ben Bella Books Inc., 2021.

[77] 박상은, "세월호, 우리가 묻지 못한 것", pp. 145-146, 진실의힘, 2022. 6.

[78] Glenn Greenwald and Ewen MacAskill, "NSA Prism program taps into user data of Apple, Google and Others", Guardian, June 7, 2013,

[79] "Transcript of President Obama's Jan. 17 speech on NSA reforms", January 17, 2014, The Washington Post

[80] Bhu Srinivasan, "Americana", pp. 188-189, Penguin Press, 2017.

[81] 월터 아이작슨, "이노베이터", 오픈하우스, 2015. 12. 30.

[82] TechGig Bureau, "The Cloud will host 95% of all new digital workloads by 2025", TechGIG, July 21, 2022.

[83] Mark Albertson, "CIA's move to cloud a game changer for public sector", SiliconANGLE, June 16, 2017.

[84] Idan Tendler, "From the Israeli Army Unit 8200 To Silicon Valley", TechCrunch, March 21, 2015.

[85] Richard Behar, "Inside Israel's Secret Startup Machine", Forbes, May 30, 2016.

[86] 김준희, "은행 문자 · 돌잔치 초대장 링크 눌렀다가... 보이스피싱 재앙", 국민일보, 2023.7.14.

[87] 에릭 브린욜프슨 & 앤드루 맥아피, "제2의 기계 시대", pp. 105, 청림출판, 2014.

[88] 브래드 스미스 & 캐럴 앤 브라운, "기술의 시대", pp. 228-234 (8장 소비자 프라이버시), 한빛비즈, 2021.

[89] "KBS 명견만리", 2018년 2월.

[90] "소셜 딜레마", 넷플릭스, 2020.

[91] "Yuval Noah Harari: the world after coronavirus", Financial Times, March 20, 2020.

[92] "SBIFF 2020 - Bong Joon Ho Discusses Parasite", January 24, 2020., https://www.youtube.com/watch?v=w9czNUm4UJk

[93] 스콧 하틀리, "인문학 이펙트", pp. 29, 마일스톤, 2017.

[94] Daniel P. Dern, "Eugene H. Spafford: Malware Nemesis", IEEE Spectrum, February 16, 2023.

[95] "익스플레인: 세계를 해설하다, 시즌 2, 전염병의 위협", 넷플릭스, 2019.

[96] "Panetta Warns of 'Cyber Pearl Harbor'", Association of the United States Army, April 26, 2022, https://www.ausa.org/news/panetta-warns-cyber-pearl-harbor

[97] Jacquelyn Schneider, "A World Without Trust", pp. 22-31, Foreign Affairs, January/February, 2022.

[98] Robert McMillan, "Hackers Lurked in SolarWinds Email System for at Least 9 Months, CEO Says", The Wall Street Journal, February 2, 2021.

[99] Amy B. Zegart, "Spies, Lies, and Algorithms", pp. 269, Princeton University Press, 2022.

[100] Eric Cole, "Cyber Crisis", pp. 3, BenBella Books Inc., 2021.

[101] 파리드 자카리아, "팬데믹 다음 세상을 위한 텐 레슨", pp. 143, 민음사, 2021.

[102] David Forscey, Jon Bateman, Nick Beecroft, and Beau Woods, "Systemic Cyber Risk: A Primer", Carnegie Endowment for International Peace & Aspen Digital, 2022.

[103] "Systemic Cyber Risk Reduction", Cybersecurity and Infrastructure Security Agency(CISA), 2021.

[104] Thomas Friedman, "Charlottesville, ISIS and Us", The New York Times, August 16, 2017.

[105] Christian Brose, "The Kill Chain", pp. xvi, Hachette Book Group, 2020.

[106] "Panatir CEO Alex Karp on America's Dominant Role in a Software World", CNBC, December 6, 2022.

[107] Richard A. Clarke and Robert K. Knake, "The Fifth Domain", Penguin Press, 2019.

[108] 브래드 스미스 & 캐럴 앤 브라운, "기술의 시대", pp. 119, 한빛비즈, 2021.

[109] Nicole Perlroth, "This Is How They Tell Me the World Ends", pp. xxvi, Bloomsbury Publishing Inc.,2021.

[110] Stephen Davies, "The Great Horse-Manure Crisis of 1894", Foundation for Economic Education, September 1, 2004.

[111] Bhu Srinivasan, "Americana", pp. 194-195, Penguin Press, 2017.

[112] Greg Ip, "We Survived Spreadsheets, and We'll Survive AI", The Wall Street Journal, August 2, 2017.

[113] Rina Diane Caballar, "Cybercrime Meets ChatGPT: Look Out, World", IEEE Spectrum, January 27, 2023.

[114] 차현진, "금융오디세이", pp. 120-121, 메디치미디어, 2021. 8. 30.

[115] Jonathan McMillan, "The End of Banking", Zero/One Economics GmbH, 2014.

[116] Brittany W., "Goldman Sachs - A Technology Company?", Digital Initiative, April 26, 2018.

[117] Portia Crowe and Matt Turner, "Marianne Lake Says JPMorgan Is a Tech Company", Business Insider, February 23, 2016.

[118] Paul McDougall, "Chase Cancels IBM Outsourcing Deal, True To Its President's Form", InformationWeek, September 15, 2004.

[119] 클라이드 프레스토위츠, "부와 권력의 대이동", pp. 218-219, 지식의 숲, 2005. 12. 25.

[120] Geoffrey A. Moore, "Dealing with Darwin", Portfolio, December 29, 2005.

[121] "The Global Risks Report 2023 18th Edition", World Economic Forum, January 2023.

[122] "You Can't Outsource Liability - Dr Eric Cole's Security Tips", https://www.youtube.com/watch?v=3PCMcOPAh7w